Schiffs-Ölmaschinen

Ein Handbuch zur Einführung in die Praxis des Schiffs-Ölmaschinenbetriebes

Von

Dipl.-Ing. Dr. Wm. Scholz
Direktor der Deutschen Werft A.-G., Hamburg

Zweite, verbesserte
und erheblich erweiterte Auflage

Mit 143 Textabbildungen

Springer-Verlag Berlin Heidelberg GmbH
1919

Ursprünglich erschienen bei Julius Springer in Berlin 1919

ISBN 978-3-662-42088-1 ISBN 978-3-662-42355-4 (eBook)
DOI 10.1007/978-3-662-42355-4

Vorwort zur ersten Auflage.

Eine Reihe in den fachwissenschaftlichen Vereinen Hamburgs in den Jahren 1913—1915 gehaltener Vorträge gaben die Veranlassung, den von verschiedenen Seiten geäußerten Wünschen nachzugeben, die dort behandelten Fragen des praktischen Schiffsmotorbetriebs zusammenzufassen und als kurz gefaßte Abhandlung über das Gebiet des Groß-Schiffsmotorenbaues der Öffentlichkeit zu übergeben.

Von dem Bestreben geleitet, in erster Linie den Schiffsingenieuren und Seemaschinisten ein leicht faßliches Handbuch zu bieten, das ihnen die Kenntnis der auch auf Seeschiffen in zunehmendem Maße eindringenden Verbrennungsmotoren vermitteln soll, mußte von vornherein auf eine eingehende Behandlung aller wärmetheoretischen Fragen verzichtet werden. Es konnte dies um so eher erfolgen, als neben einer Reihe dieses Gebiet im besonderen behandelnder Werke der motortechnischen Literatur auch die Fachzeitschriften: „Der Ölmotor“, „Schiffbau“ und die „Zeitschrift des Vereins deutscher Ingenieure“ in den letzten Jahren eine große Reihe Sonderabhandlungen über die verbrennungstechnische Seite der Dieselmaschinen veröffentlicht haben und noch laufend bringen.

Was in der Motoren-Literatur bisher fehlte, war eine auf Grund praktischer Betriebserfahrungen unternommene Besprechung des Schiffsmotors, seines Gesamtaufbaues und seiner Konstruktionseinzelheiten, erläutert unter Hinweis der im Betriebe zutage tretenden Schwierigkeiten und Besprechung der Mittel, die ihnen zu begegnen zur Verfügung stehen.

Wohl wissend, daß es die wesentlichste Aufgabe des den Betrieb leitenden, nicht konstruierenden Bordingenieurs ist, zu schauen und zu versuchen, und erst in zweiter Linie zu lesen und hieraus zu folgern, wird bei der völlig neuen Aufgabe, die dem Schiffsingenieurpersonal durch die Einführung der Ölmaschine an Bord gestellt worden ist, ohne Studium und Verarbeitung dessen, was als fester Besitz des neuen Wissenszweiges anerkannt worden ist, kaum auszukommen sein.

Eine knappe, alles nebensächliche Beiwerk meidende Darstellung erschien um so mehr geboten, als sich das ganze Gebiet des Schiffsmotorenantriebs im Augenblick noch in voller Entwicklung befindet und daher morgen schon das veraltet erscheinen kann, was heute noch als Errungenschaft von besonderer Wichtigkeit gepriesen wird.

Gerade auf dem Gebiete der Technik ist die Flut der Neuerungen und Verbesserungen eine derartige, daß das Lehrbuch gar nicht in der Lage sein kann, auch die allerletzten Erscheinungen zu verzeichnen. Hier muß die technische Zeitschrift eintreten; während dem Lehrbuch die Einführung in den Wissenszweig, die Vermittlung der Grundlagen und alles dessen, was auf Grund der praktischen Erprobung und Erfahrung als fester Besitz übernommen ist, vorbehalten bleibt.

Wenn trotz dieser Beschränkung der Aufgabe auf den eigentlichen Schiffsdieselmotor einige kurze Beschreibungen ausgeführter Schiffsmotoranlagen gegeben wurden, so war, selbst auf die Gefahr gewisser Wiederholungen, hierfür maßgebend, die Einfügung des Motors in den Gesamtschiffsbetrieb kurz zu erläutern.

Eine knapp gefaßte Zusammenstellung der Forderungen, die die verantwortliche Leitung einer Schiffsmotoranlage für den Betrieb und die Instandhaltung derselben zu berücksichtigen hat, beschließt die Arbeit, die nicht mehr als ein bescheidener Beitrag sein will, das Interesse und das Verständnis der mit der Wartung der Schiffsmotorenanlagen betrauten Kreise zu wecken, zu vertiefen und zu eigenen kritischen Beobachtungen im Sinne einer fortschreitenden Entwicklung des Schiffsmotorenbaues anzuregen.

Der Anhang enthält im Auszug die wesentlichsten, vom Germanischen Lloyd aufgestellten Vorschriften für Verbrennungsmotoranlagen, soweit deren Kenntnis für die Maschinenleitung wünschenswert erschien.

Hamburg, im Oktober 1915.

Vorwort zur zweiten Auflage.

Die Notwendigkeit, der mitten im Weltkriege entstandenen ersten Ausgabe des in überraschend kurzer Zeit vergriffenen kleinen Werks bereits eine zweite, vermehrte und erweiterte Auflage folgen lassen zu müssen, spricht am besten für den Mangel an geeigneter Literatur über den Ölmaschinenbau und das vielseitig empfundene Bedürfnis nach einem unmittelbar aus der Praxis schöpfenden Werke, das rasch und faßlich über die Schiffsölmaschine und ihre für den Bordbetrieb erforderlichen Hilfseinrichtungen unterrichtet.

Die seit dem Erscheinen der ersten Auflage erfolgte ungeahnte Entwicklung der U-Boots-Waffe, die allein der Zuverlässigkeit und Betriebsökonomie der Ölmaschine ihre gewaltige Leistungssteigerung verdankt, hat weite Kreise des Schiffs-Ingenieur- und -Maschinenpersonals gezwungen, sich mit dem Bau und Betrieb von Ölmaschinen zu beschäftigen, die ihnen bis vor kurzem kaum vom Hörensagen bekannt waren.

Da das Buch auch in der Neuauflage in erster Linie Anleitung und Stütze für den praktischen Bordbetrieb sein soll — wenn es daneben auch dem Konstrukteur und Studierenden manche Kenntnisse vermitteln wird, die nicht am Konstruktionstisch erworben werden können — ist auch jetzt wieder von der eingehenderen Behandlung wärmetheoretischer Fragen Abstand genommen worden, um so mehr, da gerade auf diesem Gebiet erschöpfende Abhandlungen, wie erst jüngst das vorzügliche Werk von Löffler-Riedler über Ölmaschinen, erschienen sind.

Eine weitere Ausgestaltung erfahren haben in der vorliegenden Auflage besonders die Abschnitte über den Verbrennungsvorgang in der Ölmaschine, die allgemeinen und besonderen Bauteile sowie die Ausführungen über die Inbetriebsetzung, Wartung und Instandhaltung von Ölmaschinenanlagen, auf deren sorgfältigste Beobachtung für das einwandfreie Arbeiten der Schiffs-Ölmaschinen der Verfasser während seiner derzeitigen, fast dreijährigen Kommandierung als technischer Leiter eines U-Boots-Stützpunktes immer wieder hinweisen mußte.

Die neben der Berufsarbeit zur Verfügung stehende nur geringe Muße und die notwendige Rücksichtnahme auf die derzeitige Geheimhaltung wichtiger technischer Einzelheiten und Erfahrungen des Ölmaschinenbaus, haben es nicht erlaubt, dem Werke schon heute den Inhalt zu geben, den ihm der Verfasser eigentlich zu geben gewünscht hätte.

Die endgültige Fassung muß daher der nächsten, dann hoffentlich im Frieden erscheinenden Auflage vorbehalten bleiben.

z. Zt. Emden-Außenhafen, im September 1918.

Dr. Wm. Scholz.

Inhalt.

I. Entwicklung der Ölmaschinen.

1. Entstehungsgeschichte der Dieselmaschine.

Die heute zum Gemeingut der ganzen technischen Welt gewordene Verbrennungskraftmaschine, mit der Rudolf Diesel vor nicht viel mehr als zwei Jahrzehnten (1893) vor die Fachwelt trat, ist ein durch und durch deutsches Geisteserzeugnis.

In einer kleinen Druckschrift: „Theorie und Konstruktion eines rationellen Wärmemotors zum Ersatz der Dampfmaschine und der heute bekannten Wärmemotoren", suchte er die wärmetechnische Überlegenheit eines von ihm berechneten Motors gegenüber der damals fast allein herrschenden Dampfmaschine darzulegen.

Wenn auch das nach Diesel benannte Arbeitsverfahren sowie die bauliche Anordnung für die Durchführung desselben schon vor Diesel bekannt waren, so ist es doch seinen Bemühungen im wesentlichen zu danken, daß die bis dahin bekannten, ähnliche Verfahren anstrebenden Konstruktionen über das Versuchsstadium hinaus gelangten und zu lebensfähigen Maschinen durchgebildet wurden.

Fried. Krupp und die Maschinenfabrik Augsburg unternahmen es als erste, Diesels Gedanken in die Tat umzusetzen. Nach zahlreichen und kostspieligen, vierjährigen Versuchen und Erprobungen konnte im Jahre 1897 der erste betriebssichere Hochdruck-Motor die Augsburger Werkstätte verlassen.

Den „vollkommenen" Motor herzustellen, den Diesel zu schaffen gedachte, und der mit einer Arbeitsspannung von 250 at und ohne Mantelkühlung arbeiten sollte, ist nicht gelungen. Materialschwierigkeiten verlangten, die Arbeitsdrucke in den Motorzylindern auf 40—45 at zu beschränken; eine Wasserkühlung des Zylindermantels und -deckels erwies sich in der Praxis als unumgänglich nötig. Die Versuche führten erst zu einem betriebsfähigen Motor, als man zu dem sogenannten Gleichdruckverfahren überging, das darin bestand, daß atmosphärische Luft bis zu einem Druck und entsprechender Temperatur im Arbeitszylinder verdichtet wurde, bei der durch gleichzeitiges Einspritzen des fein verteilten Brennstoffs in den Arbeitszylinder die Verbrennung des Treiböls unter nahezu gleichem Druck erfolgte. Von dem von Diesel angegebenem Arbeitsverfahren war damit im Laufe der Versuche nicht mehr viel übriggeblieben. Aber dennoch stellte der schließlich der Öffentlichkeit übergebene Motor eine Ausführungsart dar, die infolge ihres günstigen thermischen Wirkungsgrades berechtigtes Aufsehen in Fachkreisen erregte und für die unmittelbare Verwendung schwerer, flüssiger Brennstoffe in einer Kraftmaschine die erste brauchbare Konstruktion darstellte.

Schon die erste Versuchsmaschine zeigte mit einem Ölverbrauch von 220 g PSe/Std. nur etwa die Hälfte des Brennstoffverbrauchs der bis dahin bekannten Gasmaschinen.

Von der inneren Lebensfähigkeit des neuartigen Betriebsmotors spricht am besten die ungeahnte Verbreitung, die derselbe in den ersten Jahren seiner fabrikmäßigen Herstellung fand. 1898 wurde ein erster Dieselmotor von 60 PSe in Dauerbetrieb genommen, elf Jahre später waren bereits 600 000 PSe auf der ganzen Welt verbreitet. Allein in Deutschland befassen sich augenblicklich 27, in England 18, 19 weitere Werke im übrigen Europa und 10 Firmen in den Vereinigten Staaten (Herbst 1916) mit der Herstellung von Dieselmaschinen.

Das neuste Register des englischen Lloyd — das infolge der während des Krieges zum Teil unterbliebenen Veröffentlichungen allerdings nicht ganz lückenlos genannt werden kann — weist bereits 321 seegehende Motorschiffe von mehr als 100 Br.-Reg.-Ts. mit einem Gesamt-Raumgehalt von über 400 000 Br.-Reg.-Ts. auf.

Eine Zusammenstellung der mit Ölmaschinen ausgerüsteten Schiffe nach dem Stande vom Juli 1914 zeigt folgendes Bild:

	Fracht- und Passagierdampfer	Tankschiffe	Schleppdampfer	Segelschiffe, Fischerfahrzeuge u. a.
Zahl der Schiffe	85	60	38	40
Antrieb durch Viertaktmaschinen .	45	32	26	15
„ „ Zweitaktmaschinen .	40	28	12	25
Davon umsteuerbare Maschinen . .	65	45	30	30
Gesamtleistung in PSe.	110 000	100 000	15 000	18 000
Mittlere Schiffsleistung in PSe. . .	1 300	1 700	400	450

Das Fehlen zuverlässiger Angaben der während der letzten $3^1/_2$ Jahre in den kriegführenden Ländern gebauten Motorschiffe, insbesondere der Kriegsfahrzeuge wie Unterseeboote, Unterseebootsjäger, Minensucher u. a. gestattet nicht, die Tabelle bis auf die Gegenwart fortzuführen. Man wird aber sicher nicht zu hoch greifen, wenn man allein die Zahl der während der verflossenen Kriegsjahre gebauten Unterseeboote mit Dieselmaschinenantrieb auf 8—900 Stück schätzt, deren Gesamtleistungen die in der vorstehenden Liste angegebenen Maschinenleistungen um ein Vielfaches übertreffen.

Hinzu gekommen sind in jüngster Zeit eine erhebliche Anzahl von Ölmaschinen, die auf Liniendampfern und Kriegsschiffen besonders zum Antrieb von Dynamos und für Hilfsschiffzwecke Verwendung gefunden haben und die den besonderen Anforderungen des Bordbetriebes angepaßt sind, so daß heute bereits für Haupt- und Hilfsmaschinen von einer besonders durchgebildeten Schiffs-Ölmaschine gesprochen werden kann.

2. Die Dieselmaschine als Schiffsmaschine.

Der erste, oben erwähnte Motor, der die Werkstatt seiner Erbauer verließ, war eine stehende, einzylindrige, einfachwirkende, nicht umsteuerbare Maschine für Landbetrieb. Sollte die Dieselmaschine auch in der Schiffahrt Heimatrecht erwerben, so war eine Einrichtung notwendig, die es ermöglichte, die fest mit der Propellerwelle gekuppelte Ölmaschine in jeder Stellung sicher anzulassen und umzusteuern. Derartige Einrichtungen waren bis dahin für die im Kleinschiffbau verwandten Benzin-, Petroleum- und Glühhaubenmotore nicht bekannt. Wohl tauchten für diese eine ganze Reihe patentierter Motor-Umsteuervorrichtungen auf, durchzusetzen in größerem Maßstabe hat sich aber keine von ihnen vermocht. Die für kleine Anlagen brauchbaren umsteuerbaren Schrauben- und Wendegetriebe konnten für die Seeschiffahrt nicht in Betracht kommen.

Eine endgültige Lösung für die sichere Umsteuerung des Großmotors war erst in dem Augenblick gefunden, als man sich entschloß, eine besondere zusätzliche Kraft, in diesem Falle Druckluft, zum Manövrieren und Umsteuern zu verwenden. Die in Druckluftbehältern aufgespeicherte Energie ermöglichte es, in gleicher Weise wie der in den Kesseln einer Dampfkraftanlage stets vorhandene Kraftvorrat, die Dieselmaschine jederzeit ebenso sicher anzulassen und umzusteuern wie die Kolbendampfmaschine.

Nachdem somit alle Konstruktionsgrundlagen geklärt waren, konnte es nicht wundernehmen, daß auch die Schiffahrtskreise aus der neuen Verbrennungskraftmaschine Vorteil zu ziehen versuchten, war doch durch praktische Versuche einwandfrei festgestellt, daß die Ausnutzung des Brennstoffes in der Dieselmaschine 33 bis 35 v. H. gegenüber 23 v. H. bei der Gasmaschine und nur etwa 14 v. H. bei einer modernen Dreifach-Expansionsschiffsmaschine mit Überhitzung beträgt.

Der Hauptgrund der größeren Wirtschaftlichkeit des Dieselmotors liegt in der unmittelbaren und restlosen Verbrennung des flüssigen Brennstoffes im Arbeitszylinder der Maschine. Alle Verluste, wie sie durch die Umwandlung der in der Kohle aufgespeicherten Wärmeeinheiten beim Verbrennen derselben in den Kesseln einer Dampfkraftanlage in den abziehenden heißen Rauchgasen, den Stopfbüchsenverlusten und den im Kühlwasser der Kondensatoren verlorengehenden Wärmemengen auftreten, fehlen bei der Verbrennungsmaschine[1]) nahezu ganz.

Durch die günstige Brennstoffausnützung sinkt, wie später im einzelnen nachgewiesen werden wird, das Gewicht des für die gleiche Dampfstrecke mitzunehmenden Ölvorrats auf $^1/_4$ bis $^1/_3$ des für eine Schiffsmaschinenanlage gleicher Leistung erforderlichen Kohlenbedarfs.

Zu dieser frachtbringenden Erhöhung der Tragfähigkeit tritt der weitere Vorteil einer sehr erheblichen Ersparnis an Bunkerraum, besonders wenn man berücksichtigt, daß ein großer Teil der früheren Ballastwasserräume im Doppelboden zur Aufnahme des flüssigen Brennstoffes eingerichtet werden kann.

Zu beachten bleibt dabei, daß bei der Verbrennung von 1 kg bester Steinkohle etwa 7800 Wärmeeinheiten (W.E.) frei werden; bei 1 kg Treiböl aber 10 000 W.E., trotz eines um nahezu 40 v. H. kleineren Rauminhaltes des letzteren. Ob im einzelnen Falle sich eine Verminderung der Brennstoffkosten der Motoranlage gegenüber dem Dampfkraftbetrieb erzielen läßt, hängt in erster Linie von dem zu zahlenden Preis für das Treiböl ab. Da Kohle heute (Mitte 1914) auf den Hauptschiffahrtsstraßen der Welt für einen mittleren Preis von etwa 20.— pro t zu haben ist, betragen die Brennstoffkosten für eine hochwertige Dampfkraftanlage bei einem Kohlenverbrauch von 0,58 kg für die PSe/St. ausschließlich der Schiffshilfsmaschinen 1,16 Pfg. Die Preise für Rohöl sind in den Jahren vor dem Weltkriege andauernd stark gestiegen und betrugen Mitte des Jahres 1914 in den nordwesteuropäischen Schiffahrtsplätzen des Kontinents etwa 85.— pro t. Da es der meist größere Aktionsradius der Motorschiffe diesen gestattet, die benötigten flüssigen Brennstoffe nur in den Rohöl erzeugenden Ländern einzunehmen, kann mit dem dort zu zahlenden Treibölpreis von etwa 55.— pro t —, wie er vor dem Kriege in den nordatlantischen Häfen der U. S. A. bestand — gerechnet werden, wodurch sich bei einem durchschnittlichen Ölverbrauch von etwa 0,145 kg PSi Brennstoffkosten von 0,80 Pfg. für die PSe/St. ergaben. Von der Bereitstellung genügender, preiswerter Mengen von Diesel-Treibölen in den

[1]) Die für den Dieselmotor auch gebrauchten Bezeichnungen: „Verbrennungsmaschine, Verbrennungsmotor, Ölmaschine, Ölmotor, Gleichdruckmotor“ nehmen auf besondere Eigenschaften des Dieselverfahrens bzw. das benutzte Treibmittel (flüssiger Brennstoff = Treiböl) Bezug. In den nachfolgenden Abschnitten wird auf diese Bezeichnungen zurückgekommen werden.

Hauptschiffahrtsplätzen der Welt wird die weitere Entwicklung des Schiffsölmaschinen-Antriebs nach dem Kriege sehr wesentlich bedingt sein.

Gelingt es durch Zusammenschluß der Haupt-Ölproduzenten die Brennstofffrage für die Weltschiffahrt großzügig zu lösen, so wird dem Schiffsölmaschinenbau im nächsten Jahrzehnt eine gewaltige Entwicklung bevorstehen.

Nicht berücksichtigt ist hierbei, daß die Verbrennungsmaschinen außerdem, im Gegensatz zu den Schiffsdampfmaschinen, weder zum Anheizen, noch während aller Betriebspausen, Liegezeiten usw. irgendwelchen Brennstoff verbrauchen, so daß die oben angegebenen Zahlen sich noch etwas zugunsten der Ölmaschinen verschieben.

Nicht zu vergessen ist die große Erleichterung und der erhebliche Zeitgewinn beim Auffüllen des Bunkerinhaltes. Jedes Verschmutzen des Schiffes, jedes Trimmen der Kohlen im Bunker fällt fort. Die Übernahme des flüssigen Brennstoffes erfolgt durch Pumpen von Land oder an Bord, bisweilen auch mittels Druckluft. Das Umtrimmen des Treiböls an Bord, sowie die Beförderung desselben zur Maschine vollzieht sich auf die gleiche Weise, einfacher, billiger und sauberer als es sich je beim Kohlenbetriebe erreichen läßt. Hinzu tritt die bequemere Brennstoffleitung im Schiffe, die größere Unabhängigkeit von der Anordnung der Brennstoffbunker zur Maschinenlage und, besonders für Kriegsschiffzwecke, die mögliche, erhebliche Vergrößerung des Fahrbereichs.

Durch restloses Verbrennen des Treiböls im Arbeitszylinder der Ölmaschine entfällt schließlich auch jede Entfernung von Asche und Schlacke, die mit den erforderlichen Hilfseinrichtungen in größeren Schiffsbetrieben so oft eine Quelle dauernder Unzuträglichkeit, zum mindesten aber von Unbequemlichkeiten ist.

Als einziger Nachteil steht diesen großen Vorzügen des Dieselverfahrens der nicht so ganz einfache Antrieb der Schiffshilfsmaschinen gegenüber. In jahrzehntelanger Bordpraxis sind für die mannigfachen Zwecke des Schiffsbetriebes gut durchgebildete, durch Dampf betriebene Hilfsmaschinen, wie Pumpen, Lichtmaschinen, Kühlmaschinen, Rudermaschinen u. a. m. entwickelt worden, für die zunächst auf den Motorschiffen das Antriebsmittel, der Dampf, fehlte. Einen Hilfskessel einzubauen bleibt bei den meist nur zeitweise gebrauchten Hilfsmaschinen unwirtschaftlich, sie durch Druckluft oder Druckwasser zu betreiben, gleichfalls nur Notbehelf.

Die Lösung wird in dem selbständigen, elektrischen Antrieb aller derartiger Einrichtungen gesucht werden müssen, auf den später noch im einzelnen eingegangen werden wird.

3. Das Diesel-Arbeitsverfahren.

Als Grundbedingung für eine vollkommene Verbrennung des Treiböls im Motor bezeichnet Diesel für das von ihm angegebene Arbeitsverfahren die Kompression reiner Luft in einem Arbeitszylinder bis zu einer Endtemperatur im Totpunkte, die imstande ist, einen in den Zylinder im fein verteilten Zustande eingeführten Brennstoff zur Entzündung zu bringen.

Es fehlt also beim Dieselmotor ein in jedem Augenblick verfügbares Kraftreservoir, wie es die Kesselanlage von Dampfkraftbetrieben darstellt. Der Motor muß sich sein Kraftmittel vielmehr dauernd selbst durch Verbrennung eines geeigneten flüssigen Treiböles erzeugen. Diesen beiden charakteristischen Eigenschaften „der Verbrennung“ eines flüssigen „Öles“ im Arbeitszylinder verdankt der Dieselmotor auch die mehr und mehr in Gebrauch kommende Bezeichnung als Verbrennungskraft- und Ölmaschine.

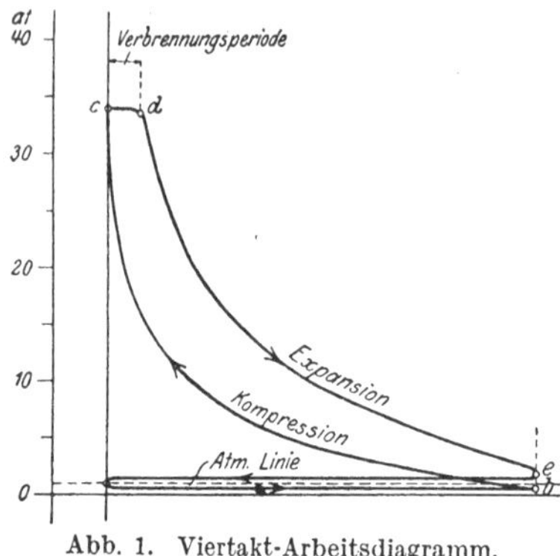

Abb. 1. Viertakt-Arbeitsdiagramm.

Die praktische Durchführung dieses Arbeitsprozesses kann nach dem Viertakt- oder Zweitaktverfahren erfolgen.

Beim Viertaktverfahren (Abb. 1) saugt der Kolben während des ersten Hubes *ab* Luft von atmosphärischer Spannung an und komprimiert diese während des darauffolgenden Hubes *bc* auf 32—35 at, wodurch sich das in den Arbeitszylinder eingeschlossene Luftvolumen auf etwa 550° bis 600° C. erhitzt.

Diese Kompressionswärme reicht aus, um den nahezu im Totpunkt durch ein besonderes Brennstoffventil unter Anwendung von Druckluft von 40—50 at einzuspritzenden Brennstoff zur Selbstentzündung und Verbrennung zu bringen. Die Öffnung des Brennstoffventils und damit die Verbrennungsdauer erstreckt sich vom Beginn des dritten Hubes über etwa 12 v. H. des Kolbenwegs *ce* von *e* bis *d*, worauf nach Schließen des Brennstoffventils die Verbrennungsgase sich bis zum Hubende *e* ausdehnen. Während des anschließenden vierten Hubes *ea* werden die Verbrennungsprodukte durch den Kolben aus dem Zylinder hinausgeschoben, worauf das Spiel von neuem beginnt. Auf je vier Hübe des Motors kommt also nur ein wirksamer Arbeits-(Expansions-)Hub. Da die Verbrennungskraftmaschinen bislang noch zum größten Teil als einfach wirkende Maschinen gebaut werden, wird sich bei wechselnden Belastungen der Maschine ein recht erheblicher Ungleichförmigkeitsgrad nicht vermeiden lassen, so daß, wie später noch gezeigt werden wird, die Anordnung besonderer Schwungräder auch bei Schiffsmaschinen meist zur Notwendigkeit wird.

Man kann daher bei der Entwicklung der Dieselmaschine zum Großschiffsmotor schon frühzeitig das Bestreben verfolgen, die Zahl der Arbeitshübe zu vermehren. Ein Mittel hierzu bietet das Zweitaktverfahren. Ansaugen bzw. Einführen der atmosphärischen Verbrennungsluft und Komprimieren derselben wird hierbei auf dem ersten Hube *a—b—c* (Abb. 2) vorgenommen; Zündung, Expansion der Gase und Ausstoßen derselben vollzieht sich auf dem zweiten Hube *c—d—e—f—a*.

Die Schwierigkeit der einwandfreien Durchführung des Dieselverfahrens liegt darin, den Brennstoff in der kurzen zur Verfügung stehenden Zeit, die bei den im Schiffsölmaschinenbau gebräuchlichen Umdrehungszahlen von 80—120 Umdrehungen in der Minute nur Bruchteile einer Sekunde beträgt, derart in den Arbeitszylinder einzuführen, daß eine gute Mischung desselben mit der Verbrennungsluft und damit eine vollkommene Verbrennung erzielt wird.

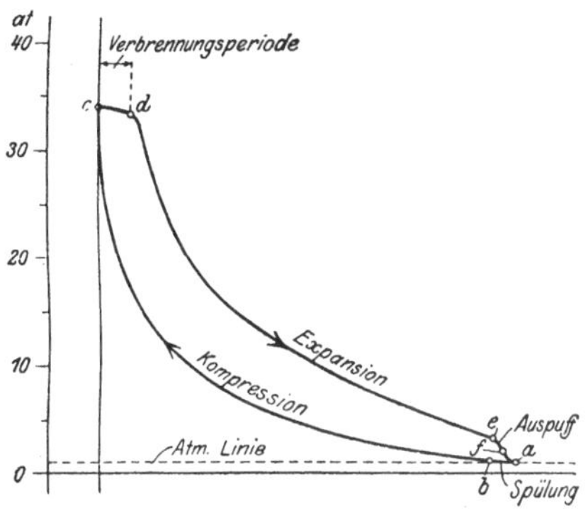

Abb. 2. Zweitakt-Arbeitsdiagramm.

Notwendig wird bei dem Dieselverfahren stets, damit eine wenigstens einigermaßen restlose Verbrennung eintritt, die Verbrennungsluft mit erheblichem Überschuß in den Arbeitszylinder einzuführen.

In der Darstellung des schematischen Arbeitsdiagramms eines nach dem Viertaktprinzip arbeitenden Motors in Abb. 1 wird während des ersten Hubes auf dem Kolbenweg *a—b* ein Luftvolumen von etwas unter atmosphärischer Spannung gleich dem Zylinderinhalt angesaugt, das beim Rückgange des Kolbens nach der Linie *b—c* komprimiert wird. Der Druck der im Arbeitszylinder eingeschlossenen Luft steigt hierbei von $p_0 = \sim 1$ at auf $p_1 = 32—35$ at, während gleichzeitig eine Temperaturzunahme derselben von der Temperatur der Außenluft auf 550° bis 600° C. eintritt. Mit erneuter Umkehr des Kolbens im Punkte *c*, d. h. zu Beginn des dritten Hubes, wird nunmehr der fein verteilte Brennstoff eingeführt, der sich unmittelbar entzündet und während des Kolbenwegs *c—d* verbrennt. Trotz der bei der Verbrennung des Treiböls eintretenden Volumenvergrößerung des Zylinderinhalts bleibt infolge des von dem Kolben gleichzeitig fortschreitend freigegebenen Zylinderraums der Verbrennungsdruck im Zylinder nahezu der gleiche. Zufolge dieses Umstandes werden die nach dem Dieselverfahren arbeitenden Motore auch Gleichdruckmotore genannt. Im Punkte d hört die weitere Brennstoffzufuhr auf, und das Gasgemisch expandiert arbeitsleistend von d nach e, wobei der Druck von p_1 auf p_2 fällt. Der letztere soll bei richtig arbeitender Steuerung $1^1/_2$ — 2 at über dem Atmosphärendruck liegen. Während des anschließenden vierten Hubes fällt der Druck der Verbrennungsgase weiter von p_2 auf p_0, unter dem diese vom Kolben aus dem Arbeitszylinder hinausgeschoben werden, worauf das gleiche Arbeitsspiel von neuem beginnt.

Mit den abgeführten Auspuffgasen geht eine nicht unbeträchtliche Wärmemenge verloren; auf ihre Größe wird später (vgl. VI. Teil, Abschnitt 8, Abgasverwertung) zurückgekommen werden. In der Abb. 3 ist eine schematische Darstellung der Eröffnung der Auspuff- und Einsaugeventile an Hand des Arbeitsdiagramms einer Viertaktmaschine wiedergegeben. Gegen Ende des Expansionshubes eröffnet das Auspuffventil im Punkte A_1, um den bis zum Hubwechsel erforderlichen Druckausgleich herbeizuführen. Während des anschließenden Kolbenhubs werden die Auspuffgase aus dem Arbeitszylinder hinausgeschoben bis kurz nach erneutem Hubwechsel im Punkte A_2 das Auspuffventil geschlossen wird. Kurz vor Erreichung des Totpunktes hatte im Punkte E_1 die Eröffnung des Einsaugeventils begonnen, das während des nun folgenden Ansaugehubes eröffnet bleibt und erst kurz nach erneutem Hubwechsel im Punkte E_2 geschlossen wird.

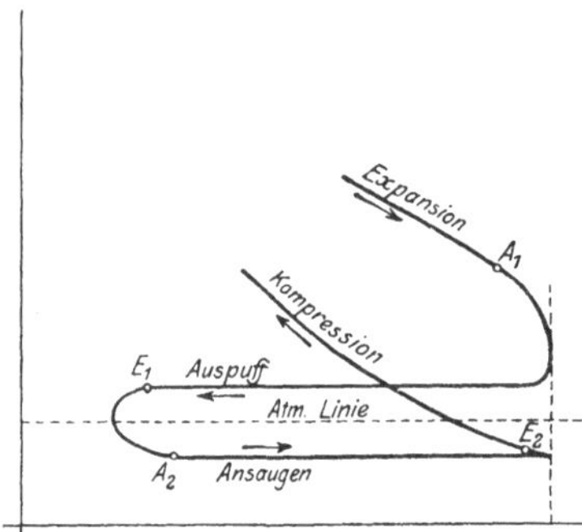

Abb. 3. Schematische Darstellung des Ansauge- und Auspuffvorganges einer Viertaktmaschine.

Die theoretische Untersuchung einer nach dem vorstehend beschriebenen Gleichdruckverfahren arbeitenden Ölmaschine zeigt, daß der thermische Wirkungsgrad im wesentlichen abhängig ist von den Temperaturgrenzen, innerhalb deren sich der Arbeitsprozeß abspielt. Und zwar stellt sich der Wirkungsgrad um so günstiger, je größer das Temperaturgefälle und damit das Druckgefälle zwischen den Punkten d und e im Arbeitsdiagramm ist.

Da für den Dieselmotor die untere Druckgrenze durch den Druck der äußeren Atmosphäre gegeben ist, kann eine Beeinflussung des Wirkungsgrades nur durch Steigerung des Verbrennungsdrucks erzielt werden. Eine wesentliche Steigerung über die für die Zündung des Treiböls erforderliche Kompression der Luft von 32—35 at verbieten aber praktische Rücksichten im Hinblick auf die Materialfestigkeit der Zylinder- und Deckelwandungen. Hinzu kommt, daß mit Steigerung des Verbrennungsdruckes auch die durch die Zylinderwandungen von dem Kühlwasser abzuführenden Wärmemengen oft nicht hinreichend aufgenommen werden können, so daß Risse als Folge von Wärmespannungen in den Zylindern, Deckeln und Kolben meist die unausbleibliche Folge sind.

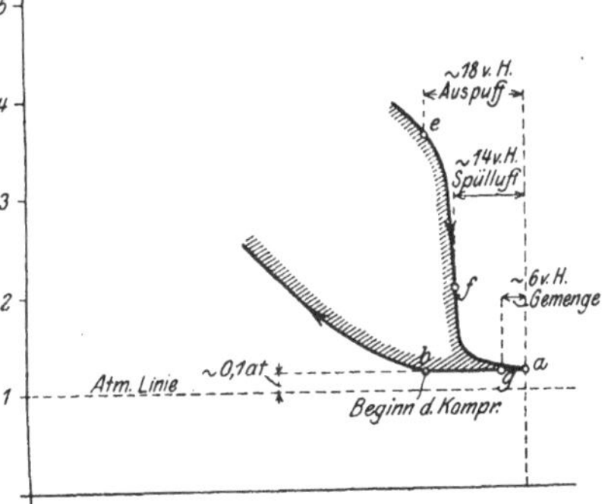

Abb. 4. Schematische Darstellung des Spülvorganges einer Zweitaktmaschine.

Schlecht ausgenutzt werden, wie aus einer Betrachtung des in Abbildung 1 dargestellten Diagramms eines Viertaktmotors hervorgeht, der Saug- und Auspuffhub.

Es lag daher nahe, diese mit dem Kompressions- bzw. Expansionshub zu vereinen. Die hierdurch eintretenden Änderungen in dem Arbeitsdiagramm zeigen die Abbildungen 2 und 4. Kompression (*bc*), Verbrennung unter Gleichdruck (*cd*) und Expansion (*de*) spielen sich bei dem Zweitaktverfahren genau wie vorher ab. Die bei *e* einsetzende Auspuffperiode wird jetzt jedoch

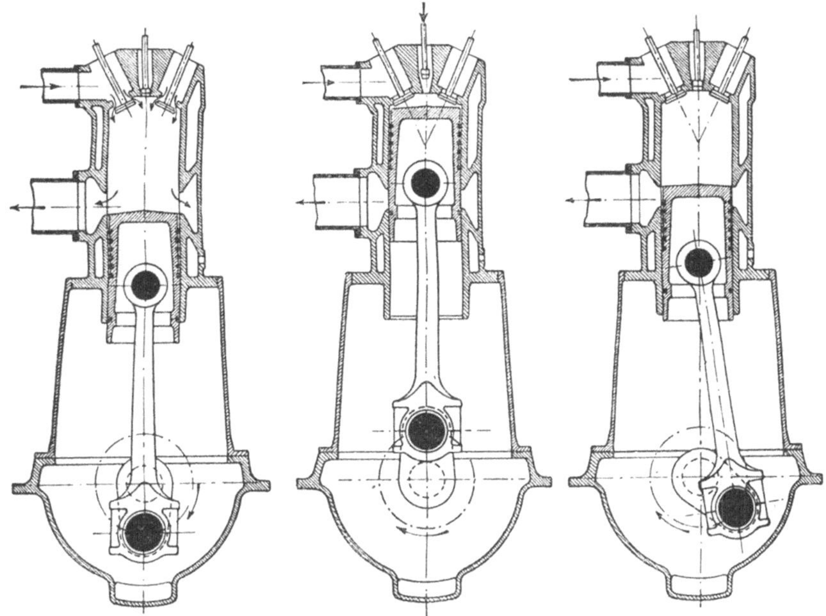
Abb. 5—7. Hauptkolbenstellungen einer Zweitakt-Ölmaschine.

nicht während eines ganzen Hubes bis zur Atmosphärenspannung fortgesetzt, sondern endet bereits vor Erreichung des unteren Totpunktes im Punkte *f*. Die noch im Arbeitszylinder verbliebenen restlichen Verbrennungsprodukte werden durch unter Überdruck in den Zylinder eintretende, durch eine besondere Pumpe beschaffte Spülluft vertrieben. Der Überschuß der letzteren, der dem Zylinder während des Kolbenwegs *f a g b* zugeführt wird, dient gleichzeitig zum Laden des Arbeitszylinders mit der für die Verbrennung des Treiböls erforderlichen atmosphärischen Luft, so daß bereits kurz nach Beginn des zweiten Hubes im Punkte *b* mit der Kompression des eingeschlossenen Luftvolumens begonnen werden kann.

Die wichtigsten Kolbenstellungen einer nach dem Zweitaktverfahren arbeitenden Ölmaschine zeigen die schematischen Zylinderschnitte der Abbildungen 5, 6 und 7. In Abbildung 5 befindet sich der Kolben in der unteren Totpunktstellung; die Auspuffschlitze im unteren Teil der Zylinderwandungen sowie die Spülluftventile im Zylinderdeckel sind voll eröffnet; die Verbrennungsprodukte werden durch die Spülluft verdrängt und der Arbeitszylinder gleichzeitig mit der für den nächsten Verbrennungsvorgang erforderlichen neuen atmosphärischen Luft (= Spülluft) geladen. Nach einem Kurbelweg von 180° ist der Kolben in der oberen Totpunktlage angelangt (Abb. 6). Die im Zylinder eingeschlossene Spülluft ist hierdurch auf 32—35 at komprimiert und damit hoch erhitzt worden. Die Spülluftventile sind geschlossen, das Brennstoffventil eröffnet. Durch hochgespannte Einblaseluft von 50—55 at wird Brennstoff gegen den vorerwähnten Kompressionsdruck in den Arbeitszylinder gepreßt, der sich in der hohen Temperatur selbst entzündet und vollkommen verbrennt. Die Abb. 7 zeigt den Kolben im Augenblick des Eröffnens bzw. Schließens der Auspuffschlitze; das Brennstoffventil ist geschlossen, die Spülventile sind unmittelbar vor dem Eröffnen bzw. Schließen.

Das praktische Arbeitsdiagramm einer nach dem Zweitaktverfahren arbeitenden Ölmaschine zeigt die Abbildung 2; die vorstehend erläuterten Arbeitsperioden werden durch die nachfolgend aufgeführten Diagrammlinien wiedergegeben:

f-a-b: Füllen des Zylinders mit Spülluft . . *b—c*: Komprimieren des Füllungsvolumens	1. Hub = 1. Takt
c—d: Verbrennungsperiode . . . . *d—e*: Expansion der Verbrennungsgase . . *e-f-a-b*: Auspuffperiode	2. Hub = 2. Takt

Die einwandfreie Durchführung des Dieselverfahrens ist erst gelungen, als man sich entschloß, lediglich flüssige Brennstoffe zu verwenden, die mittelst hochgespannter Druckluft von 50—80 at Überdruck in fein verteiltem Zustande in die hoch erhitzte Verbrennungsluft eingeblasen wurden.

Für die Beschaffung der Einblase-Druckluft wurde die Aufstellung eines besonderen Hochdruckluftkompressors notwendig, dessen Bauart und Wirkungsweise später eingehend besprochen werden wird.

In den Abb. 8a—p sind eine Reihe praktischer Ölmaschinen-Diagramme wiedergegeben, deren charakteristische Merkmale kurz erläutert werden sollen.

Die normalen Diagramme einer Viertakt-Ölmaschine bei verschiedenen Belastungsstufen sind in den Abb. 8a—e dargestellt, von denen das erste ein Leerlauf-Diagramm mit der charakteristischen Spitze,

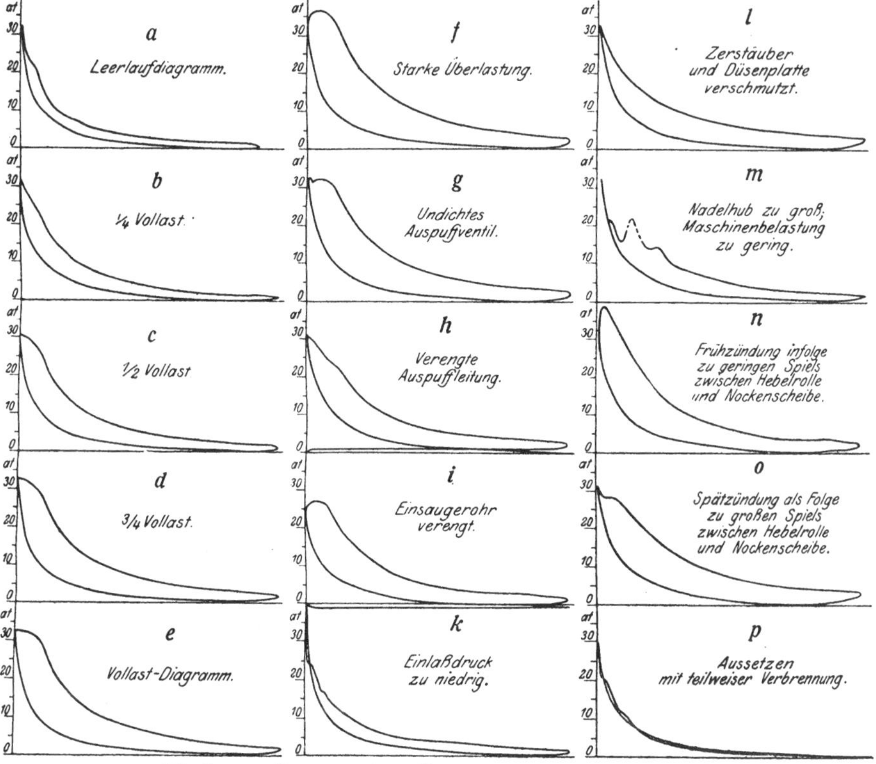

Abb. 8a—p. Charakteristische Ölmaschinen-Arbeitsdiagramme.

d. h. der vollkommen unentwickelten Verbrennungslinie zeigt, an die sich die Expansionslinie mit nur geringer Flächenentwicklung anschließt. Für $^1/_4$ Vollast ist die Spitze bedeutend weniger scharf (Abb. 8b); die Flächenentwicklung nimmt zu. Bei $^1/_2$ Vollast beginnt sich die Verbrennungslinie zu entwickeln (Abb. 8c), fortschreitend bei $^3/_4$ Vollast (Abb. 8d), bis schließlich bei Vollast die das Dieselverfahren charakterisierende Gleichdruck-Verbrennungslinie vorhanden ist (Abb. 8e). Die Diagrammfläche ist nunmehr gleichfalls voll entwickelt; der Verbrennungsdruck beträgt etwa 32 at.

Die starke Kuppe in der Abb. 8f ist das ausgesprochene Kennzeichen starker Überlastung einer Dieselmaschine. Auch die Diagrammfläche selbst ist übermäßig entwickelt. Die Maschine beginnt in diesem Falle stark zu rauchen, dunkelgrau bis schwarz, je nach dem Grade der Überlastung als Folge der in den Auspuffgasen enthaltenen unverbrannten Kohlenwasserstoffe.

Die scharf gezackte Verbrennungslinie der Abb. 8g läßt auf undichte Auspuffventile schließen, so daß der notwendige Verbrennungsdruck nicht gehalten werden kann. Meist beginnt der Motor etwas zu rauchen, da die erforderliche Verbrennungsluftmenge nicht vorhanden ist.

Die stark abfallende Verbrennungslinie der Abb. 8h ist auf ein schlechtes Luftgemisch als Folge zu langsam schließenden Auspuffventils zurückzuführen, so daß während des anschließenden Saugehubes ein Teil der Auspuffgase wieder mit eingesaugt werden und damit dem am Ende der Kompressionsperiode in den Zylinder eingespritzten Brennstoff nicht die nötige Frischluftmenge zur vollständigen, restlosen Verbrennung geboten wird. Auch hier enthalten die Auspuffgase rußige Beimengungen. Beim Öffnen des Einsaugeventils kann meist ein dumpfer Schlag durch das verspätete Schließen des Auspuffventils gehört werden. Hinzutritt eine Verengung der Auspuffquerschnitte, so daß die Auspufflinie oberhalb der atmosphärischen Linie verläuft.

Bei zu engen Einsaugequerschnitten sinkt die Einsaugelinie unter die atmosphärische Linie (Abb. 8i), damit wird infolge zu geringen Zylinder-Füllungsvolumens der Kompressionsenddruck nicht erreicht, so daß, wenn die Zündung nicht ganz aussetzt, infolge zu geringer Luftmenge auch hier ein Rauchen der Maschine eintreten muß.

Diagramme nach der Abb. 8k sind meist die Folge zu geringen Einblasedrucks. Der Brennstoff tritt infolgedessen unzerstäubt in den Zylinder ein, kann nicht sofort zur Verbrennung kommen und fällt zunächst unverbrannt auf den Kolbenboden. Während des nächsten Verdichtungshubs erzeugt dann der inzwischen stark erhitzte, zur Verdampfung neigende Brennstoff leicht Frühzündungen, die oft explosionsartig mit hoher Drucksteigerung erfolgen, wobei bei dem nachfolgenden Öffnen der Brennstoffventilnadeln leicht diese sowie die Düsenplatten und Zerstäuber verbrennen.

Die scharfe Spitze in Abb. 8l weist auf ungenügende Treibölzufuhr zu Beginn der Verbrennungsperiode hin und wird meist, bei richtig eingestelltem Brennstoffnocken, auf eine Verschmutzung der Brennstoffdüse oder der Zerstäuberplatte zurückzuführen sein.

In dem Diagramm der Abb. 8m setzt die Verbrennung zu spät ein und verläuft stoßweise noch während der eigentlichen Expansionsperiode. Die Ursache ist auf zu großen Nadelhub zurückzuführen, durch den ein Überschuß an kalter Verbrennungsluft in den Zylinder eintritt, so daß es an der nötigen Verbrennungswärme fehlt.

Frühzündungen, wie sie die Abb. 8n schon während der Verdichtungsperiode zeigt, und die unter Erreichung beträchtlicher Enddrucke meist mit scharfer Spitze in der eigentlichen Verbrennungslinie abfallen, sind auf unrichtig eingestellte Brennstoffnocken zurückzuführen. Wird die Rolle des Brennstoffventilhebels beim Auflaufen auf die Nocke zu früh angehoben, so erfolgt die Zündung noch vor beendeter Kompression, wodurch infolge der bis zum oberen Totpunkt noch stetig kleiner werdenden Verbrennungsräume beträchtlich hohe Enddrucke erreicht werden, die sich meist in einem starken Stoßen oder Klopfen des Kolbens nach außen hin geltend machen.

Spätzündungen, wie sie aus der Abb. 8o zu ersehen sind, müssen durch Verdrehen der Brennstoffnocken behoben werden. Das Kennzeichen der Spätzündungen ist das scharfe Abfallen zu Beginn der Verbrennungsperiode infolge der verspäteten Einführung des Treiböls. Da ein Teil des Treiböls erst während der Expansionsperiode mehr oder weniger vollkommen nachverbrennt, wird ein Rauchen der Ölmaschine meist nicht ausbleiben.

In der Abb. 8p ist schließlich das Diagramm eines Aussetzers wiedergegeben, bei dem kleine Treibölmengen, die noch vom vorhergegangenen Arbeitsspiel im Zylinder vorhanden sind, während der Expansionsperiode verbrennen.

4. Zweitakt- und Viertakt-Ölmaschinen.

Die Arbeitsverfahren der Zweitakt- und Viertakt-Dieselmaschinen unterscheiden sich, wie in dem vorangegangenen Abschnitt gezeigt worden ist, im wesentlichen durch die ungünstigeren Ausström- und Ladevorgänge der ersteren, die infolgedessen meist auch einen höheren Brennstoffverbrauch aufweisen, während bei gleichen Umdrehungszahlen der Maschinen die für das Einspritzen und Mischen des Brennstoffes sowie für den Verbrennungsvorgang selbst zur Verfügung stehenden Zeiten gleich groß sind.

Eine einwandfreie Verbrennung beim Zweitaktmotor erfordert eine hinreichend große Bemessung der Spülluft- und Ladepumpe, für deren Betrieb ein nicht unerheblicher Kraftaufwand erforderlich wird, so daß auch damit wieder eine Herabsetzung des Wirkungsgrades der Zweitaktmaschine eintritt.

Ungenügender Luftüberschuß in den Arbeitszylindern der Ölmaschine als Folge zu kleiner Spülpumpenabmessungen bewirkt, daß keine vollständige Ausspülung der Verbrennungsgase erfolgt, die Ladeluft vielmehr noch mit einem Rest von Ölgasen gemischt bleibt und damit infolge ungenügender Verbrennungsluftmenge nur eine unvollständige Verbrennung des eingespritzten Brennstoffs eintritt. Infolgedessen sinkt der mittlere indizierte Arbeitsdruck und damit die Leistung der Zweitakt-Ölmaschine.

Die Unvollkommenheit des Ausström- und Ladevorganges ist der Grund, daß der Zweitaktmotor sich bis heute bei kleineren und mittleren Leistungen und schnellaufenden Maschinen noch nicht durchzusetzen vermocht hat. Da auch die Wärme- und Reibungsbeanspruchungen bei den Zweitaktmaschinen erheblich ungünstiger ausfallen als bei Viertakt-Dieselmaschinen, haben letztere bei den raschlaufenden Klein-Dieselmaschinen, den mittelgroßen Handelsschiffsmaschinen und raschlaufenden U-Bootsmotoren nahezu ganz das Feld behauptet.

Die Überlegenheit der Zweitaktmaschine in baulicher Hinsicht kommt erst bei größeren Einheiten von etwa 1600 PS aufwärts zur Geltung, besonders bei den langsamlaufenden Handelsschiffsmaschinen, bei denen man in diesem Falle meistens mit vier Zylindern auskommt, gegenüber sechs Arbeitszylindern gleicher Abmessungen für eine Viertaktmaschine derselben Leistung.

Wesentliche Vorzüge der Zweitaktmaschine sind die größere Gleichmäßigkeit des Ganges, etwas geringerer Raumbedarf, geringeres Gewicht und damit für größere Anlagen meist auch etwas niedere Gestehungskosten.

Die Schwierigkeit, den Auspuff raschlaufender Zweitaktmaschinen durch Ventile innerhalb der nur sehr kleinen Zeiträume während des Hubwechsels zu steuern, die Massenkräfte der Ventilteller sicher zu beherrschen und die in den Zylinderdeckeln unterzubringenden Ventilquerschnitte hinreichend groß auszuführen, hat dazu geführt, die Auspuffgase durch Schlitze im unteren Ende der Zylinderlaufbüchse austreten zu lassen.

Der hierdurch gewonnene Platz im Zylinderdeckel kommt den Spülluftventilen zugute.

Vielfach kommen auch diese neuerdings in den Zylinderdeckeln zum Fortfall und werden gleichfalls durch Spülluftschlitze in den Zylinderwandungen ersetzt, so daß der Zylinderdeckel nur noch das Brennstoffventil und das Anlaßventil aufzunehmen hat.

Wenn diese baulichen Vorzüge auch dazu geführt haben, das Zweitaktverfahren namentlich für große langsamlaufende Anlagen immer mehr zur Anwendung zu bringen, so wird trotz alledem auch dem Viertaktmotor voraussichtlich noch für eine große Reihe von Jahren ein weites Anwendungsgebiet gesichert bleiben, um so mehr, da auch die Viertaktmaschine in baulicher Hinsicht noch entwicklungsfähig ist. Da gerade bei mittleren und kleineren Anlagen die oben angeführte Überlegenheit des Zweitaktmotors nicht in vollem Umfang zur Geltung kommt, der konstruktive Aufbau des Viertaktmotors sich aber einfacher gestaltet und zudem auch Raum und Gewicht bei kleineren Anlagen oft nicht von ausschlaggebender Bedeutung sind, wird letzterer hier noch für lange Zeit mit Vorteil zum Einbau gelangen.

Immerhin bleibt bestehen, daß ein gut durchkonstruierter Zweitaktmotor heute schon der Dampfmaschine um ein bedeutendes näherkommt als der Viertaktmotor. Es konnte in der Entwicklung größerer Dieselmaschineneinheiten nur ein durch die allzu rasche Entwicklung und durch die stürmische Nachfrage der Reederkreise nach größeren Schiffsölmaschinen diktierter Notbehelf sein, wenn man sich zur Erzielung der verlangten Motorleistung zeitweilig entschloß, die Anzahl der Arbeitszylinder anstatt ihre Leistungen zu vermehren.

Wenn zur Zeit von den bekannt gewordenen Betriebsergebnissen der in großer Fahrt beschäftigten Motorschiffe auch noch eine scheinbare Überlegenheit der Viertaktmotore vorzuliegen scheint, so darf nicht vergessen werden, daß die Mehrzahl der bis heute ausgeführten Zweitakt - Schiffsmaschinenanlagen unter die Klasse von Dieselmaschinen fällt, für die eine wirtschaftliche Überlegenheit der Zweitaktmaschine aus grundsätzlichen Überlegungen heraus nicht zu erreichen war.

Mag daher im Augenblick der konstruktive Aufbau des älteren Viertakts noch eine Reihe Vorzüge aufweisen, so wird das wirksamere Arbeitsverfahren nach dem Zweitakt sich dennoch in absehbarer Zeit, wenigstens für das Gebiet der Großschiffsmaschinen, Eingang verschaffen.

Mag daher auch der Viertaktmaschine hinsichtlich des Arbeitsverfahrens und des Wirkungsgrades zum mindesten für die kleineren und mittelgroßen Anlagen noch ein gewisser Vorrang gebühren, so wird schon die nahe Zukunft entscheiden, ob für das Gebiet des Groß-Schiffsölmaschinenbaus nicht doch die Zweitaktmaschine sich endgültig durchzusetzen vermag.

II. Die Brennstoffe der Ölmaschinen.

1. Treibölarten (Ölgas und Öldämpfe bildende Treiböle).

Diesel hatte seiner ersten Druckschrift über den von ihm im Grundprinzip festgelegten Gleichdruckmotor Zeichnungen einer konstruktiv durchgebildeten und in ihren Hauptdimensionen berechneten Maschine von 100 PS beigefügt, die mit Kohlenstaub betrieben werden sollte. Die eventuelle Verwendung flüssiger Brennstoffe wird von ihm nur beiläufig erwähnt. Aber schon der erste marktfähige Dieselmotor, der die Werkstätten der Augsburger Maschinenfabrik verließ, war nur für Leuchtpetroleum eingerichtet.

Inzwischen ist es gelungen, vor allem auch die billigen Schweröle im Dieselmotor zu verbrennen. Die Möglichkeit hierzu war gegeben durch die Selbstzündung der flüssigen Brennstoffe in der hoch erhitzten Verdichtungsluft im Arbeitszylinder, die eine Verbrennung der Öle in allen Punkten der Luftmasse des Zylinderinhalts sicherstellte. In dieser Selbstentzündung der Treiböle in der hoch erhitzten Verbrennungsluft liegt der große Wert des Dieselverfahrens.

Von den heute für Ölmotore in Betracht kommenden flüssigen Brennstoffen können drei Ursprungsgruppen unterschieden werden.

1. Gruppe (Ölgase bildend):

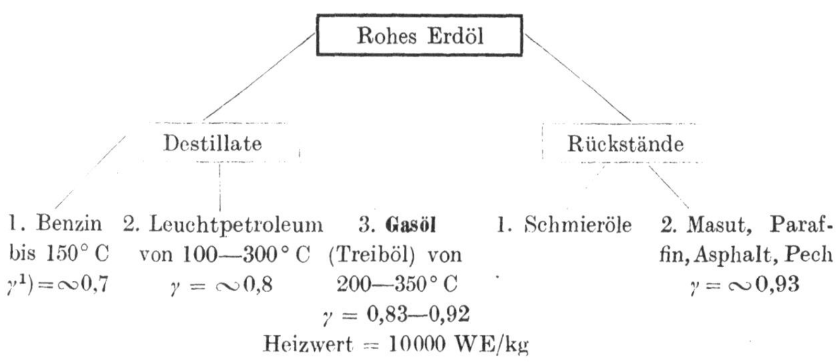

2. Gruppe (Ölgase bildend):

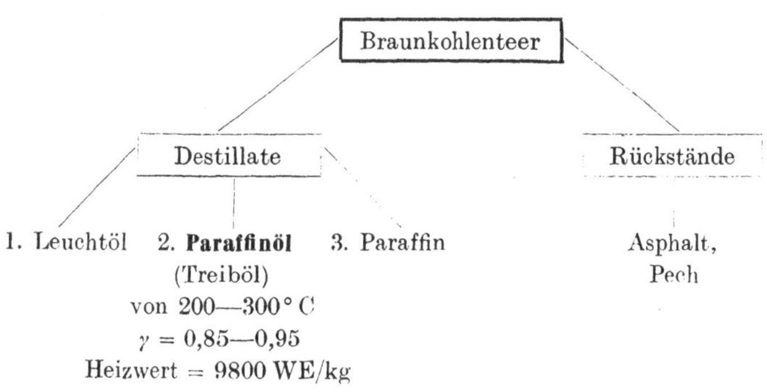

[1]) γ = spezifisches Gewicht.

3. Gruppe (Öldämpfe bildend):

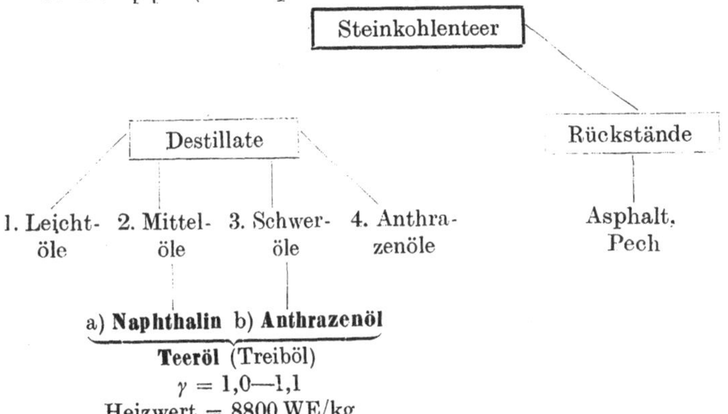

Aus der Zusammenstellung der drei Gruppen geht hervor, daß nicht die Ursprungsstoffe selbst, sondern in erster Linie ihre Destillate als Treiböle in der Dieselmaschine Verwendung finden. Unter Umständen kann auch das rohe Erdöl, sofern es nur von mechanischen Beimengungen gut gereinigt ist, für die unmittelbare Verwendung in der Ölmaschine geeignet sein. Trotz alledem sollte, wenn irgend möglich, von der Verwendung von Rohölen Abstand genommen werden, da die stets in diesen Ölen vorhandenen, leicht vergasenden Bestandteile wie Benzin und Rohpetroleum, die, wie aus der vorangehenden Gruppenzusammenstellung der Treiböle ersichtlich, schon bei 100° C und darunter vergasen, oft zu Frühzündungen und damit schweren Stoßbeanspruchungen der Triebwerksteile der Maschinen führen.

Das für den Betrieb von Schiffsölmaschinen wichtigste Destillationsprodukt ist das Gasöl, wegen seiner bläulich-grünen Farbe auch Blau- oder Grünöl genannt, das bei der Verdampfung des Rohöls zwischen 200° und 300° C entsteht, ein spezifisches Gewicht von 0,83 bis 0,92, einen Heizwert von 9800—10200 WE hat und im Mittel aus 86,6 v. H. C[1]), 12,8 v. H. H[1]), 0,5 v. H. S[1]) und 0,1 v. H. O[1]) und N[1]) besteht.

Von wesentlich geringerer Bedeutung für die Seeschiffahrt sind die vorzugsweise in Deutschland aus dem Braunkohlenteeröl gewonnenen Treiböle, da von unserer gesamten Braunkohlenteerproduktion von jährlich etwa 600000 t sich nur etwa $^1/_{10}$ für die Darstellung von Paraffin-Treibölen eignet. Die Paraffinöle entstehen bei der Verdampfung des Braunkohlenteers etwa zwischen 200° und 300° C. Sie haben ein spezifisches Gewicht von 0,85—0,95, einen unteren Heizwert von etwa 9800 WE und eine Zusammensetzung von 85 v. H. C, 11,5 v. H. H, 1 v. H. S und 2,5 v. H. O und N.

[1]) C = chemische Formel für Kohlenstoff, H = Wasserstoff, S = Schwefel, O = Sauerstoff, N = Stickstoff.

Erheblich größere Mengen Dieselmaschinen-Treiböle werden in Deutschland aus dem Steinkohlenteer gewonnen. Diese Treiböle stellen eine Verbindung von Naphthalinölen und Anthrazenölen dar. Da das Naphthalin schon bei etwa 0° C fest und als schmutzig graue Masse ausgeschieden wird, muß das Öl bei eintretender Kälte in den Bunkern geheizt und vor dem Einführen in die Brennstoffventile der Ölmaschine gut vorgewärmt werden. Das spezifische Gewicht des Teeröls beträgt etwa 1,0—1,1, der untere Heizwert etwa 8800 WE.

Die Teeröle ermöglichen bei normaler Belastung der Ölmaschine im allgemeinen einen störungsfreien Betrieb, sofern der Anteil an Anthrazenöl nicht zu hoch ist. Ergeben sich bei geringeren Maschinenbelastungen, beim Leerlauf, während des Manövrierens und Anlassens der kalten Maschine Schwierigkeiten, so müssen den Teerölen Treiböle der zweiten Gruppe, etwa leicht Gase bildende Paraffinöle als sogenannte Zündöle zugesetzt werden, um eine sichere Einleitung der Verbrennung herbeizuführen.

2. Vorkommen und Eignung der Treiböle für die Verbrennung.

Die für den Schiffs-Ölmaschinenbetrieb in Frage kommenden flüssigen Brennstoffe gehören fast ausschließlich der ersten Gruppe, den Destillaten der Erdöle, an. Die wichtigste Fundstelle ist heute noch wie in dem Augenblick, in dem man von den ersten Anfängen einer Erdölindustrie sprechen konnte, der nordamerikanische Kontinent.

1859 erbohrte Colonel Drake in Oil Creek in Pennsylvanien die erste Petroleumquelle; zwei Jahre später kam die erste Schiffsladung Öl in Fässern an den Londoner Markt. Im Jahre 1871 hatte die Jahresproduktion in den Vereinigten Staaten bereits 5 Millionen Barrels erreicht. Mitte der siebziger Jahre des vorigen Jahrhunderts wurden weitere reiche Ölfunde in Ohio, Virginien und vor allem in Kalifornien gemacht, das heute, nach ziemlicher Erschöpfung der Fundstellen Pennsylvaniens, das ausgiebigste Erdölgebiet der ganzen Welt ist. Trotz der hier im Jahre 1913 erzielten Ausbeute von 87 Millionen Barrels glaubt man die Jahresproduktion noch um das Doppelte steigern zu können.

Nächst Kalifornien dürften die mexikanischen Ölgebiete, besonders die Umgegend von Tampico-Tuxpam, den größten Anteil an der Versorgung des Weltmarktes mit Rohöl haben.

Die Vereinigten Staaten von Nordamerika und Mexiko produzierten im Jahre 1914 etwa 38 Millionen t Rohöle, d. i. 70 v. H. der Gesamtausbeute der Welt mit etwa 54 Millionen t. Von dieser Menge kommen etwa 10 v. H. als Destillate für die Verwendung in Ölmaschinen in Betracht.

Die in allerjüngster Zeit entdeckten Ölgebiete Argentiniens, die nach den bisher nach Europa gelangten Nachrichten großen Reichtum versprechen, werden bei dem Mangel eigener Kohlengruben in den Staaten der südamerikanischen Ostküste ein weiterer Ansporn sein, in kürzester Zeit geeignete Treiböle für Motorschiffe dem Weltmarkt zur Verfügung zu stellen.

In großem Abstand hinsichtlich der jährlichen Produktion folgen Rußland (Baku-Distrikt), Rumänien und Galizien; einen noch geringeren Anteil haben: Indien, Japan und Deutschland. Die russischen Ölquellen waren schon im Altertum bekannt; zu einer intensiven Ausnutzung kam es aber hier erst nach dem Emporblühen der amerikanischen Ölindustrie. Die Ergiebigkeit der Quellen hat im letzten Jahrzehnt bedeutend nachgelassen, so daß bei dem großen Bedarf — aus Mangel an Kohlen — im eigenen Lande das Bakugebiet für die Versorgung der Weltschiffahrt mit Rohöl oder dessen Destillaten kaum in erheblichem Umfange in Frage kommen wird.

Rumänien dürfte nach Abschluß des deutsch-rumänischen Wirtschaftsabkommens von 1918 besonders für die Befriedigung des deutschen Bedarfs in der Zukunft noch eine größere Rolle spielen, da gerade die rumänischen Öle für die Verbrennung im Dieselmotor recht geeignet sind.

Galiziens Rohölgewinnung nimmt die letzte Stelle ein. Infolge mangelnder Verbindung mit den Hochstraßen des Weltverkehrs sind die galizischen Produzenten hauptsächlich auf den binnenländischen Absatz in Zentraleuropa angewiesen.

Auf die wichtige Frage, welche Treiböle im Dieselmotor zu verwenden und welche Eigenschaften dieselben vorzugsweise aufweisen sollen, haben die eingehenden Untersuchungen Rieppels in den Werkstätten der Maschinenfabrik Augsburg-Nürnberg nahezu erschöpfende Auskunft über die bekanntesten handelsüblichen Öle gegeben.

Für die Beurteilung der Eignung eines Dieselmaschinentreiböls sind das spezifische Gewicht, die Zähflüssigkeit, der Flammpunkt, Brennpunkt, Zündpunkt, Erstarrungspunkt, Heizwert, Aschengehalt und eventuelle Beimengungen sowie der Wasserstoffgehalt sehr wesentlich, eine ausschlaggebende Bedeutung kommt aber einem einzelnen von ihnen im allgemeinen nicht zu. Erst ein günstiges Zusammentreffen mehrerer der vorgenannten Eigenschaften läßt das Treiböl für den jeweils vorliegenden Fall für die Verwendung in der Ölmaschine geeignet erscheinen.

Unter Zähflüssigkeit (Viskosität) versteht man das Verhältnis der Ausflußzeit des zu untersuchenden Öls bei der Versuchstemperatur zur Ausflußzeit des gleichen Volumens Wasser bei 20° C. Beispiel: 1 l Treiböl braucht bei einer Temperatur von 45° C zum Ausfließen aus einem Gefäß mit unveränderlicher Bodenöffnung 23 sec.

Die gleiche Menge (1 l) Wasser von 20° C braucht zum Ausfließen durch die gleiche Öffnung 9 sec, dann ist die Viskosität des Treiböls $\frac{23}{9} = 2,56$.

Wird die Erwärmung eines Öles so weit getrieben, daß die an der Oberfläche sich bildenden Dämpfe bei der Berührung mit einer Zündflamme vorübergehend aufflammen, so bezeichnet man die hierbei vorhandene Temperatur des Treiböls als Flammpunkt. Für die für Ölmaschinen in Frage kommenden Treiböle liegt der Flammpunkt zwischen 65° und 140° C.

Unter Brennpunkt eines flüssigen Brennstoffes wird diejenige Temperatur verstanden, bei der das Treiböl Dämpfe bildet, die bei Berührung mit einer Flamme dauernd zum Brennen gelangen. Der Brennpunkt liegt bei den Dieselmaschinentreibölen etwa 20—60° C höher als der Flammpunkt.

Tritt bei weiterer Erwärmung des Treiböls beim Auftropfen desselben auf eine Platte ein dauerndes Brennen desselben ein, so bezeichnet man diese Temperatur als Zündpunkt. Der Zündpunkt liegt für die Ölgase bildenden Öle der Gruppen I und II (S. 16) bei etwa 400—500° C, für die Destillate des Steinkohlenteers, Gruppe III, S. 17, bei etwa 550—650° C.

Die Kenntnis des Erstarrungspunktes (Stockpunkt) der Treiböle ist wichtig für die Beurteilung des Verhaltens der Öle im Winter. Der Erstarrungspunkt gibt diejenige Temperatur an, bei der der ruhig lagernde, flüssige Brennstoff fest wird. Diese liegt für die für Schiffsmaschinen besonders geeigneten Öle zwischen + 5° und — 20° C.

Je höher der Wasserstoffgehalt eines Treiböls ist, um so geeigneter ist dasselbe im allgemeinen für die Verwendung in der Dieselmaschine, da der Wasserstoff meist an Fettkohlenwasserstoffe gebunden ist, die beim Einspritzen des flüssigen Brennstoffs in die hoch erhitzte Verbrennungsluft leicht entzündliche Ölgase bilden.

Eine weitere Bedingung für eine restlose Verbrennung des Treiböls in der Ölmaschine ist eine Zerstäubung des Brennstoffs in möglichst feine Teile, damit eine vollkommene Verdampfung der Brennstoffteilchen in der erhöhten Verbrennungsluft eintritt.

Die Verdampfung des Brennstoffs bewirkt, daß sich die Kohlenwasserstoffe der Öle in ihre Elemente Kohlenstoff (C) und Wasserstoff (H) zersetzen und mit dem Sauerstoff (O) der Verbrennungsluft eine innige Mischung eingehen. Die weitere Verbrennung der flüssigen Brennstoffe geht dabei in der Weise vor sich, daß die Verdichtungswärme der Luft im Ölmaschinenzylinder von etwa 550° C nach der erfolgten Verdampfung und Zersetzung des Brennstoffes zunächst zur Verbrennung eines Teils des eingespritzten Brennstoffs ausreicht, bis durch die durch die Teilverbrennung freiwerdende Wärmemenge schließlich auch der restliche Teil des Treiböls zur Verbrennung gelangt.

Sollen schwerer entzündliche Teeröle in der Ölmaschine zur Verbrennung gelangen, für die die Verdichtungswärme der Verbrennungsluft und die Verbrennungswärme der zu Beginn der Arbeitsperiode freiwerdenden Wärmemenge der leichter entzündbaren Bestandteile des Treiböls nicht ausreichen, die Verbrennung der restlichen Teerölbestandteile durchzuführen, so muß dem Treiböl ein sogenanntes Zündöl, bestehend aus einem Gasöl oder Paraffinöl, zugesetzt werden. Durch Verbrennen dieser Zündölmengen zu Beginn der Verbrennungsperiode wird eine hinreichende Wärmemenge frei, die ausreicht, nunmehr auch die schwerentzündlichen Teerölreste zu verbrennen.

Die Zerstäubung und Verdampfung muß zeitlich nacheinander erfolgen, da anderenfalls durch eine zu früh einsetzende Verdampfung die spezifisch leichteren Zünddämpfe sich nicht genügend mit der schwereren Verbrennungsluft mischen würden. Durch ungleichmäßige Luft-Gasgemischbildung wird eine Verlangsamung der Zündung und damit ein geringerer mittlerer Druck im Arbeitszylinder herbeigeführt. Ist das Treiböl dagegen reich an leicht flüchtigen Bestandteilen, wie etwa Resten von Benzin und Leuchtpetroleum, den beiden ersten Destillaten der Gruppe I, wie sie bei Verwendung von Rohölen stets vorhanden sein werden, so wird die intensive Verdampfung dieser leichten Destillationsprodukte schon im ersten Augenblick der Einführung des Treiböls in den Zylinder stürmisch verlaufende Verbrennungen einleiten, die leicht zu Frühzündungen und damit heftigen Stößen und hohen Beanspruchungen der Triebwerksteile der Maschine führen können.

Unter den Bestandteilen, die die Verwendung der Treiböle wesentlich beeinflussen, sind zu nennen das Paraffin, Asphalt, Schwefel, Naphthalin und Wasser.

Paraffin ist ein Kohlenwasserstoff vom spezifischen Gewicht 0,92, der bei Zimmertemperatur eine feste, durchscheinende Masse bildet. Er besteht im Mittel aus 85 v. H. C und 15 v. H. H, besitzt einen Heizwert von 10400 WE und ist in fast allen Erdölen und auch im Braunkohlenteeröl in wechselnden Mengen enthalten. Bei höherem Paraffingehalt des Treiböls wird ein Vorwärmen des Brennstoffs notwendig, das im Ölmaschinenbetrieb durch die zur Verfügung stehenden Kühlwassermengen sowie die Auspuffgase ohne Schwierigkeiten zu erreichen ist.

Asphalt findet sich in größeren Mengen besonders in den Erdölen Mexikos und Kaliforniens. Die Verbrennung asphaltreicher Brennstoffe in der Ölmaschine bereitet meist keine Schwierigkeiten, da sich die Asphaltprodukte in der heißen Verbrennungsluft ziemlich leicht spalten. Erforderlich ist dagegen fast immer ein hinreichendes Vorwärmen derartiger Erdöle.

Zu den Beimengungen, von denen die Treiböle möglichst frei sein sollten, gehört vor allem der Schwefel; jedenfalls sollte der Schwefelgehalt nicht mehr als 1,5 v. H. betragen. Durch die Verbrennung des Schwefels im Arbeitszylinder der Maschine bildet sich schweflige Säure (SO_2), die durch Hinzutreten von Wasser, besonders in den Auspuffleitungen und Schalltöpfen der Ölmaschine in Schwefelsäure übergeführt wird und eine Zerstörung der eisernen Wandungen dieser Teile bewirkt. Schwefel ist in nahezu allen Treibölen enthalten; besonders reich ver treten ist er in den mexikanischen und südamerikanischen Rohölen.

Naphthalin, das sich in allen Steinkohlenteerölen vorfindet, verhält sich ähnlich wie Paraffin. Bei etwa 0° C scheidet es sich als schmutziggraue Masse aus dem Öl aus, so daß auch bei Teerölen zur Verhinderung des Ausscheidens des Naphthalins bei eintretender Kälte Heizvorrichtungen in den Ölbunkern vorzusehen sind.

Ein zu hoher Wassergehalt des Treiböls setzt den Heizwert herunter und führt namentlich bei den an und für sich schwerer entzündlichen Teerölen leicht zu einem völligen Aussetzen der Zündung. Bei der gleichzeitigen Anwesenheit von Schwefel wird die vorerwähnte nachteilige Bildung von schwefliger Säure stark gefördert. Enthält das Wasser auch noch Salze, so ergeben sich nach der Verdampfung des Wassers starke Ablagerungen auf den Zylinderwandungen, damit ein Festsetzen der Kolbenringe, eine Verschmutzung der Brennstoffdüsen u. a. m.

Ähnlich nachteilig auf den Betrieb der Ölmaschine wirkt der Aschengehalt des Treiböls, der meist eine Folge der mechanischen Verunreinigung ist und einen starken Verschleiß der Zylinderlaufflächen und Kolbenringe bewirkt. Der Aschengehalt soll bei einem guten Dieselmaschinenöl $^1/_{10}$ v. H. nicht übersteigen.

Auf jeden Fall ist zur Ausscheidung der mechanischen Verunreinigungen eine sorgfältige Filterung des Brennstoffs vorzunehmen, ehe derselbe den Treibölpumpen zugeführt wird.

Im allgemeinen kann gesagt werden, daß heute jedes nicht zu leicht entflammbare Erdöl und Erdölprodukt (Flammpunkt über 65° C), das einen unteren Heizwert von wenigstens 10 000 WE/kg hat und keine erheblichen mechanischen Verunreinigungen aufweist, in der Ölmaschine Verwendung finden kann.

In der nachfolgenden Zahlentafel 1, S. 23, sind eine Reihe der wichtigsten handelsüblichen Motoröle zusammengestellt, für die sich an Hand der angegebenen Elementaranalysen, der Heizwerte und Flammpunkte ihre Geeignetheit für die Verwendung im Dieselmotor nachprüfen läßt.

Die unterste Spalte der Zahlentafel 1 gibt Grenzwerte an, denen ein Treiböl mindestens noch entsprechen muß, um mit Sicherheit in der

Zahlentafel 1.

Ölart	Spezifisches Gewicht	Zähflüssigkeit (Viskosität)	Flammpunkt in ° C	Erstarrungspunkt in ° C	Siedeanalyse in v. H.			Heizwert in WE	Elementaranalyse in v. H.			$\frac{H}{C} \times 12$	Asche	Verwendbar für Ölmaschine
					250 bis 300°	300 bis 350°	350 bis 400°		Kohlenstoff C	Wasserstoff H	Schwefel S			
Galizisches Gasöl	0,87	50 bei 40° C; 4 „ 100° C	126	—15 fest	23	62	12	10082	85,6	12,7	0,6	1,78	0,00	gut
Rumänisches Gasöl	0,89	10 bei 20° C; 1,5 „ 100° C	87	—15 dünnflüssig	39,3	6,3	12,9	9943	87,1	12,1	0,2	1,665	0,00	gut
Russ. Dieselöl (Baku)	0,95	149 bei 20° C; 2,4 „ 100° C	138	—15 fast fest	39,7	1,3	17,5	9796	87,5	11,3	0,4	1,55	0,81	schlecht
Nordamerik. Gasöl	0,865	1,03 bei 80° C	95	—15 fest	—	—	—	10100	86,5	12,3	0,5	1,70	0,05	gut
Texas Gasöl	0,892	—	86	—18 flüssig	31	3,1	56,3	9802	86,7	11,6	1,1	1,605	—	gut
Mexikanisches crude oil	0,929	77,2 bei 20° C; 2,3 „ 100° C	36	±0 dickflüssig	11,5	49,5	Rest dickflüssig	9743	84,2	11,4	3,6	1,62	15,8	schlecht
Braunkohlenteeröl	0,887	1,35 bei 20° C; 0,48 „ 100° C	96	—15 flüssig	41	11	—	9840	86,2	11,3	0,8	1,57	—	gut
Deutsches Steinkohlenteeröl	1,006	—	73	—1 fest	58	24	350° 15	9014	87,6	7,6	0,2	1,04	1,5	wenig geeignet
Grenzwerte	0,94	2,1 bei 80° C	65	+4 flüssig	—	—	Rest 27%	9800	—	—	2,0	1,55	0,2	—

Ölmaschine zu zünden und restlos zu verbrennen. Der in der Tafel angegebene Verhältniswert Wasserstoff zu Kohlenstoff $\left(\frac{H}{C}\right)$ bildet, wie oben ausgeführt, den sichersten Gradmesser für die Wertigkeit eines Diesel-Treiböls. Praktische Erfahrungen haben gezeigt, daß der Ausdruck $\frac{H}{C} \times 12$ wenigstens den Wert 1,55 erreichen muß, um die Menge Ölgas zu bilden, die für die Zündung des Treibmittels beim Einspritzen desselben in den Arbeitszylinder unter allen Umständen notwendig ist.

Wie die Zahlentafel zeigt, sind die Steinkohlenteeröle nur unter gewissen Voraussetzungen für die Ölmaschine verwendbar. Sinkt für sie der Ausdruck $\frac{H}{C} \times 12$ infolge des geringen Wasserstoffgehalts von 7,6 v. H. auf 1,04, so reicht die geringe Ölgasbildung zur Einleitung einer Verbrennung beim Einführen in die hoch erhitzte Luft am Ende der Kompressionsperiode des Dieselverfahrens nicht mehr aus. Man hilft sich, wie oben ausgeführt, dadurch, daß man den Teerölen dauernd oder doch während der ersten Minuten einer jeden Arbeitsperiode leicht entzündbares Gasöl zusetzt oder wohl auch mit diesem allein den Betrieb einleitet.

Aus der geringen Fähigkeit, Ölgas zu bilden und damit die Verbrennung nur zögernd einzuleiten, folgt, daß die Teeröle bei langsam laufenden Dieselmaschinen meist befriedigende Resultate ergeben, beim Schnelläufern aber sehr oft versagen.

3. Lagerung der Treiböle an Bord.

Die Unterbringung des Treiböls an Bord erfolgt in Doppelboden- und Hochtanks. Wenigstens 20 v. H. des gesamten Ölvorrats müssen nach den Vorschriften der Klassifikationsgesellschaften (vgl. Anhang) in letzterem untergebracht werden, um im Falle einer Bodenbeschädigung und eines Verlustes der in den Bodenzellen gefahrenen Vorräte den Motorbetrieb noch für längere Zeit aufrechterhalten zu können.

Da für den Schiffsölmaschinen-Betrieb durchweg nur Treiböle mit einem höheren Flammpunkt als 65° C zur Verwendung kommen, ist die Gefahr der Bildung brennbarer und explosibler Gase bei den normalen Maschinenraumtemperaturen nicht allzu groß. Man wird daher im allgemeinen auf eine Isolierung der Hochtanks verzichten können und diese nur vornehmen, soweit durch die Nähe eines Hilfskessels, von Heizöfen und Abgase oder Dampf führenden Rohren eine unzulässige Erwärmung der Tankwände zu befürchten steht.

Um in besonderen Fällen eine Entzündung des flüssigen Brennstoffes unter allen Umständen zu verhindern, würde eine Entfernung der sauerstoffhaltigen Luft aus den Brennstoffbehältern und Auffüllen derselben mit einem nicht oxydierenden Gase erforderlich sein. Voraussetzung zur Anwendung eines derartigen Verfahrens ist außer der öldichten auch die gasdichte Nietung der Ölvorratsbehälter.

Fast durchweg wird es jedoch für eine möglichste Beschränkung der Feuersgefahr auf Motorschiffen genügen, wenn zum Auffüllen der Tanks eine nur von Deck oder außenbords zu bedienende geschlossene Rohrleitung benutzt wird und alle etwa entstehenden Ölgase sowie die verdrängte Luft durch hinreichend weite, mehrfach durch Drahtsiebe gegen das Durchschlagen offener Flammen und Funkenflug gesicherte Rohrleitungen abgeführt werden.

Außer den eigentlichen Ölvorratsbehältern, den sogenannten Ölbunkern, werden an Bord stets Verbrauchsbehälter angeordnet, etwa von der Größe des Tagesbedarfs der Ölmaschinenanlage. Zweck dieser gewöhnlich im oberen Teil des Maschinenraumschachtes angeordneten Behälter ist, dem Treiböle Gelegenheit zu geben, mitgeführte mechanische Beimengungen abzusetzen und etwaiges Wasser auszuscheiden. Da ein größerer Wassergehalt als 1 v. H. schon zu Störungen bei der Zündung führt, muß, namentlich bei Treibölen von höherem spezifischem Gewicht, dem Brennstoff hinreichend Zeit gegeben werden, Wasser auszuscheiden. Als zweckmäßig im Bordbetrieb hat es sich erwiesen, zwei Verbrauchsbehälter anzuordnen, die abwechselnd für je 12 Stunden der Ölmaschinenanlage den erforderlichen Betriebsstoff zuführen. Diese Tagesbehälter werden mit Anzeigevorrichtungen des jeweiligen Ölstands versehen und bieten damit ein einfaches und sicheres Mittel, den Ölverbrauch der Anlage laufend zu kontrollieren.

Unumgänglich notwendig ist aber, auch beim Vorhandensein großer Tagesbehälter, die Anordnung von Brennstoffiltern zwischen diesen Verbrauchsbehältern und den Treibölpumpen an der Maschine, da auch ein längeres Ruhen des Treiböls erfahrungsgemäß nicht ausreicht, um die in den Brennstoffbunkern stets enthaltenen, unvermeidlichen Unreinigkeiten von den Zerstäubern der Brennstoffventile vollkommen fernzuhalten.

III. Gemischbildung und Reglung der Ölmaschinen.

1. Gemischbildung bei Viertakt-Ölmaschinen.

In der vor dem Eintritt der Verbrennung im Arbeitszylinder der Ölmaschine notwendigen Bildung eines Gemisches aus dem Treiböl und der Verbrennungsluft liegt der wesentlichste Unterschied der Ölmaschinen gegenüber den mit einem Kraftmittel von stets gleichbleibender Zusammensetzung, dem Wasserdampf, arbeitenden Dampfmaschinen.

In der Ölmaschine muß aus den durch die Brennstoffpumpen nach dem Arbeitszylinder geförderten flüssigen Brennstoffen und der im Zylinder hoch verdichteten Verbrennungsluft mit jedem Hub von neuem ein Gemisch gebildet werden, das sich durch die Verdichtungswärme der in dem Arbeitszylinder eingeschlossenen atmosphärischen Luft entzündet und verbrennt.

Bei den Viertakt-Ölmaschinen beginnt die Gemischbildung kurz vor dem Ende des Verdichtungshubs, an dem der flüssige Brennstoff durch hochgespannte Einblaseluft gegen den Verdichtungsdruck in den Arbeitszylinder in fein verteiltem Zustande eingespritzt wird, wobei durch die auftretende Luftwirblung eine innige Mischung der Brennstoffteilchen mit der Verbrennungsluft eintritt. Da die erst kurz vor dem Ende des Verdichtungshubs eingeleitete Gemischbildung bald nach Beginn des anschließenden Verbrennungs- und Arbeitshubs bereits beendet sein muß, also nur eine sehr kurze Zeit für die Mischung zur Verfügung steht, wird die Gemischbildung je nach dem Grade der Ölzerstäubung, der für die Luftwirblung geeigneten Form des Verbrennungsraums und der Reinheit der verdichteten Verbrennungsluft mehr oder weniger vollkommen sein.

Je größer die für die Gemischbildung zur Verfügung stehende Zeit ist, um so besser wird eine vollständige Mischung des zerstäubten Brennstoffs mit der Verbrennungsluft eintreten, so daß eine gleichmäßige Verbrennung ohne explosive Anfangszündungen oder störende Nachverbrennungen eintritt.

Die Einspritzung des Brennstoffs beginnt $^1/_2$ bis 1 v. H. des Kolbenwegs vor dem Ende des Verdichtungshubs und endet etwa 10 bis 12 v. H. des Kolbenwegs nach Überschreitung des Kolbentotpunkts.

2. Gemischbildung bei Zweitakt-Ölmaschinen.

Die Gemischbildung der Zweitakt-Ölmaschine ist der der im vorangegangenen Abschnitt beschriebenen Viertaktmaschine im Grunde gleich. Auch hier erfolgt die Bildung des Öl-Luftgemischs am Ende des Verdichtungshubs und muß bis zu der mit Beginn des anschließenden Hubs einsetzenden Verbrennung durchgeführt sein.

Da die Spülung und Ladung der Arbeitszylinder mit Verbrennungsluft bei der Zweitaktmaschine infolge der gegenüber der Viertakt-Ölmaschine erheblich geringeren zur Verfügung stehenden Zeit stets mangelhafter ausfallen wird, eignen sich die Zweitaktmaschinen nicht für hohe Umdrehungszahlen. Die größere Schwierigkeit, mit der das Dieselverfahren bei raschlaufenden Zweitakt-Ölmaschinen durchzuführen ist, hat dazu geführt, daß besonders im Unterseebootsbau der Viertaktmaschine meistens der Vorzug gegeben wird.

3. Mittel zur Herbeiführung der Gemischbildung.

Außer der zur Zerstäubung und zur Einführung des Treiböls in den Arbeitszylinder benutzten Druckluft werden für die Zerteilung des flüssigen Brennstoffs auch noch mechanische Einrichtungen, wie Lochplatten, Spiralen, Siebe usw., in den Brennstoffventilen vorgesehen. Außer dieser Zerlegung des Brennstoffs in feine Strahlen findet durch die Düsenwirkung in Verbindung mit der Entspannung und Volumenvergrößerung der Einblase-Druckluft auch noch eine wirksame Ausbreitung des zerstäubten Treiböls im Verbrennungsraum statt. Die Einzelheiten derartiger Ventile sind in Teil V, Abschnitt 6, eingehend beschrieben. Eine schematische Darstellung der Ölzerstäubung in dem Plattenzerstäuber eines Brennstoffventils zeigt die Abb. 9.

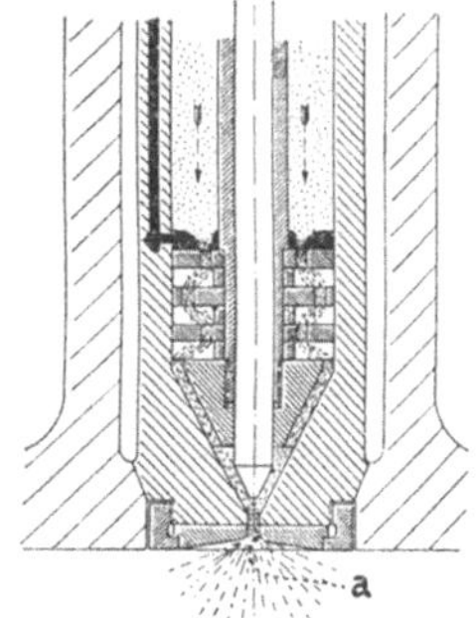

Abb. 9. Plattenzerstäuber.

Die erforderliche Einblaseluft von 45—70 at wird in Stufenkompressoren mit Zwischenkühlung hergestellt, da die Druckluft aus betriebstechnischen Gründen — um Frühzündungen innerhalb des Einblaseventils zu verhindern — möglichst kalt gehalten werden muß. Auch bei weitgehender Berücksichtigung aller vorerwähnten Gesichtspunkte würde die Mischung des Brennstoffs mit der Verdichtungsluft und demzufolge auch die Verbrennung selbst nur unvollkommen bleiben, wenn nicht ein großer Luftüberschuß im Arbeitszylinder der Ölmaschine vorhanden wäre. Zum Teil wird dieser Luftüberschuß von der Einblaseluft beschafft, die mit jedem Verbrennungshub in den Zylinder eingeführt wird. Da die Einblaseluft sich nach ihrem Eintritt in den Ölmaschinenzylinder infolge des dort herrschenden geringeren Druckes erheblich ausdehnt, also der Verdichtungsluft Wärme entzieht, muß Sorge getragen werden, daß nach der ersten Eröffnung des Brennstoffventils nicht sofort kalte Einblaseluft, sondern zunächst zerstäubter Brennstoff und erst allmählich Brennstoff mit Einblaseluft gemischt eintritt.

Für normale Handelsschiffs-Ölmaschinen mit Verdichtungsdrucken im Zylinder von 32—35 at reichen im allgemeinen Einblasedrucke von 45—70 at aus; bei raschlaufenden Dieselmaschinen von größeren Leistungen wird zur Erzielung vollständiger Verbrennung oft eine Steigerung des Einblasedrucks bis zu 90 at notwendig. In den Abschnitten 2a—c, Teil V, sind eine Reihe gebräuchlicher Einblaseluftpumpen näher erläutert.

IV. Der konstruktive Aufbau der Schiffs-Ölmaschinen.

1. Konstruktionsgrundlagen.

Nachdem durch die überaus eingehenden und grundlegenden, jahrelangen Studien der Augsburger Maschinenfabrik und der Firma Krupp die erste brauchbare Dieselmaschine dem Markte übergeben war, hätte man glauben sollen, daß alle Arbeiten auf dem Gebiet des Ölmaschinenbaus einer Vervollkommnung dieser Grundtype unter Berücksichtigung der laufend gemachten Betriebserfahrungen gegolten hätten. Ruheloser Erfindergeist aber dachte anders. Die Zahl der Ausführungsformen der im In- und Auslande den Dieselmaschinenbau aufnehmenden Firmen wurde Legion, ohne daß damit die Entwicklung der Verbrennungskraftmaschine sonderlich gewonnen hätte. Mit dem Ablauf der Dieselpatente im Jahre 1908 nahm die Zahl der den Ölmaschinenbau aufnehmenden Firmen noch erheblich zu. Besonders waren es die Werften und Schiffsmaschinenbauanstalten, die nicht in allen Fällen aus wirklich innerer Überzeugung, als vielmehr um den Wünschen der Reedereien entgegenzukommen, in die Herstellung von Großschiffsmotoren eintraten. Das Fehlen eines eigenen motortechnisch gebildeten Ingenieurstabes, ungenügende Prüfstandseinrichtungen und -Erfahrungen haben dazu geführt, daß nicht allen in Bau genommenen, von den bekannten Bauarten teilweise gänzlich abweichenden Konstruktionen sofort ein voller Erfolg beschieden war.

Die nicht zu leugnenden Nachteile, die dieser stürmische Entwicklungsgang der Verwendung der Großdieselmaschine, wenigstens in Deutschland, in der Schiffahrt gebracht hat, kennzeichnen sich am besten in der während der Jahre 1913/14 geübten Zurückhaltung der Reederkreise, neue Aufträge auf Motorschiffe zu erteilen. Hinzu kam, daß durch die nicht vorauszusehende Steigerung der Treibölpreise während der Jahre 1913/14 die Wirtschaftlichkeit der Ölmotorschiffe außerordentlich beeinträchtigt wurde. Drei Jahre des Weltkrieges waren notwendig, um auch in den deutschen Reederkreisen, gestützt durch die während des Krieges besonders in den nordischen Staaten mit Ölmaschinenschiffen gemachten ausgezeichneten Erfahrungen, erneut die Überzeugung zu festigen, daß das Großmotorschiff berufen sein wird, einen wesentlichen Faktor zur wirtschaftlichen Erstarkung der deutschen Handelsflotte nach dem Kriege zu bilden. In der Entwicklung des konstruktiven Aufbaues des Dieselmotors für Schiffszwecke hat die ohne inneres Bedürfnis erfolgte Vielgestaltigkeit der Ausführungsformen uns im Augenblick weiter denn je von der Normalmaschine entfernt, als die wir die Dampfkraftanlagen in der Form der stehenden Maschinen wenigstens an Bord von Handelsschiffen heute kennen.

2. Stehende und liegende Bauart.

Infolge der an Bord vorliegenden Raumverhältnisse kann für die Hauptantriebsmaschinen nur die stehende Bauart in Frage kommen. Für Kriegsschiffsbauten sind allerdings auch liegende Konstruktionen vorgeschlagen worden, da hier durch das zum Schutze des Maschinenraums in Höhe der Wasserlinie liegende Panzerdeck die zulässigen Höhenmaße für die Hauptmaschinen stets beschränkt sind. Abgesehen von diesem besonderen Falle wird aber der stehende Motor durch den nicht einseitigen Verschleiß der Arbeitszylinder und Stopfbüchsen, die günstigere Beanspruchung der Kolbenstangen, des Maschinengestelles und -fundamentes sowie den geringeren Bedarf an Grundfläche dem liegenden Motor stets vorzuziehen sein. Hinzu kommt, daß, da bei der stehenden Bauart alle Ventile im Deckel aufgehangen werden können, ein leichtes Ausheben und Einsetzen der Kolben möglich ist und alle bei der Verbrennung des Treiböls im Arbeitszylinder sich niederschlagenden Rückstände auf dem Kolbenboden zur Ablagerung kommen, so daß das bei liegenden Motoren oft beobachtete Riefiglaufen des unteren Teils der Zylinderwandungen als Folge abgelagerter Schmieröl- und Brennstoffreste vollkommen in Fortfall kommt.

3. Maschinen mit und ohne Kreuzkopfführung.

Da der hohe Verbrennungsdruck beim Gleichdruckverfahren eine wesentlich größere Zahl von Liderungsringen für die Abdichtung des Arbeitskolbens gegenüber den Zylinderwandungen als im Dampfmaschinenbetrieb verlangt, glaubte man bei den ersten Ausführungen größerer Schiffsölmaschinen den langen Motor-Tauchkolben die Aufgabe einer Gradführung mit zuweisen zu können. Das Fehlen der Kreuzkopfführung hat sich sehr bald gerächt. Sollte das Dichthalten der Kolben nicht nach kurzer Betriebszeit in Frage gestellt werden, so mußten schon bei mittelgroßen Zylinderabmessungen ungewöhnlich lange und damit schwere Kolben zum Einbau gelangen. Man kam zu Sonderkonstruktionen der Kolben mit nachstellbaren Führungsflächen, die größte Sorgfalt beim Nachpassen erforderten und doch immer nur ein Notbehelf blieben. Die Mehrzahl der heute Ölmaschinen für Handelsschiffe bauenden Firmen führt ihre Konstruktionen mit Kreuzkopf aus, wenn auch hierdurch die Bauhöhe des Motors um die Schubstangenlänge vergrößert und die Herstellungskosten nicht unerheblich erhöht werden.

Im Unterseebootsbau, mit seinen beschränkten Raumverhältnissen zur Aufstellung der Ölmaschinenanlagen innerhalb des Druckkörpers, herrschen die kreuzkopflosen Dieselmaschinen unumschränkt. Die von den Tauchkolben derartiger Maschinen auf die Zylinderwandungen und weiter auf die Kastengestelle übertragenen Kolbenkräfte verlangen eine besonders sorgfältige Versteifung der Kastengestelle und Fundamentrahmen, wie vielfache, im Betriebe aufgetretene Schäden dieser Teile dargetan haben.

4. Einfach- und doppeltwirkende Ölmaschinen.

Für die doppeltwirkende Ölmaschine läßt sich die Anordnung eines besonderen Kreuzkopfes nicht umgehen. Außer einigen Versuchsmaschinen und einem von der Firma Blohm & Voß, Hamburg, für eigene Rechnung erbauten, im Frühjahr 1915 erstmalig in Fahrt gekommenen Motorschiffe, liegen praktische Erfahrungen von seegehenden Schiffen mit doppeltwirkenden Ölmaschinen bisher nicht vor. Jahrelang hat die wirksame Kühlung der im unteren Verbrennungsraum arbeitenden Kolbenstange sowie die geeignete Durchbildung der unteren Verbrennungsräume große Schwierigkeiten gemacht. Der an und für sich für die Unterbringung der Ventile im Zylinderdeckel meist schon recht beschränkte Platz wurde durch die für die Kolbenstange notwendige Stopfbüchsenanordnung noch weiter beengt und in seiner Festigkeit ungünstig beeinflußt. Auf der andern Seite drängten aber die verlangten größeren Zylinderleistungen zur Ausgestaltung der doppeltwirkenden Maschine, da nur bei dieser durch beiderseitige Ausnützung der Kolbenflächen eine wirtschaftlichere Ausnutzung der Maschine ohne Vermehrung der Triebwerksteile zu erreichen ist.

Die praktische Durchbildung erster doppeltwirkender Ölmaschinen hat von den bauausführenden Firmen große Opfer verlangt; aber das heute Erreichte läßt doch hoffen, daß die geschaffenen Ausführungsarten sich auch im angestrengten Dauerbetriebe als lebensfähig erweisen und auch für größere zu erbauende Einheiten die Grundlage zu weiteren Fortschritten bilden werden. Erst in dem großen, nach dem Zweitaktverfahren einwandfrei arbeitenden, doppeltwirkenden Motor werden wir an Bord die Verbrennungskraftmaschine haben, die hinsichtlich ihrer Leistungsfähigkeit den Vergleich mit der hochentwickelten Dampfmaschine und Dampfturbine nicht mehr zu scheuen braucht.

5. Zylinderanordnung.

Die Gründe für die Verteilung der Leistung auf mehrere Arbeitszylinder sind im Schiffs-Ölmaschinenbau wesentlich andere als im Dampfmaschinenbau. Die Drei- und Vier-Zylinderanordnungen der

Mehrfach-Expansionsmaschinen bezwecken eine Brennstoffverminderung durch weitgehendere Expansion des Dampfes. Bei der Verbrennungskraftmaschine sind für die Mehrzylinderanordnung heute fast ausschließlich fabrikationstechnische Gründe maßgebend. Die Zahl der Arbeitszylinder für Großschiffs-Ölmaschinen schwankt zwischen drei für doppeltwirkende Zweitaktmotore und acht für einfachwirkende Viertaktmaschinen.

Die Unterteilung wird notwendig, um

1. eine hinreichende Gleichförmigkeit des Ganges der Maschine zu erzielen, ohne allzu große Schwungmassen — und damit totes Gewicht — im Schiff einbauen zu müssen,
2. ein leichteres Anspringen der Maschine und damit sicheres Manövrieren zu erreichen,
3. den Betrieb auch beim Ausfallen eines oder mehrerer Arbeitszylinder noch durchführen zu können,
4. durch möglichste Beschränkung der Zylinderabmessungen nicht nur leichtere und damit billigere Maschinen zu bekommen, sondern auch um den mit zunehmendem Zylinderdurchmesser außerordentlich wachsenden Schwierigkeiten genügender Materialfestigkeit infolge unzulänglicher Wärmeabfuhr durch das Kühlwasser möglichst aus dem Wege zu gehen.

Da zudem der Verbrennungsdruck beim Viertaktmotor nur nach jedem vierten, beim Zweitaktmotor nach jedem zweiten Hube auf den Kolben und damit auf die Triebwerksteile wirkt und dieser auch während des Expansionshubes vom höchsten Druck auf den Enddruck sehr rasch abnimmt (vgl. Abb. 1 und 2), müssen die Triebwerksteile sowie der gesamte übrige Motor für diesen hohen Verbrennungsdruck bemessen werden. Das erfordert kräftige Abmessungen aller Zapfen, Wellen und Gestänge und bringt damit große Maschinengewichte, so daß auch im Hinblick hierauf eine Beschränkung der Zylinderdurchmesser der Ölmaschinen geboten erscheint.

Auf die Schwierigkeiten der Herstellung großer doppelwandiger Arbeitszylinder und ihrer hinreichenden Kühlung wird in Teil V, Abschnitt 5 näher eingegangen werden.

Da die Oberfläche der wärmeabführenden Wandungen des Verbrennungsraumes mit steigendem Durchmesser verhältnismäßig weniger zunimmt als die Menge der durch die Verbrennung des Hubvolumens frei werdenden Wärmeeinheiten und zudem Zylinder- und Deckelwandungen für größere Durchmesser aus Festigkeitsgründen immer dickwandiger gemacht werden müssen, ist es notwendig, um die Materialfestigkeit der Wandungen nicht zu gefährden, die mittleren Arbeitsdrucke im Zylinder kleiner zu halten. Damit sinkt aber wieder die Leistung für die Zylindereinheit und der thermische Wirkungsgrad der Ölmaschine.

Diese durch praktische Betriebserfahrungen bestätigte Überlegung hat dazu geführt, heute Leistungen von 350—400 PS und Zylinderdurchmesser bis zu höchstens 800 mm als obere, betriebssicher herzustellende Grenze für Viertaktmotoren anzusehen. Für Zweitaktmotore gelten, von einzelnen Versuchsstandsausführungen abgesehen, für die dem Dauerbetriebe gewachsenen Zylindereinheiten etwa die gleichen Grenzwerte; dabei ist der oben angegebene Zylinderdurchmesser für in Fahrt befindliche Zweitaktmotorschiffe bisher noch kaum erreicht worden.

Die Mehrzylinderanordnung ermöglicht aber auch, den gerade im Bordbetriebe so sehr erwünschten Massenausgleich der Triebwerksteile vorzunehmen. Wie bekannt, ist für Ein- und Zweizylindermaschinen ein vollkommener Massenausgleich nicht möglich. Bei der:

Dreizylindermaschine mit unter 120° versetzten Kurbeln können die Getriebemassen ausgeglichen werden, es bleiben aber erhebliche Kippmomente in der Längsachse der Maschine übrig,

Vier-Zylindermaschine mit Kurbeln unter 180° kommt das Kippmoment in Wegfall; es bleiben nur geringe, von der endlichen Schubstangenlänge abhängige Massenwirkungen übrig,

Vier-Zylindermaschine mit Kurbeln unter 90° sind Massen- und Kippmomente vollkommen ausgeglichen,

Sechs- und Achtzylindermaschine ist ein ruhigerer Gang gegenüber der Vierzylindermaschine nicht mehr zu erreichen.

Eine neuerdings besonders für Viertaktmotore häufiger gewählte Anordnung ist die der Sechszylindermaschine, in der Ausführung eines verdoppelten Dreizylindermotors. Bei dieser Bauart sind nicht nur die Getriebemassen, sondern auch die bei Dreizylindermotoren vorhandenen Kippmomente völlig ausgeglichen. Da der Dreizylindermotor selbständig anspringt, findet das Anlassen dieser Motoren zunächst mit Luft in allen sechs Zylindern statt.

Sobald der Motor angesprungen ist, erfolgt das Abstellen der Anlaßluft für drei Arbeitszylinder und Umschalten derselben auf Brennstoff. Zünden diese Zylinder, so werden auch die restlichen Zylinder auf Treiböl geschaltet und damit ist der normale Betriebszustand erreicht. Die Kurbeln derartiger Maschinen sind zur Erzielung eines gleichmäßigen Drehmomentes gewöhnlich sämtlich unter 60° angeordnet; die Zündung der Arbeitszylinder erfolgt dann in der Reihenfolge 1—3—5—2—4—6.

V. Allgemeine Bauteile der Schiffs-Ölmaschinen.

Da es Aufgabe der vorliegenden Schrift ist, Wesen und Eigenheiten der Schiffsölmaschine nur soweit zu erläutern, wie deren Kenntnis für den praktischen Bordbetrieb notwendig ist, kann sich die Besprechung der Bauteile der Verbrennungskraftmaschinen auf diejenigen Elemente beschränken, die auf Grund der Natur der Ölmaschine anderen Kräften und Beanspruchungen ausgesetzt oder in anderer Weise ausgebildet worden sind, als wir es von den Schiffs-Dampfmaschinenanlagen her gewohnt sind. Hinzu treten dabei selbstverständlich die besonderen Bauteile, die der Ölmaschine allein eigen sind.

1. Maschinenständer, Kastengestelle, Grundplatten und Kurbelgehäuse.

Das Material für diese Bauteile ist fast durchweg ein zäher, dichter Maschinenguß; für die Ölmaschinen der Kriegsfahrzeuge wohl auch Stahlguß und Bronze; die letztere besonders für die leichten Ausführungen der Torpedoboote und Unterseeboote.

Der die Arbeitszylinder der Schiffsmotoren tragende Maschinenkörper besteht aus den Ständern und dem Fundamentrahmen. Die ersteren werden entweder als geschlossene Kastengestelle oder als offene Ständer ausgeführt. Das geschlossene Kastengestell hat sich namentlich für kleinere, raschlaufende Verbrennungsmotore, besonders im Unterseebootsbau eingebürgert, wird aber heute mit der in zunehmendem Maße durchgeführten Trennung der Pumpen von den Hauptmotoren auch für Großschiffsmaschinen mit Vorteil ausgeführt (Abb. 86 und 94).

Die dichte Einkapselung des Motors, die bei schnellaufenden Ölmaschinen zur Verringerung der Spritzölverluste zur Notwendigkeit wird, verbindet eine gut durchzubildende Versteifung mit dem nicht zu unterschätzenden Vorteil einer leichten Reinhaltung des Maschinenraums. In den Frontwandungen der Kastengestelle sind gut verschließbare, hinreichend große Öffnungen anzubringen, durch die die Triebwerksteile und Kurbelwellenlager für die Wartung und Instandhaltung zugänglich sind.

Die von den Ständern der einfachwirkenden Ölmaschinen aufzunehmenden Beanspruchungen sind in erster Linie Zugkräfte, herrührend von den in der Zylinderachse wirkenden Kolbenkräften.

Die Fundamentrahmen werden in Anlehnung an die üblichen Ausführungen des Schiffsmaschinenbaues ausschließlich als Hohlgußkörper hergestellt, die durch Rippen und Querwände kräftig zu versteifen sind. Die Ausführung erfolgt für kleinere Motore in einem Stück, für größere werden die Rahmen ein- oder mehrmals geteilt. Zweckmäßig wird der zwischen den Rahmenstücken liegende Boden geschlossen und so eine dichte Kurbelbilge gebildet, in der das herniedertropfende Öl gesammelt und abgesaugt wird, um nach erfolgter Abscheidung des Wassers, Kühlung und erneuter Reinigung von neuem Verwendung zu finden.

Die auf den Fundamentrahmen zur Wirkung kommenden Kräfte sind hauptsächlich Biegebeanspruchungen, die als Folge der axial wirkenden Kolbenkräfte durch die Schubstangen auf die Grundlager und damit die Grundplatte übertragen werden. Eine wirksame Unterstützung kann dem Fundamentrahmen geboten werden durch Anordnung besonderer, die Zylinderdeckel mit dem Fundament verbindender Anker, eine Konstruktion, die bei den Motoren von Gebr. Sulzer und Burmeister & Wain durchgebildet worden ist und bei Besprechung dieser Maschinen (vgl. VII. Teil, Abschnitt 1a und 2a) noch eingehende Behandlung finden wird. Die Beengung der Kurbelbilge hat allerdings dazu geführt, daß die Firma Sulzer bei den schweren Maschinen für Großmotorschiffe, bei denen keine Rücksicht auf äußerste Gewichtsersparnis der Maschinenständer genommen zu werden braucht, neuerdings von der Anordnung durchgehender Anker bereits wieder abgekommen ist.

Bei den Zweitaktmotoren mit Kastengestellen wird das Oberteil desselben zweckmäßig als Aufnehmer für die Spülluft ausgebildet. Durch Handöffnungen ist für die Zugänglichkeit dieser Räume, die auch mit Entwässerungsleitungen zu versehen sind, Sorge zu tragen.

Die Grundplatten sind die Träger der Kurbelwellenlager, die wie im Schiffsmaschinenbau üblich, aus Gußeisen mit Stahlguß-Lagerschalen bestehen, die mit Weißmetall ausgegossen werden. Zu berücksichtigen bleibt, daß bei Viertakt-Ölmaschinen, im Gegensatz zu doppeltwirkenden Dampfmaschinen, die nach Überschreitung des unteren Totpunktes frei ausschwingenden Massen der Kolben und der zugehörigen Triebwerksteile nicht unerhebliche Beanspruchungen der Lagerdeckel und der Deckelschrauben hervorrufen.

Das hierdurch hervorgerufene Atmen der Lager begünstigt die Schmierung; dennoch sollte bei den Hauptmotoren von Schiffen auf eine Druckschmierung der Grundlager nicht verzichtet werden. Für die langsam laufenden Handelsschiffsmaschinen genügt es hierbei, wenn ein Schmiergefäß einige Meter über den Lagerstellen aufgestellt wird, aus dem dauernd Schmieröl mit größerem Überschuß durch die Lager nach der Kurbelbilge abfließt, um nach erfolgter Reinigung von neuem den Kreislauf anzutreten. Schnellaufende Motore größerer Leistung erhalten ausschließlich Druckschmierung.

Für alle mittelgroßen und großen Schiffsölmaschinenanlagen sollten die Grundlager im Hinblick auf die wesentlich höheren Kolbendrucke als im Schiffsdampfmaschinenbau stets Wasserkühlung erhalten.

Erfahrungen: Ein öldichter Abschluß der Maschinengestelle hat sich zur Vermeidung von Spritzölverlusten nicht nur bei den schnelllaufenden Kriegsschiffsmotoren, sondern auch bei den langsamer laufenden Handelsschiffsmaschinen als überaus vorteilhaft erwiesen. Neben erheblicher Ersparnis an Schmieröl und größerer Sauberkeit des Maschinenraums bleibt die Luft im Maschinenraum frei von Öldämpfen, was für die Leistungsfähigkeit des Bedienungspersonals, besonders in tropischen Gegenden, von ganz besonderem Vorteil ist. Zur Unterstützung des letzteren Umstandes ist bei geschlossenen Maschinengestellen stets eine Ventilation der Maschinenbilge anzuordnen, die an einen mechanisch angetriebenen Ventilator oder einen Luftschacht anzuschließen ist.

Aus den gleichen Gründen sind die Grundplatten ausschließlich in geschlossener Bauart auszuführen. Möglichst restlose Wiedergewinnung des Tropföls ist für eine ökonomische Betriebsführung eine zwingende Notwendigkeit.

Für ein leichtes Nachpassen der Lager haben sich runde Kurbelwellen-Lagerschalen vorteilhaft erwiesen. Um ein Drehen der Lager zu verhindern, sind in diesem Falle die Oberschalen in den Lagerdeckeln zu sichern.

Zum Einstellen der Lager werden, wie üblich, Paßbleche benutzt, die an ihren äußeren Enden nur sehr geringes Spiel an der Welle erhalten dürfen, um ein Austreten des Öls aus dem Lager zu vermeiden.

2. Kurbelwellen.

Das Material der Kurbelwellen besteht gewöhnlich aus Siemens-Martinstahl mit einer Mindestfestigkeit von 45 kg/qmm und einer Dehnung von etwa 22—25 v. H. Für die raschlaufenden Motore von Unterseebooten findet ein Spezial-Nickelstahl mit erheblich höherer Festigkeit bis etwa 70 kg/qmm und einer Bruchdehnung von 12 bis 15 v. H. Verwendung.

Die je nach der Zylinderzahl 3-, 4-, 6- und 8-fachgekröpften Kurbelwellen erhalten für jede Kröpfung zwei Grundlager, die zur Vermeidung von Biegebeanspruchungen in den Kurbelwangen so dicht als möglich an diese heranzubringen sind.

Nur bei den Ölmaschinen Junkerscher Bauart (vgl. S. 155) muß man sich aus konstruktiven Gründen mit nur einem Hauptlagerpaar für je 3 Kurbeln begnügen.

Zwecks Gewichtsersparnis und zur Feststellung der Materialbeschaffenheit werden die Wellen und Kurbelwangen vielfach, im Kriegsschiffbau ausnahmslos, hohl gebohrt. Diese Bohrungen, die Wellen- und Kurbelzapfen miteinander verbinden, benutzt man mit Vorteil zum Schmieren der Lagerstellen und, falls es sich um eine kreuzkopflose Ölmaschine handelt, wird auch der Kolbenbolzen vom Kurbellager aus durch die in diesem Falle hohl gebohrte Pleuelstange geschmiert.

In den Abb. 10—12 ist eine derartige Anordnung dargestellt, bei der das Schmieröl den Grundlagern durch eine Schmierpumpe unter Druck zugeführt wird, durch schräg verlaufende Bohrungen in den Wellenzapfen in das Innere der hohl gebohrten Welle eintritt und durch die Kurbelwangen nach den Kurbelzapfen und schließlich durch die ausgebohrte Pleuelstange nach dem Kolbenbolzen gelangt.

Statt des Öleintritts durch die Grundlager kann den Lagerstellen der Welle das Öl auch von der Stirnseite der Welle zugeführt werden. Welcher Ausführung im besonderen Falle der Vorzug zu geben ist, richtet sich nach den jeweiligen Platzverhältnissen an Bord; die erstere Ausführungsart hat jedoch den Vorzug, daß jedes einzelne der hoch beanspruchten Grundlager unter dem vollen Öldruck der Schmierpumpe steht, also auch noch Öl bekommt, falls die von der Lagerschale nach dem Inneren der Welle führende kleine Schmierölbohrung verstopft sein sollte.

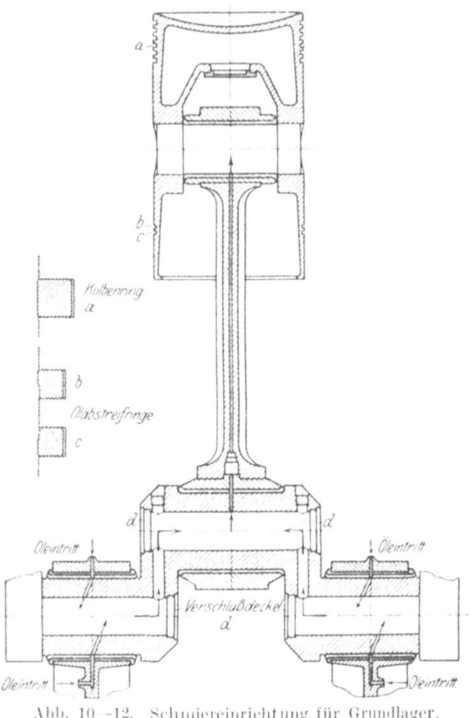

Abb. 10—12. Schmiereinrichtung für Grundlager, Kurbellager und Kolbenbolzen.

Die Bohrungen der Wellen und Kurbelzapfen werden durch Gewindepfropfen (Abb. 10) oder konisch eingesetzte Bolzen mit Spannschrauben verschlossen.

Besonders zu beachten bleibt bei der Ausführung der Kurbelwellen von Ölmaschinen, daß alle Querschnittsübergänge von den Lagerstellen nach den Kurbelwangen mit reichlicher Abrundung ausgeführt werden. Scharfe Übergänge an diesen Stellen haben mehrfach zu verhängnisvollen Wellenbrüchen geführt, besonders wo durch die notwendig gewordene Anordnung eines besonderen Schwungrades auf der Kurbelwelle — wie bei den langsam laufenden Ölmaschinen großer Handelsschiffe — ein Pendeln der Massen der Triebwerksteile und des Schwungrads eintrat.

☞ **Erfahrungen:** Um die Lage der Kurbelwelle in der Längsschiffsebene eindeutig festzulegen, wird, namentlich in den Fällen, wo die Ölmaschine außer zum Antrieb des Propellers gleichzeitig oder wechselweise noch zum Antrieb von Dynamos, Spülpumpen oder Einblaseluftpumpen benutzt wird, die durch Kupplungseinrichtungen mit der Ölmaschinenwelle verbunden sind, ein Grundlager als **Paßlager** ausgebildet. Die anderen Wellenlager und die Pleuelstangenlager sind dagegen so zu bemessen, daß die Kurbelwelle den Wärmeausdehnungen ungehindert folgen kann.

Zur Beseitigung der Ausscheidungen aus dem Schmieröl in den Wellenbohrungen sowie nach jedem Warmlaufen von Lagerstellen sind die Verschlußpfropfen in den Wellenbohrungen aufzunehmen, um das Innere der Wellen von evtl. eingedrungenen Metallteilen oder Schmierölausscheidungen zu reinigen. Die Verschlußeinrichtungen der Wellenbohrungen sind daher zum leichten Lösen einzurichten; die Bohrungen selbst sind, um eine gründliche Reinigung aller Ölkanäle sicherzustellen, so weit zu bohren, wie es die Festigkeit der Welle nur irgend erlaubt.

3. Schubstangen.

Das Material der Schub- oder Treibstangen ist im Handelsschiffsbau meist Schmiedestahl, im Kriegsschiffsmaschinenbau dagegen durchweg ein Spezial-Nickelstahl. Für die Schraubenbolzen der Stangenköpfe sind ausschließlich die zähesten Stahlsorten, wie Elektromanganstahl, zu verwenden.

Da diese Bolzen weit höheren Beanspruchungen als im Dampfmaschinenbau ausgesetzt sind, sollte das vielfach noch übliche Abschmieden der Bolzen unterbleiben. Da die Bearbeitung derartiger Stahle unter dem Hammer das Material unsicher macht und eine Wärmebehandlung vergüteter Stahle sich ohnhin verbietet, sollten diese hoch beanspruchten Kolbenstangenbolzen ausschließlich aus dem vollem Material ausgedreht werden. Bei der Ausführung der Bolzen ist besonders darauf zu achten, daß alle Übergänge an den Bolzen auf einen anderen Durchmesser nicht scharfkantig, sondern mit möglichst flachen Hohlkehlen ausgeführt, die Gewindegänge im Grunde nicht scharfkantig geschnitten werden und auf eine volle Auflage der Bolzenköpfe und Muttern Bedacht genommen wird, um Biegebeanspruchungen von den Bolzen fernzuhalten.

Die Ausführungsform der Schubstangen weicht von den bekannten Marinekonstruktionen kaum wesentlich ab, wie die Abb. 87, 108 und 109 zeigen.

Die unteren Stangenköpfe sind stets geteilt und von der Stange getrennt durchzuführen, um durch Zwischenlegen von Paßblechen die Höhe des Kompressionsraumes im Arbeitszylinder einstellen zu können. Als Lagermetall findet in den Stangenköpfen ausschließlich Weißmetall Verwendung, das unmittelbar in die Lagerschalen eingegossen wird.

Die Schmierung der Lagerschalen erfolgt bei vorhandener Druckschmierung durch den hohl gebohrten Kurbelzapfen, von dem aus bei kreuzkopflosen Maschinen gleichzeitig auch die Schmierung des Kolbenzapfens durch den gewöhnlich hohl gebohrten Schubstangenschaft vorgenommen wird.

Erfahrungen: Macht sich ein Klopfen in den Schubstangenlagern bemerkbar, so läßt dies auf zu große Lose in den Lagern als Folge von Abnutzung der Lagerschalen oder auf ausgelaufene Lager schließen. In beiden Fällen sind die Lager sofort zu überholen und nachzupassen.

Das Lagerspiel soll in den Kreuzkopfzapfen im allgemeinen nicht mehr als 0,075—0,10 mm, in den Kurbelzapfenlagern nicht mehr als 0,1—0,2 mm je nach Größe des Lagers betragen.

4. Kolben und Kolbenstangen.

Für die Kolben der Ölmaschinen soll ein nicht zu hartes, zähes Gußeisen Verwendung finden; bei geteilten, wasser- oder ölgekühlten Kolben besteht das Bodenstück aus Stahlguß oder Gußeisen.

Die Arbeitskolben der einfach wirkenden Zwei- und Viertakt-Ölmaschinen sind meist als Tauchkolben ausgebildet, auch wenn den Kolben durch das Vorhandensein einer besonderen Kreuzkopfführung nicht die Aufgabe einer Gradführung des Schubstangenendes zufällt (Abb. 108, 109 und 122). Beim Zweitaktmotor mit Spülluft- und Auspuffschlitzen im unteren Teil der Zylinderwandungen wird die große Baulänge des Kolbens zur Steuerung der Auslaßkanäle notwendig, während bei den Viertaktmaschinen im allgemeinen nur die Lage der Nabe zur Befestigung der Kolbenstange für die größte Abmessung der Kolbenkörper bestimmend ist.

Der in Abb. 13 dargestellte Arbeitskolben einer Zweitaktmaschine besteht aus dem eigentlichen gußeisernen Kolbenkörper, der nach unten seine Fortsetzung in einem Stahlgußstück findet, das die Posaunenrohre für die Kolbenkühlung trägt. Außer den eigentlichen Kolbenliderungsringen sind in dem unteren Teil des Tauchkolbens (Abb. 12) zwei Ölabstreifringe angeordnet, die das Mitreißen von an die Zylinderwandungen gespritzten Ölteilchen nach dem Innern des Zylinders verhindern sollen; bei Zweitaktmaschinen wird durch die Abstreifringe eine Abdichtung der Auspuffkanäle gegen die Kurbelbilge erreicht. Ausführungsformen der Ölabstreifringe zeigen die Abb. 11 und 12.

Neuere Kolbenkonstruktionen der Firma Burmeister & Wain, Kopenhagen, für Viertaktmotoren verzichten, wie Abb. 87 zeigt, nahezu ganz auf die langen Kolbenmäntel, ohne daß sich bisher im Betriebe irgendwelche Anstände gezeigt hätten.

Auf eine Kühlung der Kolben sollte in Schiffsbetrieben mit Rücksicht auf die unumgänglich notwendige Betriebssicherheit auch bei kleinen Ausführungen nicht verzichtet werden. Neben der größeren

Haltbarkeit der Kolbenkörper wird durch die Kolbenkühlung eine Verminderung der Reibungswiderstände an den Zylinderwandungen und damit eine Verringerung des Schmierölverbrauchs sowie eine Beschränkung der in den Maschinenraum übertretenden Öldünste und Wärmestrahlungen herbeigeführt.

Als Kühlmittel kommen für Schiffsölmaschinen in Betracht Öl und Wasser, letzteres als Frischwasser oder als Seewasser.

Da durch Ölkühlung nur geringere Wärmemengen abgeführt werden können als durch Wasserkühlung, beschränkt sich die Verwendung der ersteren auf langsam laufende Handelsschiffsmaschinen oder kleinere bis mittelgroße Kriegsschiffs-Anlagen. Ein großer Vorzug der Kolbenölkühlung besteht darin, daß Undichtigkeiten in den Zuführungsleitungen von keinerlei nachteiligen Einfluß auf die unter Schmieröl laufenden Zapfen und Wellen der Maschine sind und das zu erneuter Verwendung wiederaufzufangende Tropf-Schmieröl frei von Wasser und Salzen bleibt. Die baulichen Einrichtungen einer Kolbenkühlung durch Öl sind in der Abb. 14 dargestellt. Von der Pleuelstange tritt das Drucköl durch den Kreuzkopfzapfen nach der hohl gebohrten Kolbenstange über und gelangt außerhalb des in die Kolbenstangenbohrung eingeführten Ölrohrs zum Arbeitskolben, nimmt hier Wärme aus den Kolbenwandungen auf und tritt durch das Innere des erwähnten Ölrohrs nach dem Kolbenstangenende im Kreuzkopf zurück, von dem es nach den Ölkühlern abgeleitet wird.

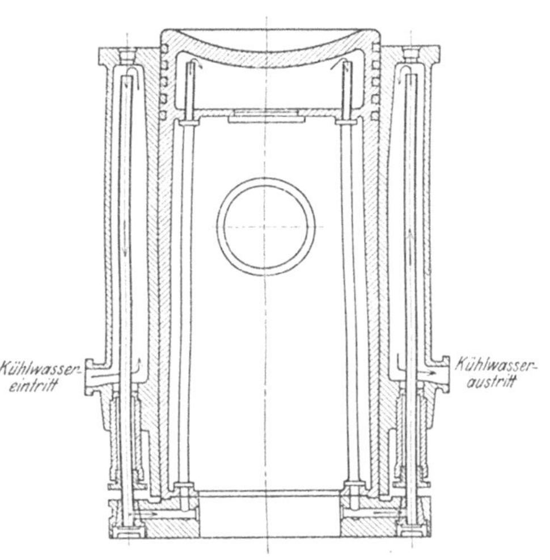

Abb. 13. Tauchkolben einer Zweitaktmaschine.

Bei Zylinderdurchmessern von mehr als 500 mm und höheren Maschinenumdrehungszahlen wird zweckmäßig zur Wasserkühlung übergegangen. Frischwasserkühlung verlangt im Hinblick auf den an Bord von Seeschiffen naturgemäß nur beschränkt vorhandenen Wasservorrat eine ausreichende Rückkühlanlage; werden die Kolben dagegen mit Seewasser gekühlt, so ist dauerndes Augenmerk auf die unbedingte Dichtheit aller Seewasser führenden Kolbenkühlleitungen zu legen. Das Seewasser selbst ist vor dem Eintritt in die Kolben, namentlich bei Fahrten im Revier, von mechanischen Unreinlichkeiten, Sand, Schlick usw. in geeigneten Filtern (vgl. S. 112) zu reinigen.

Da zwischen den hin und her gehenden Arbeitskolben und der fest verlegten Kühlwasserleitung eine starre Verbindung nicht möglich ist, muß die Wasserzuführung durch ausgebohrte Schwinghebel oder Posaunenrohre erfolgen. Eine Ausführung derartiger Rohre zeigt die Abb. 13.

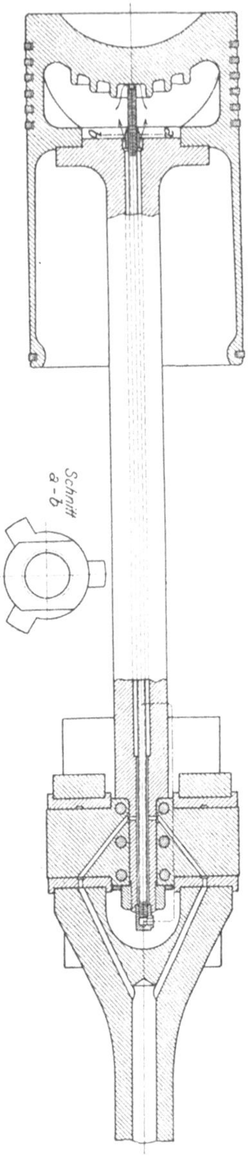

Die Posaunenrohre tauchen gewöhnlich in besondere Räume der Zylinderkühlmäntel ein; für eine gute Entlüftung des Oberteils dieser Räume muß Sorge getragen werden.

Die Weiterführung des Kühlwassers nach dem Kolbenboden erfolgt durch Kühlwasserrohre entlang der inneren Kolbenwandung oder durch besondere, in die Kolbenwandungen eingegossene Kanäle. Die letztere Anordnung hat den Nachteil, daß die Kolbenwandungen sehr ungleichen Temperaturen ausgesetzt sind und damit notwendigerweise ein Verziehen des Kolbens eintreten muß, das bei plötzlicher Änderung der Wassertemperaturen oder zeitweiligem Versagen der Kühlung bei dem üblicherweise kleinen Spiel der Kolben von nur wenigen Zehnteln eines Millimeters zu einem Festklemmen des Kolbens in der Arbeitsbüchse oder auch einem Reißen der Kolbenwandungen führen kann.

Die konstruktive Ausbildung der Kolben zeigt eine große Mannigfaltigkeit. Fast jedes Ölmaschinen bauende Werk hat zur Begegnung der auftretenden Wärmespannungen und der aufzunehmenden Druck- und Zugkräfte in diesem Konstruktionselement eine Summe praktischer Betriebserfahrungen niedergelegt, ohne daß es bis heute zu einer allgemein anerkannten und auch allen praktischen Betriebsanforderungen genügenden Bauart gekommen wäre.

Soll ein solcher, den hohen Verbrennungstemperaturen und damit den großen Wärmespannungen ausgesetzter Kolben auch noch den recht erheblichen Verbrennungsdrucken widerstehen, so muß für eine genügende Steifigkeit des Kolbenbodens Sorge getragen werden. Mit Rücksicht auf das Gewicht der hin und her gehenden Massen und die abzuführenden Wärmemengen dürfen bestimmte Stärken der Wandungen nicht überschritten werden. Die Widerstands-

Schnitt a-b

Abb. 14. Ölkühleinrichtung für einen Arbeitskolben.

fähigkeit des Bodens muß daher durch geeignete Formgebung oder Rippenanordnung erreicht werden. Man findet sehr oft eine muldenförmige Aushöhlung des Kolbenbodens, der zwar eine große Festigkeit, aber einen weniger günstig gestalteten Verbrennungsraum schafft.

Die Anordnung von Verstärkungsrippen innerhalb des Kolbenkörpers erfordert viel Überlegung, da außer den meist nur schwer vorher zu bestimmenden Wärmespannungen noch mit den unvermeidlichen Gußspannungen der Versteifungsrippen gerechnet werden muß.

Größere, wassergekühlte Kolben werden zweckmäßig zweiteilig oder zum mindesten mit genügend großen Handlöchern ausgeführt, um etwaige Schlammablagerungen leicht entfernen zu können (Abb. 87). Die Gefahr des Absetzens von Kesselstein im Innern der Kolbenkörper ist trotz der hohen Temperaturen im allgemeinen wegen der lebhaften Wasserbewegung nicht allzu groß.

Ob das Kühlwasser im Kolben unter einigen Atmosphären Druck zu halten ist oder besser frei in den Kühlräumen spielt, ist eine Frage des praktischen Betriebs, die bisher noch nicht endgültig geklärt ist. Wesentlich bleibt für eine einwandfreie Kolbenkühlung, daß laufend ein möglichst gleichmäßiger, der jeweiligen Maschinenleistung angepaßter Kühlwasserstrom den Kolben durchfließt. Zur Sicherstellung dieser Forderung sind die frei abfließenden Kühlwasserleitungen gut sichtbar in möglichster Nähe des Maschinistenstandes anzuordnen. Das freie Spiel des Kühlwassers im Kolbeninnern ohne Überdruck hat namentlich bei der Verwendung von Posaunenrohren den großen Vorteil, daß die Dichtungen der Posaunenrohre vollständig vom Wasserdruck entlastet sind. Die für die Schmierung der Ölmaschine so bedenkliche Vermischung der unter Öl laufenden Triebwerksteile mit Seewasser kommt damit ganz in Fortfall. Ausgeführte große Schiffsmaschinen haben den Beweis erbracht, daß von einem Kühlwasserüberdruck im Innern der Arbeitskolben ganz Abstand genommen werden kann.

Dient zur Kühlung des Kolbens Schmieröl, so ist wegen der geringeren Fähigkeit des Öls, Wärmemengen abzuleiten, für eine besonders gute, eindeutig bestimmte Führung des Kühlmittels, bei der tote Ecken unter allen Umständen zu vermeiden sind, Sorge zu tragen.

Von einer besonderen Schmierung der Kolbenlaufflächen wird heute im Schiffsölmaschinenbau, namentlich bei gekapselten Maschinen, meist ganz Abstand genommen. Das von den Triebwerksteilen gegen die Zylinderbüchse geschleuderte Öl reicht zur Schmierung der Laufflächen vollkommen aus. Trotzdem ist fast stets eine Hilfsschmierung vorgesehen, die aus 4—6, auf den Zylinderumfang gleichmäßig verteilten Schmierlöchern in der unteren Hälfte des Zylinders besteht, die an eine Druckölleitung angeschlossen ist, und durch die den Kolbenlaufflächen vor der Ingangsetzung der Maschine nach längeren Betriebspausen

Schmieröl zugeführt wird. Um dieses Öl möglichst gleichmäßig auf den Kolbenumfang zu verteilen, wird im unteren Teil des Arbeitskolbens eine Ringnute vorgesehen, die in der oberen Totpunktlage mit den Schmierlöchern in der Zylinderwandung korrespondiert.

Die Kolbenringe bestehen bei den Schiffsölmaschinen ausnahmslos aus gußeisernen, selbstspannenden Ringen von nicht zu großer Breite, aber genügender Zahl von etwa 6—9 Stück für den Arbeitskolben (Abb. 10) Die Kolbenringe sind gegen Drehen zu sichern. Der unterste Kolbenring wird vielfach als Ölabstreifring ausgebildet, falls nicht besondere Ölabstreifringe am unteren Ende der Kolbenführung vorgesehen sind, um das namentlich bei Viertaktmotoren zu beobachtende Hineinsaugen des Schmieröls in den Verbrennungsraum des Zylinders möglichst zu verhindern. Zwei verschiedene Formen von Ölabstreifringen zeigen die Abb. 11 und 12.

Die Befestigung der Kolbenstange mit dem Kolben erfolgt bei Kreuzkopfmaschinen in der Regel durch eine Schraubenverbindung des zu einem Flansch erweiterten oberen Endes der Kolbenstange mit dem Inneren des Kolbens. Ausführungsbeispiele derartiger Verbindungen zeigen die Abb. 14, 87 und 108.

Bei kreuzkopflosen Maschinen, wie sie in den Abb. 92, 105, 139 und 141 dargestellt sind, wird das obere Ende der Pleuelstange in einem Kolbenbolzen gelagert, der in der Kolbenwandung durch Keile oder konische Stifte gegen seitliche Verschiebung gesichert wird. Statt der beiderseitigen Sicherung wird neuerdings auch vielfach nur eine einseitige Festlegung des Bolzens vorgenommen, um eine Ausdehnung des Bolzens in der Längsachse zu gestatten.

Erfahrungen: Vielfach beobachtete Risse in den Kolbenböden waren auf ungenügende Kühlung infolge Verschmutzung der Kolbenböden von der Kühlraumseite aus zurückzuführen. Eine Reinigung der Kühlräume in regelmäßigen Zeitabständen wird daher namentlich bei Ölkühlung stets notwendig sein.

Bei kreuzkopflosen Ölmaschinen wurde bisweilen ein Verziehen des Kolbens festgestellt, das auf das Festlegen des Kolbenbolzens im Kolbenkörper an beiden Enden zurückgeführt werden mußte. Ausführungen, die den Befestigungskeil an dem einen Ende des Bolzens in Fortfall kommen lassen, um eine Längenausdehnung desselben zuzulassen, haben sich gut bewährt.

Gegen das Mitreißen von Schmieröl in den Verbrennungsraum hat sich die Anordnung von Ölabstreichringen, besonders bei Viertaktmaschinen, als notwendig erwiesen. Da diese gleichzeitig auch eine gute Abdichtung der Kurbelbilge gegen die Abgase in den Auspuffkanälen bilden, werden Ölabstreichringe auch bei Zweitaktmaschinen stets mit Vorteil angewandt. Bedingung für ein richtiges Arbeiten der

Abstreifringe ist, daß dieselben, wie in der Abb. 12 dargestellt, zum Einbau gelangen. Für den Ring *b* muß der zylindrische Teil des Abstreifringes von größerem Durchmesser dem Zylinderdeckel zugekehrt sein, damit die untere scharfe Kante der zylindrischen Ringfläche beim Abwärtsgange des Kolbens das Öl von den Zylinderwandungen abstreift und in dem ausgesparten Ringraum auffängt.

Die ölabstreifende Wirkung des Ringes *c* beruht darauf, daß sich das an den Zylinderwandungen haftende Öl beim Aufwärtsgange des Kolbens infolge der eintretenden Keildruckwirkung an dem Abstreifring vorbeipreßt und beim nachfolgenden Abwärtsgang des Kolbens von der scharfen Unterkante des Ringes *c* gefaßt und abgestreift wird.

5. Arbeitszylinder und Zylinderdeckel.

Aufbau der Zylinder.

Da die Zylinder und Zylinderdeckel der Ölmaschinen ganz bedeutend höheren Drucken und Temperaturen ausgesetzt sind als die gleichen Elemente im Dampfmaschinenbau, erfordert nicht nur die konstruktive Durchbildung dieser Teile, sondern auch die zweckmäßige Wahl der zur Verwendung gelangenden Materialien ganz besondere Sorgfalt und Erfahrung. Das Material der Zylinderlaufbüchsen besteht aus einem harten Spezialgußeisen; für die Zylindermäntel findet Gußeisen, bisweilen auch Stahlguß und Bronze Verwendung. Als Material für die Zylinderdeckel herrscht Gußeisen vor; für die Deckel von Unterseebootsmaschinen findet man bisweilen auch Bronze.

Weder im Aufbau noch in der Wahl des Materials bedeuten die heute gebräuchlichen Ausführungen die endgültige Lösung dieser Fragen. Von den mannigfaltigen Zylinderbauarten mögen folgende vier Hauptgruppen angeführt werden:

1. Zylindermantel, Laufbüchse und Deckel aus einem Stück (Abb. 15).
2. Zylindermantel und Laufbüchse zusammengegossen, Zylinderdeckel für sich (Abb. 16).
3. Zylindermantel, Deckel und Laufbüchse für sich gegossen (Abb. 17).
4. Zylinderdeckel nicht vorhanden (Junkers Doppelkolbenmaschine), Laufbüchse und Zylindermantel ein-, zwei- oder dreiteilig (Abb. 121, 122, 125, 126 und 141/42).

Die von den Zylindern und Deckeln aufzunehmenden Kräfte setzen sich zusammen aus Beanspruchungen

1. infolge des inneren Verbrennungsdruckes,
2. infolge von Temperaturunterschieden,
3. infolge von Gußspannungen und
4. infolge von Zugbeanspruchungen, falls durchgehende Ankerbolzen vom Zylinderdeckel nach der Grundplatte nicht vorhanden sind.

Zylinderbauarten der ersten Gruppe kommen nur für kleine Maschinen in Betracht. Für Schiffsmotore größerer Abmessungen ist diese Bauart allein von der Germaniawerft zur Ausführung angenommen worden. Abgesehen von gießereitechnischen Schwierigkeiten hat eine derartige Konstruktion bei größeren Zylinderabmessungen für den praktischen Bordbetrieb hinsichtlich Montage, leichter Überholung und Wartung sowie hoher Kosten eventueller Ersatzstücke offensichtliche Nachteile.

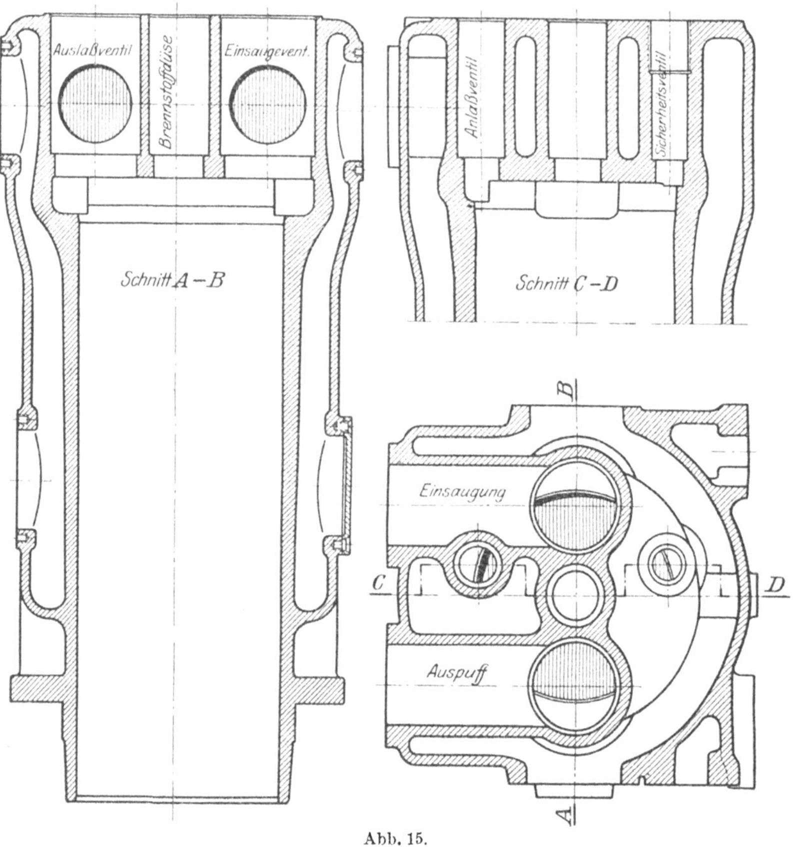

Abb. 15.

Bei den Zylindern der zweiten Gruppe kommen diese Nachteile in Fortfall, dafür entstehen bei größeren Zylinderabmessungen Schwierigkeiten infolge der ungleichen Ausdehnung des inneren Laufzylinders und Wassermantels, von denen der erstere dem heißen Verbrennungsraum, der letztere dem Kühlwasserstrom ausgesetzt ist.

Die in Gruppe 3 aufgeführte Zylinderbauart hat heute die weiteste Verbreitung gefunden. Da die innere Laufbüchse sich infolge der Wärmeausdehnung gegenüber dem äußeren kalten Zylindermantel verschieben können muß, ist die Laufbüchse an ihrem unteren Ende gegenüber dem Zylindermantel durch eine Stopfbüchse gegen den Kühlwasserdruck abzudichten; das obere Ende der Zylinderbüchse wird mit Versatz gut passend in den Wassermantel eingesetzt.

Bei Zweitaktmotoren findet man auch bisweilen eine Teilung der Laufbüchse in der Ebene der Auspuffschlitze. Der obere, dem Verbrennungsraum zugekehrte Teil der Laufbüchse ist dann gewöhnlich von einem in sich geschlossenen, wassergekühlten Mantelgehäuse umgeben, während das untere, meist nicht gekühlte Führungsende der Büchse fest in dem Maschinengestell gelagert ist. Die in der Ebene der Auspuffschlitze liegende Teilfuge gestattet beiden Büchsenhälften sich gegeneinander zu verschieben.

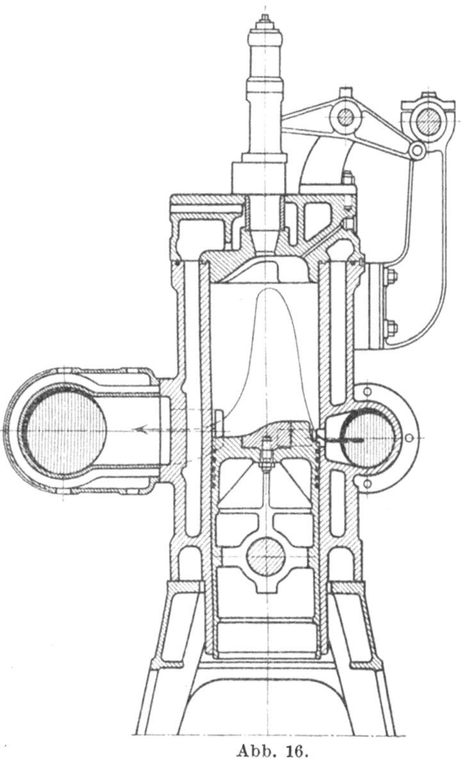

Abb. 16.

Der große Vorzug der Arbeitszylinder nach Gruppe 4 besteht in der ungehinderten axialen Ausdehnung der Laufbüchse und des Wassermantels. Sind beide einteilig gegossen, so schneidet man den Wassermantel zur ungehinderten Längenausdehnung der Laufbüchse gewöhnlich an einem Ende dem Umfang nach auf und dichtet diesen durch eine Stopfbüchse wieder ab. Die gleiche Vorsichtsmaßregel ist auch für die Durchführung der Brennstoff- und Anlaßventile anzuwenden. (Vgl. Abb. 28.)

Die Versorgung der Zylindermäntel mit Kühlwasser erfolgt von der allgemeinen Kühlwasserleitung aus, an die die einzelnen Arbeitszylinder parallel angeschlossen werden (Abb. 79—81). Das Kühlwasser tritt am unteren Ende der Kühlmäntel ein und verläßt den Wasserraum an der höchsten Stelle des Kühlwasserraums, da andernfalls die Bildung von Luftsäcken und damit eine unzureichende Kühlung eintreten würde.

Um die Kühlwasserräume auf Schmutzablagerungen kontrollieren zu können, sind, auf den Umfang der Wassermäntel verteilt, hinreichend große Handlöcher vorzusehen. (Abb. 15.)

Die Laufbüchsen der Arbeitszylinder sind möglichst mittels Schleifmaschinen genau auf Maß zu bringen. Die zulässige Toleranz der Zylinderbohrungen beträgt bei Ölmaschinen ohne Kreuzkopfführung, bei denen also der Arbeitskolben den Kreuzkopfdruck auf die Laufbüchse übertragen muß, und mittelgroßen Ausführungen etwa 0,3 bis 0,4 mm; bei Schiffsölmaschinen mit besonderem Kreuzkopf, bei denen dem Arbeitskolben nur die Aufgabe der Abdichtung des Verbrennungsraumes gegenüber der freien Atmosphäre zufällt, kann das Spiel zwischen Kolbenkörper und Wandung der Laufbüchse auf 1,0—1,5 mm, je nach dem Durchmesser des Zylinders, erhöht werden.

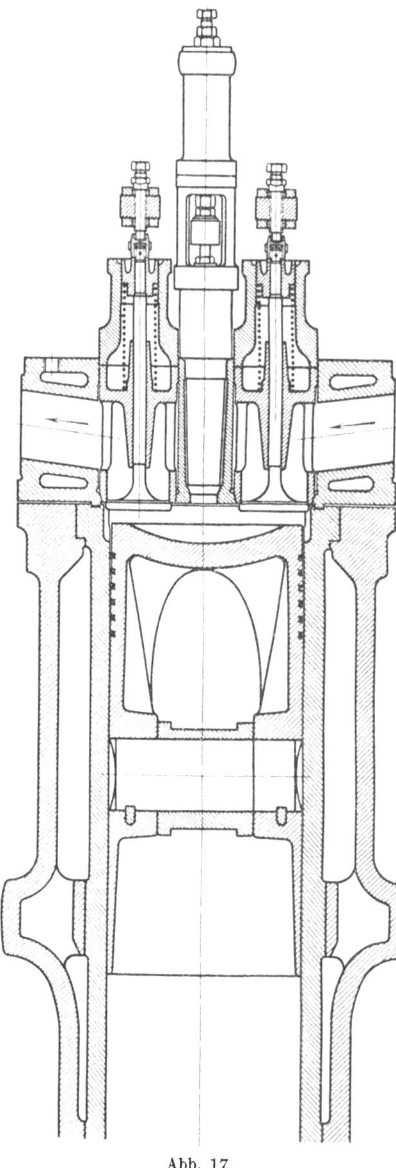
Abb. 17.

Zylinderdeckel.

Als geeignetstes Material für die Zylinderdeckel der Verbrennungsmaschinen hat sich ein zähes, dichtes Spezialgußeisen erwiesen. Alle Versuche, die Festigkeit der Deckel durch die Verwendung von Stahlguß zu erhöhen, müssen zur Zeit als fehlgeschlagen bezeichnet werden. Zur Ermittlung einer geeigneten Zusammensetzung eines Gußeisens, das in besonderem Maße befähigt ist, hohen Temperaturen und gleichzeitig auch einem größeren Temperaturwechsel zu widerstehen, sind eine große Reihe Versuche erster Fachleute angestellt worden, ohne daß dadurch die Frage bisher endgültig gelöst worden wäre.

Am widerstandsfähigsten hat sich ein Spezial-Graugußeisen von feinem Korn gezeigt, das einen Kohlenstoffgehalt von etwa 3 v. H. aufweist, in dem etwa 0,5—0,6 v. H. als gebundener, der Rest als freier, graphitischer Kohlenstoff vorhanden ist.

Parallel mit den Versuchen zur Feststellung der geeignetsten Eisenlegierung sind umfangreiche Prüfstandsarbeiten gegangen, um auch in konstruktiver Hinsicht die geeignetste Deckelform festzulegen. Durch den zunehmenden Übergang vom Viertakt- zum Zweitaktmotor und die mehr und mehr bevorzugte Verwendung von Spülluftschlitzen im Arbeitszylinder war es möglich, den Aufbau der Zylinderdeckel und damit die Kühlung wesentlich einfacher und wirksamer zu gestalten. Immerhin sind auch damit noch nicht alle Schwierigkeiten behoben. Die notwendigen Durchdringungen für das Brennstoff- und Anlaßventil werden den Deckel stets zu einem Arbeitsstück machen, das schon von Haus aus meist mit Gußspannungen behaftet ist, und das infolge der weiteren zusätzlichen Biegungs- und Wärmespannungen, denen dasselbe im Betriebe ausgesetzt ist, vorläufig noch das gefährdetste Konstruktionsdetail der ganzen Ölmaschine ist.

Um die durch das Reißen der Zylinderdeckel notwendig werdenden Erneuerungen ihrem Umfang nach auf ein Mindestmaß zu beschränken, ist neuerdings vorgeschlagen worden, die Zylinderdeckel in einer Horizontalebene unterzuteilen.

Eine außenliegende Stahl- oder Stahlgußplatte soll die in axialer Richtung wirkenden Kolbenkräfte aufnehmen, während ein zwischen dieser Platte und dem Zylinder liegendes, dem Verbrennungsraum zugekehrtes, wassergekühltes Zwischenstück die Abdichtung der Ventile übernimmt. Das beim Reißen dieses Zwischenstücks erforderlich werdende Ersatzteil ist damit auf ein Mindestmaß beschränkt.

Einen weiteren Fortschritt zur Vereinfachung der Zylinderdeckelkonstruktion bedeutet die von der Firma Sulzer jüngst durchgebildete Deckelbauart für Zweitaktmaschinen mit Spülschlitzen, bei der der Deckel nur noch ein einziges Ventil, und zwar ein Anlaßventil in der Deckelmitte enthält, in das das Brennstoffventil zentral eingelagert ist.

Der an den zylinderdeckellosen Dieselmaschinen oft gerühmte Vorzug, daß bei ihnen das Eintreten von Deckelrissen unmöglich sei, ist auch nur ein bedingter. Praktische Betriebserfahrungen haben gezeigt, daß durch das Fehlen der den Verbrennungsraum abschließenden Deckel und die Anordnung der notwendigen Ventile in der Mitte des Arbeitszylinders (Abb. 122) nicht alle Betriebsschwierigkeiten behoben, vielmehr nur auf die Zylinder selbst abgewälzt sind.

Die Dichtung zwischen Zylinderdeckel und Zylinder wird für Schiffsölmaschinen stets durch Nut und Feder ausgeführt, da nur diese Dichtungsart ein Herauspressen des Packungsmaterials, das nie zu stark, möglichst unter 1 mm sein sollte, gegenüber dem hohen, inneren Verbrennungsdruck, sicher verhindern kann. Als Material für die Dichtungsringe findet meistens Kupfer Verwendung.

Die Kühlung der Zylinderdeckel erfolgt allgemein durch Wasser, das gewöhnlich aus den Zylindermänteln nach den Deckeln durch besondere, die Teilfuge zwischen dem Arbeitszylinder und dem Zylinderdeckel überbrückende Rohre überströmt oder auch unmittelbar durch Rohrstutzen übertritt, die in der Dichtungsebene von Zylinder und Deckel angeordnet sind. Da die Zylinderdeckel die zur Durchführung des Arbeitsvorganges notwendigen Ventile, wie Anlaßventil, Brennstoffventil, Einsaugventil, Auspuffventil und Sicherheitsventil aufnehmen müssen, bilden die Zylinderdeckel meist recht komplizierte Gußstücke mit sehr unregelmäßigen Kühlräumen und sich stark ändernden Leitungsquerschnitten, deren wirksame Kühlung viel Überlegung und große Erfahrung erfordert. Durch Kernlochschrauben in den Deckeln sind die Kühlräume für Reinigungszwecke zugänglich zu machen.

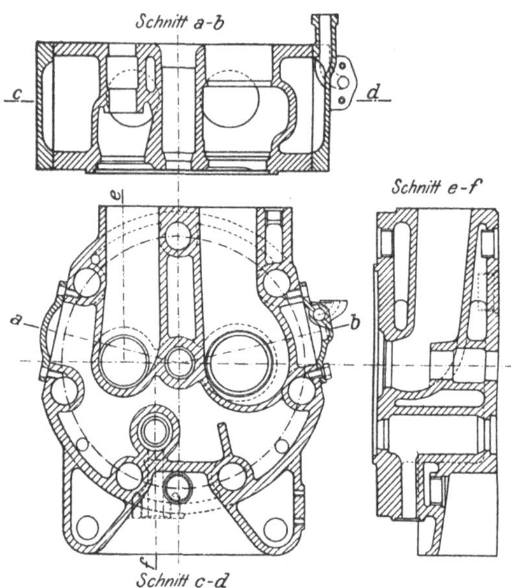

Abb. 18—20. Zylinderdeckel einer Viertakt-Ölmaschine.

Die konstruktive Durchbildung des Zylinderdeckels einer Viertakt-Ölmaschine in der Bauart der Gasmotorenfabrik Deutz zeigen die Abb. 18—20. Außer dem aus dem Schnitt *c—d* ersichtlichen, zentral angeordneten Brennstoffventil ist links von diesem das Lufteinsauge-, rechts das Auspuffventil und unterhalb dieser Gruppe noch das Anlaßventil unterzubringen. Da alle diese Ventildurchdringungen weitgehend zu kühlen sind und außerdem in dem Zylinderdeckel noch eine größere Zahl Reinigungsöffnungen und Anschlußstutzen für Kühlwasserein- und -austritt vorzusehen sind, ergibt sich, wie besonders aus dem Schnitt *e—f* ersichtlich, ein recht verwickeltes Gußstück.

Erfahrungen: Es sind Fälle bekannt geworden, bei denen die Wassermäntel der Arbeitszylinder von Ölmaschinen nach fast zweijähriger Betriebsdauer von oben nach unten aufrissen. Der Grund der Zerstörung war in der ungeeigneten Anordnung der Kühlwasseraustrittsstutzen zu suchen, die nicht an höchster Stelle des Kühlwasserraums, sondern einige Zentimeter tiefer angeordnet waren. Luftausscheidungen in dem toten Raum oberhalb der Austrittsstelle und

Schlammablagerungen zwischen Wassermantel und Arbeitszylinder bewirkten **lokale Temperaturerhöhungen** und damit Wärmeausdehnungen der Zylindereinsatzbüchsen, denen die nur für wenige Atmosphären Kühlwasserdruck berechneten Zylindermäntel nicht gewachsen waren.

Da in der hinreichenden Wärmeabfuhr letzten Endes das ganze Geheimnis zur Vermeidung der auf Wärmespannungen zurückzuführenden Risse in den Zylinderdeckeln und -wandungen beruht, sollte der für die einzelne Ölmaschinenanlage von der Erbauerfirma jeweils festgelegte mittlere indizierte Druck von der Maschinenleitung möglichst nicht überschritten werden. Da jede Leistungssteigerung eine vermehrte Abfuhr von Wärmeeinheiten durch die Zylinderwandungen verlangt, wenn nicht die vorstehend angedeuteten Materialschwierigkeiten auftreten sollen, sollten zeitweise Überlastungen von Ölmaschinen nie ohne ganz zwingende Gründe vorgenommen werden.

Vorschläge und Versuche, das Kühlwasser für Zylinder, Deckel und Kolben unter erhöhtem Druck bis zu etwa 8 at durch die Kühlwasserräume zu schicken, um die Bildung eines Dampfpelzes an den zu kühlenden Zylinderwandungen zu verhindern, sind aus praktischen Gründen gescheitert. Die durch die Druckerhöhung eintretenden Schwierigkeiten, die sich einer sicheren Abdichtung der Kühlwassergelenke und Posaunenrohre entgegenstellen, waren so erheblich, daß dieser Weg bald wieder verlassen wurde.

Dagegen haben Bestrebungen, mit möglichst geringen Kühlwasserdrucken zu arbeiten, namentlich bei den an und für sich etwas schwerer zu dichtenden Posaunenrohren zu befriedigenden Ergebnissen geführt. Die Mündung des Kühlwasserrohrs wird in diesem Falle zweckmäßig düsenförmig ausgebildet, so daß eine Umsetzung der Druckenergie des Kühlwassers in Geschwindigkeit erfolgt und das mit dieser Geschwindigkeit gegen den Kolbenboden geschleuderte Wasser ohne Überdruck abfließen kann.

Durch eine derartige Kühlmethode hat sich trotz geringeren Wasserverbrauchs eine nachhaltigere Kühlwirkung erzielen lassen.

Bestehen Einsatzzylinder und Zylindermantel aus verschiedenen Metallen (Gußeisen-Stahlguß oder Gußeisen-Bronze), wie namentlich für Kriegsschiffsmaschinen, so sind bei Seewasserkühlung stärkere Anfressungen der Mäntel oft festgestellt worden. Durch Anordnung von Zinkschutzstreifen an den Kernpfropfen und Handlochdeckeln wird den Zerstörungen wirksam begegnet.

Um Verstopfungen der Kühlwasserkanäle und Rohrleitungen während des Betriebes rasch beseitigen zu können, hat sich die Anordnung von Schlauchverschraubungen an den Kühlwasserleitungen, die von den Einblaseluftflaschen gespeist werden können, als vorteilhaft erwiesen.

Zylinderzwischenstücke.

Bei der Mehrzahl der bekannten Schiffsmotorausführungen sind die unteren Zylinderflanschen auf den Ständern aufgesetzt. Eine Ausnahme bilden die geschlossenen Ölmaschinen der Firma Burmeister & Wain, Kopenhagen, bei denen zwischen dem unteren Ende des Arbeitszylinders und dem Maschinenständer ein Zwischenstück, eine sogenannte Laterne mit Boden, eingeschaltet ist, durch die ein Abschluß zwischen dem allseitig geschlossenen Kurbel- und Gleitbahnraum und dem unteren, offenen Ende des Arbeitszylinders hergestellt wird (Abb. 87). Zweck dieses Zwischenstückes ist es, ein Verschmutzen des sich in der Kurbelbilge sammelnden Tropföls durch Zylinderrückstände und Verbrennungsprodukte zu verhindern. Der schräg angeordnete Laternenboden, durch den die Kolbenstange mit einer Metallstopfbüchse geführt wird, läßt alles vom Zylinder und Kolben tropfende Öl durch eine besondere Ölleitung abfließen.

Erfahrungen: Durch allseitigen Abschluß des Zwischenstückes ist die Möglichkeit geboten, die Laternenräume an eine wirksame Ventilationssaugeleitung anzuschließen, so daß alle Öldämpfe und evtl. auch die durch den Kolben tretenden Verbrennungsgase nicht in den Maschinenraum gelangen, sondern unmittelbar nach außenbords abgeführt werden können. Besonders für Fahrten in den Tropen hat sich durch eine derartige Entlüftungsanlage für das Bedienungspersonal eine große Erleichterung für den Wachdienst im Maschinenraum ergeben.

Wärmedurchgang und Spannungsrisse in Arbeitszylindern und Deckeln.

Die in den Arbeitszylindern und an den Zylinderdeckeln der Verbrennungskraftmaschinen im Betrieb aufgetretenen Risse, von denen keine der bis heute an Bord zur Verwendung gekommenen Konstruktionen verschont geblieben ist, sind die unangenehmsten Erscheinungen, mit denen die Maschinenleitungen bis zum Augenblick leider noch immer zu rechnen haben.

Die wesentlichen Ursachen dieser Rißbildungen sind, abgesehen von ungenügender Bemessung der Zylinder und Deckelwandungen, Gußspannungen oder mangelhafter Materialbeschaffenheit, hauptsächlich auf Wärmespannungen der hoch erhitzten Zylinderwandungen, als Folge unzulässig gesteigerter Leistungen der Arbeitszylinder, auf mangelhafte Kühlung, infolge ungenügender Wasserzufuhr oder Verschmutzung der Wandungen im Kühlwasserraum, auf größere Schwankungen in der Kühlwasserzufuhr oder auf plötzliche Temperaturdifferenzen im Zylinderinneren zurückzuführen.

Es liegt in der Natur des Dieselverfahrens begründet, daß das dem Zylinderdeckel zugekehrte Ende des Arbeitszylinders, das den Verbrennungsraum einschließt, besonders stark erhitzt wird. Es ist daher Sache des Konstrukteurs, durch reichliche Wasserkühlung dieses Teils, evtl. unter Erhöhung der Wassergeschwindigkeit, sowie durch geeignete Materialverteilung, Vermeidung zu großer Wandstärkungen, Gußanhäufungen und unvermittelter Querschnittsübergänge, den zerstörenden Einflüssen der Wärmespannungen soweit als möglich zu begegnen. Ganz wird dies selbst beim einfachsten Zylindereinsatz nicht möglich sein, da durch die auftretenden Verbrennungstemperaturen und -drucke der Innenzylinder in axialer und radialer Richtung verschieden großen Spannungen unterworfen ist.

Nach den Untersuchungen von Junkers[1]) ist für den Verbrennungsraum einer Ölmaschine mit einem Wärmedurchgang von etwa 260 000 cal qm/st zu rechnen, was bei einer 4 cm starken Zylinderwandung einem Temperaturgefälle von über 200° C innerhalb der gußeisernen Wandung entsprechen würde. Unter Berücksichtigung des Wärmeausdehnungskoeffizienten $\alpha = 0{,}000\,011$ pro mm und 1° C und des Elastizitätsmoduls für Gußeisen von $E = 800\,000$, würde sich in der Oberfläche der gekrümmten Zylinderwand eine größte Zugspannung auf der Wasserseite bzw. Druckspannung auf der Verbrennungsseite von

$$\sigma = \frac{\alpha \cdot E \cdot t}{2} = \frac{0{,}000011 \cdot 800000 \cdot 200}{2}$$

$$\sigma = 880 \text{ kg/qcm}$$

ergeben. Zu dieser durch die Wärmespannungen hervorgerufenen Belastung der Zylinderwandung tritt außerdem der Verbrennungsdruck, der bei einer Einstellung des Sicherheitsventils auf 55 at bei einem Arbeitszylinder von 600 mm Durchmesser und 4 cm Wandstärke

$$\frac{60 \cdot 55}{2 \cdot 4} = 420 \text{ kg/qcm beträgt.}$$

Damit ergibt sich als Summe dieser beiden Spannungswerte

$$880 + 420 = 1300 \text{ kg/qcm.}$$

Dieser Wert stellt eine Größe dar, die die Elastizitätsgrenze des Gußeisens bei weitem überschreitet und die Bruchgrenze, die für gewöhnliches Gußeisen zwischen 1200—1500 kg/qcm liegt, bereits erreicht. Prof. Junkers sagt daher mit Recht in seiner oben angegebenen Schrift: „Wenn man die erstaunlich hohen Zahlen berücksichtigt, welche obige Versuche ergeben, so kann man sich über die vielen in Rissen Brüchen und Formänderungen sich äußernden Überanstrengungen des Materials nicht wundern, im Gegenteil, die rechnungsmäßige Verfolgung

[1]) Junkers, Studien und experimentelle Arbeiten zur Konstruktion meines Großölmotors, Jahrbuch der Schiffbautechn. Gesellschaft 1912.

der Spannungsvorgänge ergibt solche Erscheinungen als eine Notwendigkeit. Hier ist meines Erachtens der springende Punkt für die Lösung der Aufgabe zur Verwirklichung einer betriebssicheren Großölmaschine zu suchen."

Neben der Höhe der vorerwähnt auftretenden Spannungen haben sich, wie durch die praktischen Betriebserfahrungen nachgewiesen ist, auch die nicht vermeidlichen, namentlich während längerer Manöverperioden, bei schwankender Leistung der Kühlwasserpumpen oder bei sich periodisch ändernder Belastung der Arbeitszylinder auftretenden Temperaturschwankungen als überaus nachteilig für die Festigkeit der Zylinder, Deckel und Kolben der Verbrennungsmotoren erwiesen.

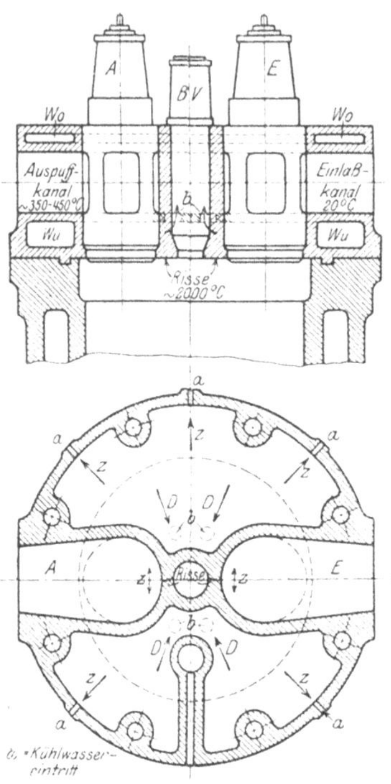

Abb. 21 und 22. Spannungsverteilung im Zylinderdeckel einer Viertaktmaschine.

Hohen Beanspruchungen durch die Wärmespannungen ausgesetzt sind im besonderen alle Bohrungen und Durchdringungen in den Zylinderdeckeln und Arbeitszylindern, wie sie zur Aufnahme der verschiedenen Ventile zur Regelung des Arbeitsgangs der Maschine und für den Indikator notwendig sind. Infolge der diese Durchdringungen umschließenden kälteren Materialschichten werden die Ränder dieser Öffnungen zufolge der von innen nach außen tretenden Wärme über das zulässige Maß auf Druck beansprucht. Der stete Wechsel dieser Wärmespannungen im Betriebe führt allmählich zu einer Ermüdung des Materials, bis zuletzt Risse an den Rändern der Bohrungen und Öffnungen auftreten, als eine Folge der tangential an den Rändern derselben wirkenden Kräfte.

Eine besonders häufig zu beobachtende Erscheinung ist das Eintreten von Spannungsrissen in den dem Verbrennungsraum zugekehrten Deckelwandungen zwischen dem Brennstoffventil *BV* (Abb. 21 und 22) und den Auspuff- und Einlaßventilen *A* und *E*. Infolge der hohen Temperaturen im Arbeitszylinder haben die dem Verbrennungsraum zugekehrten Deckelteile, besonders an den Stellen, wo durch Zusammenstoßen mehrerer Wandungen schon an und für sich eine mangelhaftere Kühlung eintritt, das Bestreben, sich auszudehnen. Hieran werden diese Teile gehindert durch den fest eingespannten, kalten Umfang des

Deckels mit Flansch sowie den aus der Abb. 21 ersichtlichen Zwischenboden, der den unteren Kühlwasserraum *Wu* von dem oberen Kühlraum *Wo* scheidet. Der Zwischenboden setzt somit der Ausdehnung der mittleren Ventildurchdringung einen Widerstand entgegen und ruft damit erheblich Druckkräfte in der Richtung der inneren Pfeile *D* hervor.

Im Bereich der großen Aussparungen für die Einsätze der Einlaß- und Auspuffventile fehlt aber dieser Gegendruck, so daß hier die Wärmeausdehnung der Wandungen vor sich gehen kann und damit in der Oberfläche der Kanalwandung an den mit *Z* bezeichneten Stellen erhebliche Zugbeanspruchungen auftreten müssen, die bei nicht genügender Kühlung dieser Materialquerschnitte sehr leicht zu Spannungsrissen in der Richtung von den Ventilen *E* und *A* nach dem Brennstoffventil führen.

Durch die Anordnung des Zwischenbodens in der unteren Hälfte des Zwischendeckels soll eine besonders ausgiebige Kühlung des mittleren Deckelteils durch Herbeiführung großer Wassergeschwindigkeiten erreicht werden. Das Kühlwasser tritt in die untere Wasserkammer *Wu* an einer größeren Anzahl Stellen *a* am Umfang ein, wird durchweg den besonders hohen Temperaturen ausgesetzten Ventilwandungen zugeführt und muß nach Kühlung derselben durch die in dem Zwischenboden angeordneten Löcher *b* nach der oberen Wasserkammer *Wo* übertreten. Auf diese Weise wird nicht nur das gesamte, dem Zylinderdeckel zugeführte Kühlwasser zur Kühlung der Wandungen der Ventildurchdringungen herangezogen, sondern auch durch an diesen Wandungen auftretende große Wassergeschwindigkeit eine äußerst wirksame Kühlung erreicht.

Solange es unserer Gießereitechnik nicht gelingt, die gießbaren Materialien so zu verbessern, daß diese entweder geringere Formveränderungen durch die Wärme erleiden oder aber größere Formveränderungen als bisher ohne Ermüdung ertragen, und zwar auch bei den für den Ölmaschinenbetrieb in Frage kommenden höheren Temperaturen, so lange werden auch auf Wärmespannungen zurückzuführende Risse bei gut durchgebildeten Konstruktionen nicht ganz zu vermeiden sein.

Als weiterer Umstand, der das Eintreten von Rissen begünstigt, ist das Verschmutzen der gekühlten Wandungen und das Eintreten von Wärmestauungen in denselben infolge eines Anhaftens von Gas-, Luft- und Wasserdampfblasen an denselben zu nennen. Es muß daher namentlich bei der Anordnung der Kühlwasserwege im Zylinderdeckel wegen der hier zahlreichen Durchdringungen der Ventile vom Konstrukteur sorgfältig darauf geachtet werden, daß eine eindeutige Wasserführung unter Vermeidung toter Winkel, in denen besonders leicht Luftausscheidungen eintreten, stattfindet. An Stellen, die infolge größerer Wandstärke reichlicherer Kühlung bedürfen, wird durch geeignete Bemessung der Kanalquerschnitte für größere Wassergeschwindigkeit gesorgt werden müssen. Alle plötzlichen Querschnitts- und Richtungsänderungen sind gleichfalls zu vermeiden, da diese Geschwindigkeits- und Druckänderungen der strömenden Kühlwassermenge und damit eventuell Luft- und Dampfausscheidungen im Gefolge haben.

Neben den Zug- und Druckspannungen in radialer Richtung ist der Laufzylinder auch noch Formveränderungen in seiner Längsachse unterworfen, besonders an den Einspannungsstellen an den Zylinderenden. Um die hier auftretenden Biegekräfte möglichst gering zu halten, wird bei einfach wirkenden Motoren der Einsatzzylinder gewöhnlich nur am Deckelende fest eingespannt, das freie Ende der Laufbüchse gegen den Wassermantel aber durch eine Stopfbüchse oder durch eingestemmte Kupferringe abgedichtet (Abb. 87 und 109).

6. Die Ventile der Ölmaschine.

a) Brennstoffventile (Einblaseventile); Nadelhubregulierung.

Zweck des Brennstoffventils ist es, den durch die Treibölpumpe dem Ventil zugeführten flüssigen Brennstoff möglichst fein zu zerstäuben und zur Herbeiführung einer innigen Gemischbildung in dem Verdichtungsraum des Zylinders gleichmäßig zu verteilen. Die Einführung des Treiböls in die hochverdichtete Verbrennungsluft des Arbeitszylinders erfolgt hierbei durch Druckluft (Einblaseluft), deren Aufgabe es ist, das Treiböl in kleinste Teilchen zu zerreißen.

Man wird die Schwierigkeit, diese Aufgabe einwandfrei zu erfüllen, sofort ermessen können, wenn man die Zeiten, die zur Vornahme des Zerstäubungs- und Einblasevorganges zur Verfügung stehen, in Berücksichtigung zieht. Für die im Schiffsmaschinenbau mit Rücksicht auf einen günstigen Propellerwirkungsgrad für Handelsschiffs-Ölmaschinenanlagen zulässigen Umdrehungszahlen von

$$n = \frac{80 \quad 100 \quad 120 \quad 140}{{}^1/_{16} \quad {}^1/_{20} \quad {}^1/_{24} \quad {}^1/_{28}} \begin{array}{l}\text{in der Minute stehen etwa}\\ \text{sk/Hub zur Verfügung,}\end{array}$$

während der der Verbrennungsvorgang auf ungefähr ein Zehntel des Kolbenwegs durchgeführt werden muß.

Die Mittel zur Erreichung dieses Ziels sind hochgespannte Einblaseluft von 50—80 at, die in einem meist an die Ölmaschine angehängten Einblaseluftkompressor erzeugt wird, zweckentsprechende Durchbildung der inneren Brennstoffventilteile sowie der zur Betätigung des Ventils erforderlichen äußeren Steuerungseinrichtungen.

Einen Schnitt durch ein Brennstoffventil üblicher Bauart mit Plattenzerstäuber zeigen die Abb. 23—27.

In dem Brennstoffventilgehäuse der Abb. 23 ist axial die Brennstoffnadel gelagert, die von der Zerstäuberhülse umschlossen wird und die durch die Stopfbüchse und ein gewöhnlich aus Ledermanschetten, Bleiasbest oder einer Knetpackung bestehendes Dichtungsmaterial nach außen abgeschlossen wird.

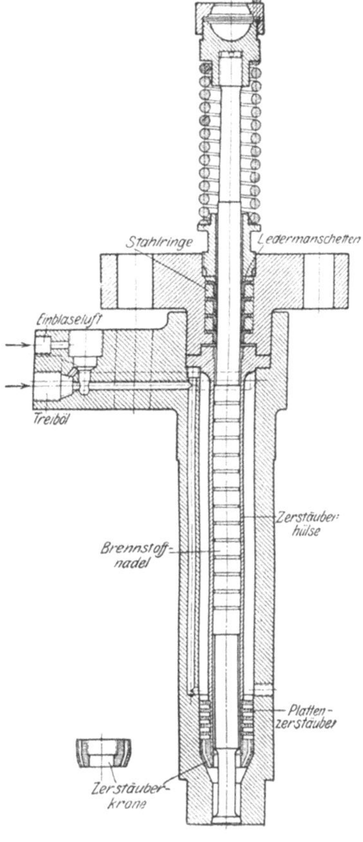

Das zu zerstäubende Treiböl tritt durch die untere, die erforderliche Druckluft durch die obere Leitung in den Ringraum zwischen die Zerstäuberhülse und das Ventilgehäuse ein. Die Zerstäubung des Treiböls beruht darauf, daß der flüssige Brennstoff durch eine Reihe übereinanderliegender Innen- und Außenlochringe (Abb. 26 und 27), die durch Distanzringe von 1—2 mm Höhe voneinander getrennt sind, hindurchgepreßt und zerteilt wird und sich hierbei gleichzeitig innig mit Luft mischt. Durch die in dem Kronenstück angeordneten tangentialen Nuten wird dem Luftölgemisch beim Anheben der Brennstoffnadel durch den auf den Zerstäuberplatten stehenden Luftdruck von 50—55 at eine sehr erhebliche Beschleunigung erteilt. Die Geschwindigkeit des Öl-Luftgemischs erreicht einen größten Wert beim Anheben der Brennstoffnadel in dem verengten Spaltraum zwischen dem Kegel der Brennstoffnadel und der umschließenden Wandung des Ventilgehäuses.

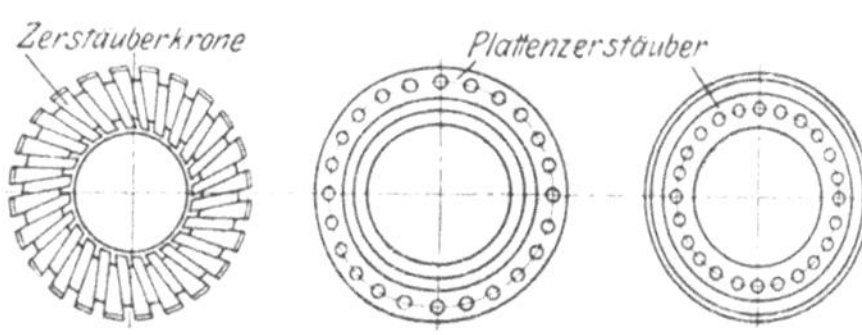

Abb. 23—27. Brennstoffventil mit Plattenzerstäuber.

Durch den gleichzeitig auftretenden erheblichen Widerstand, den die Ölteilchen an den scharfen Kanten des Ventilgehäuses finden und die konische Ausbohrung des letzteren, wird das Ölgemisch vollkommen zerstäubt und gleichzeitig über die ganze Breite des scheibenförmigen Verbrennungsraums verteilt.

Die Betätigung der Brennstoffnadel erfolgt durch einen von der Steuerung betätigten Brennstoffventilhebel, während der Schluß der Nadel durch eine auf dem Gehäuse angebrachte Spiralfeder bewirkt wird.

Da die Zerstäuberplatten nur lose übereinanderliegen, hat diese Ventilbauart den großen Vorzug, daß die Zahl der Platten je nach der Art des zur Verwendung kommenden Brennstoffs leicht geändert werden kann. Die konstruktive Durchbildung eines horizontal liegenden Brennstoffventils für eine Maschine mit gegenläufigen Kolben, Bauart A. E. G., ist in der Abb. 28 dargestellt.

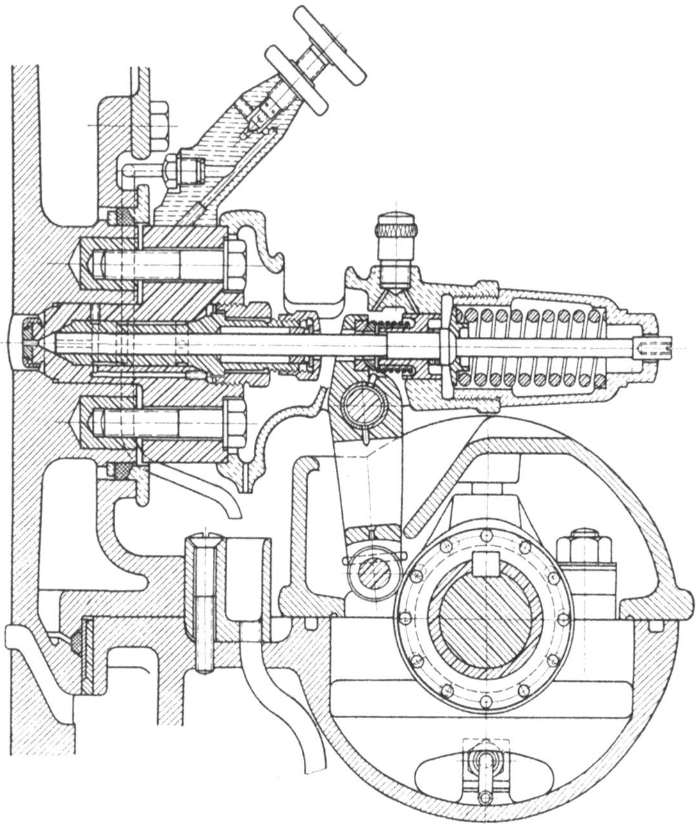

Abb. 28. Horizontal arbeitendes Brennstoffventil (Bauart A. E. G.).

In einem Ventilkörper aus Siemens-Martin-Flußeisen, der mit zwei Schrauben in den Arbeitszylinder eingelassen ist, ist der gleichfalls aus Stahl bestehende Zerstäuber, der die zentral gelagerte Brennstoffnadel umschließt, und die Stopfbüchse untergebracht. Gegen das Innere des Arbeitszylinders ist der Ventilkörper durch eine Düsenplatte abgeschlossen, die durch eine Überwurfmutter gehalten wird.

Die Brennstoffnadel wird durch Federdruck auf ihren Sitz niedergedrückt. Nach außen ist die Nadel durch das Federgehäuse hindurchgeführt, um den Nadelhub im Betriebe kontrollieren zu können. Das Ende der Nadel trägt einen Schlitz und eine Gewindebohrung, um dieselbe auf ihrem Sitz drehen und nach Entfernen des Federgehäuses auch während des Betriebes gegebenenfalls auswechseln zu können.

Das Anheben der Brennstoffnadel erfolgt mittels eines exzentrisch gelagerten Nockenhebels, der von einer unrunden Scheibe der Steuerwelle betätigt wird.

Brennstoff und Einblaseluft werden durch die links und rechts am Umfang des Ventilkörpers sitzenden Verschraubungen zugeführt, von denen aus der Abb. 28 ersichtliche Bohrungen nach dem Inneren des Brennstoffventils führen. Vor dem Eintritt in das Ventilgehäuse durchfließt das Treiböl ein auf dem Ventilkörper aufgeschraubtes Entlüftungsventil, das auch zum eventuellen Abschalten eines Zylinders der Ölmaschine im Betriebe dient.

Eine weitere Bauart eines Brennstoffventils mit nach dem Inneren des Ventils eröffnender Brennstoffnadel und konisch ausgearbeiteter Zerstäuberplatte zeigt die Abb. 29.

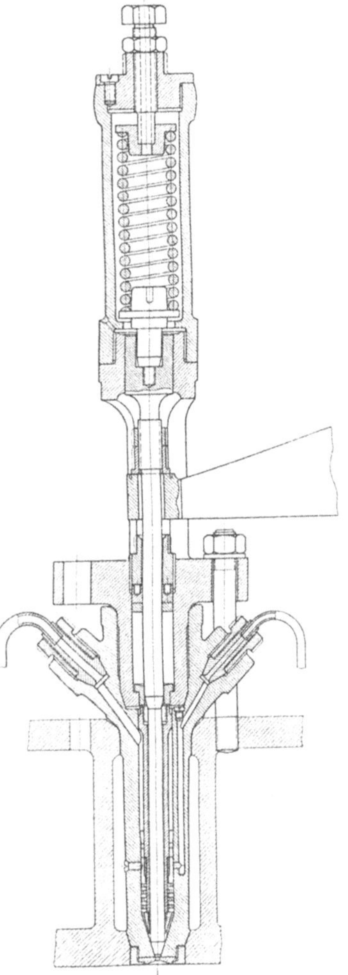
Abb. 29. Brennstoffventil mit nach innen öffnender Brennstoffnadel.

Zu beachten bleibt, daß für verschiedene Belastungen der Ölmaschine auch der Einblasedruck jeweils geändert werden muß, wenn eine vollkommene Verbrennung erzielt werden soll. Da bei der normalen Belastung der Ölmaschine der Einblasedruck so gewählt ist, daß beim Schließen des Brennstoffventils noch eine geringe Treibölmenge in unmittelbarer Nähe des Nadelventils zurückbleibt, würde dieser Ölrest bei abnehmender Belastung, also geringerer Treibölzufuhr, aber gleichem Einblasedruck, restlos aus dem Brennstoffventil in den Arbeitszylinder geblasen werden. Die Folge würde sein, daß beim nächsten Eröffnen des Nadelventils infolge Fehlens der die Zündung einleitenden kleinen restlichen Ölmenge gar keine oder eine Spätzündung, eventuell mit explosionsartigen Erscheinungen eintreten würde. Die jeweilige Änderung der Umdrehungszahl der Ölmaschine verlangt daher auch eine Änderung des Einblasedruckes.

Die gegenseitigen Beziehungen des Durchmessers der Brennstoffventilnadel, der Größe und der Zahl der Düsenplatten, der Form des Nadelkopfes sowie der Größe und Form der Düse, die bald als Einloch-, Mehrloch- oder auch als Schlitzdüse ausgeführt wird, sind heute noch wenig geklärt. Für die endgültige Festlegung der Abmessungen der Brennstoffventilteile ist man daher fast gänzlich auf den Versuch angewiesen.

Bei einer Reihe neuerer Brennstoffventilbauarten sind die Zerstäuberplatten durch schraubenförmige Kanäle, Schlitze oder andere Verteilungsorgane ersetzt worden, ohne daß dadurch aber erheblich andere Zerstäubungsergebnisse erreicht worden wären.

Das Material der Brennstoffventilgehäuse besteht im allgemeinen aus einem guten, feinkörnigen Gußeisen oder Stahlguß. Für die Brennstoffnadeln, die in den Zerstäuberhülsen sauber einzuschleifen sind, wird Nickelstahl oder Manganstahl verwandt; in jüngster Zeit mit Nadeln aus Gußeisen angestellte Versuche haben gleichfalls zu guten Ergebnissen geführt. Zerstäuberhülse, Zerstäuberplatten und Überwurfmutter bestehen aus Rotguß, während für die Düsenplatte gehärteter Werkzeugstahl verwandt wird.

Eine wichtige Einrichtung des Brennstoffventils bleibt stets die Nadelhubregulierung, mit deren Hilfe heftigen Zündungen als Folge des Einblasens zu großer Brennstoffmengen, namentlich bei längeren Fahrten mit geringeren Leistungen sowie während längerer Manöverperioden, vorgebeugt werden kann. Die gewöhnlich vom Maschinistenstand zu bedienende Nadelhubregulierung besteht üblicherweise aus einer federnden Verbindung zwischen Brennstoffnadel und Steuerhebel, mittels der durch einen Anschlag der Nadelhub reguliert wird.

Eine derartige Regulierung ermöglicht durch Verminderung der in den Arbeitszylinder einzublasenden Brennstoffmengen stoßfreie und sichere Zündungen beim Anlassen der Maschine auch in kaltem Zustande, verhindert das Auftreten von Aussetzern und einer unvollständigen Verbrennung beim Fahren mit geringen Umdrehungszahlen und vermindert damit auch vor allem den Verbrauch an Einblaseluft. Dieser letztere Umstand ist besonders für längere Manöverfahrten und Fahrten mit niedrigen Umdrehungszahlen wichtig, da hierbei der Lieferungsgrad der angehängten Einblasepumpen erheblich sinkt und somit jede Ersparnis an Einblaseluft den für Manöverzwecke notwendigen Vorrat an Anlaßluft weitgehendst schont.

Die Durchbildung der äußeren Steuerungsteile des Brennstoffventils erfordert wesentlich größere Sorgfalt als die der Einlaß- und

Auspuffventile, da der Einblasevorgang des Brennstoffs sich auf einem Kolbenweg von etwa 30—35° abspielt, während die Öffnungszeiten der letztgenannten Ventile sich über einen Kolbenweg von etwa 110—120° erstrecken. (Vgl. Steuerdiagramm Abb. 131.)

Erfahrungen: Ein häufig im Betriebe von Ölmaschinenanlagen beobachteter Übelstand ist das sogenannte Aufhängen der Brennstoffnadeln. Die Ursache ist teils in dem zu harten Anziehen der Stopfbüchse der Brennstoffventilnadel — ein Nachziehen bei in Betrieb befindlicher Maschine muß unter allen Umständen unterbleiben —, und der Verwendung ungeeigneter Packung, teils in dem Auftreten explosibler Zündungen beim Anlassen, Umsteuern oder Manöverieren der Maschine als Folge zu großer, in den Arbeitszylinder eingeführter Brennstoffmengen zu suchen.

In beiden Fällen finden die Verbrennungsgase Gelegenheit, in das geöffnete Brennstoffventil zu schlagen und hier eine völlige Zerstörung der Brennstoffventilnadel und der Zerstäuberplatten herbeizuführen. Besonders bei längeren Manöverfahrten muß darauf geachtet werden, daß der Druck in den Einblasegefäßen unter allen Umständen einige Atmosphären höher bleibt als der Verbrennungsdruck im Arbeitszylinder.

Lange Führungen der Brennstoffnadeln in den Zerstäuberhülsen wie sie aus der Abb. 23 zu ersehen sind, sollten daher möglichst vermieden werden. Ebenso wird die nach dem Inneren des Arbeitszylinders öffnende Brennstoffnadel, die unter Fortfall einer besonderen Düsenplatte unmittelbar im Brennstoffventilgehäuse gelagert ist, leichter der Verbrennung den Eintritt in das Innere des Brennstoffventils ermöglichen als Konstruktionen nach den Abb. 26 und 29.

Um das für die Lebensdauer der Brennstoffventile überaus nachteilige Hängenbleiben der Nadeln zu verhindern, ist ein öfteres Herausnehmen der Nadeln und sorgfältiges Schmieren der Nadelführungen mit Zylinderöl erforderlich. Vor dem Herausnehmen der Nadel ist die Brennstoffdruckleitung zum Ventil zu entlüften und der Einblasedruck abzustellen, um zu verhindern, daß Treiböl in den Zylinder gelangt, wodurch heftige Zündungen hervorgerufen werden würden.

Eine Reihe bekannt gewordener Fälle von Schmierölexplosionen in den zu den Brennstoffventilen führenden Einblaseleitungen stehen hiermit in unmittelbarem Zusammenhange. Ist die zum Brennstoffventil führende Einblaseluftleitung gegen das Ventil nicht durch ein Rückschlagventil gesichert, so können beim Eintreten explosiver Zündungen, die im Ölmaschinenbetriebe durchaus keine Seltenheit darstellen, die heißen Verbrennungsgase aus dem Arbeitszylinder durch das Brennstoffventil nach den Luftleitungen übertreten und dort ihrerseits eine Zündung der in der Einblaseluft stets in größeren oder kleineren

Mengen enthaltenen Öldämpfe, die von den Kolbenschmiermaterialien der Druckluftpumpe herrühren, einleiten. Da in diesen Luftleitungen durch die vorhandenen Öldämpfe bei gleichzeitiger Anwesenheit hochgespannter Luft, also einem reichen Sauerstoffvorrat, alle Vorbedingungen für eine explosive Verbrennung gegeben sind, treten leicht umfangreiche Zerstörungen der Einblaseluftleitungen ein. Als bestes Schutzmittel hiergegen hat sich die Anordnung kurzer, dünnwandiger, kupferner Rohrstutzen oder in die Leitungen eingebauter gußeiserner Sprengplatten erwiesen, die bei einem Druck von etwa 90—100 at bersten. Um einen noch weitergehenderen Schutz gegen das Eindringen des Kompressionsdruckes in die Einblaseluftleitung zu erreichen, hat die Germaniawerft eine ihr patentamtlich geschützte Einrichtung konstruiert, bei der ein unter dem Druck der Einblaseluftleitung stehendes Absperrorgan die Brennstoffzufuhr nach dem Arbeitszylinder unterbricht, sobald der Einblaseluftdruck unter den Druck im Arbeitszylinder sinkt.

Die Vorrichtung besteht darin, daß ein in einem beiderseits geschlossenen Zylinder arbeitender Kolben einerseits unter dem Druck der Einblaseluftleitung, auf der anderen Seite unter dem Kompressionsdruck des Arbeitszylinders steht. Das freie Ende der Kolbenstange betätigt ein in der Saugleitung der Brennstoffpumpe angeordnetes Absperrorgan. Überwiegt der Druck im Arbeitszylinder den der Einblaseluftleitung, so nimmt der Kolben die andere Endstellung im Zylinder ein und unterbricht damit die Brennstoffzufuhr zum Zylinder.

Da zur Erzielung einer restlosen Verbrennung im Dauerbetriebe erforderlich ist, daß der Einblaseluftdruck möglichst konstant ist, darf der Durchmesser der nach den Brennstoffventilen führenden Einblaseleitungen nicht zu klein gewählt sein. Trotzdem sind Schwankungen, namentlich auch in der Menge der zuzuführenden Luft, infolge von Schwingungen derselben in den Rohrleitungen meist unausbleiblich. Vielfach werden daher in der Nähe der Brennstoffventile kleine Luftsammler angeordnet, die die Luftschwankungen ausgleichen sollen. So vorteilhaft derartige Sammelbehälter auch sein können, darf nicht verkannt werden, daß sie bei stark weggefallenem Einblasedruck auch nachteilig wirken können, da infolge der größeren Luftvolumen, die in den Sammelbehältern auf höheren Druck zu bringen sind, die Zeit zur Erhöhung des Druckes in der Einblaseluftleitung eine größere sein muß als beim Fehlen der Behälter. Werden derartige Luftsammler dennoch angeordnet, so muß deren Größe auf jeden Fall in angemessenen Grenzen gehalten werden.

Mit abnehmenden Belastungen der Ölmaschine ist auch die Höhe des Einblasedruckes zur Zerstäubung des Treiböls entsprechend zu vermindern. Zu große Mengen kalter Einblaseluft zehren einen erheblichen Teil der Verdichtungswärme im Arbeitszylinder auf und wirken damit der auf der Zufuhr von Verbrennungswärme beruhenden Zersetzung der zerstäubten Ölteilchen entgegen (vgl. S. 20).

Allgemein gilt auf Grund der praktischen Borderfahrungen, daß die durch das Brennstoffventil einzuleitende Zerstäubung des Treiböls bei normalen Belastungen um so besser ausfällt, je geringer die Zähflüssigkeit des Treiböls, je höher die Temperatur der Verbrennungsluft und damit der Kompressionsdruck ist und je mehr der Einblasedruck im Brennstoffventil den Druck im Arbeitszylinder übersteigt.

Instandhaltung: Vor der Untersuchung der inneren Teile eines Brennstoffventils ist die Treiböldruckleitung zu entlüften und die Einblaseluft abzustellen, um das Übertreten von Brennstoff nach dem Arbeitszylinder zu verhindern.

Die Brennstoffnadeln sollen in der Stopfbüchse so leicht gehen, daß sie von Hand ohne Kraftanstrengung in der Packung auf und ab bewegt werden können.

Wenigstens alle 8 Tage sind die Nadeln herauszunehmen, auf Roststellen im Schaft und Dichtigkeit in der Düsenplatte zu untersuchen und unter reichlicher Schmierung genau zentrisch wieder einzusetzen. Um letzteres zu erreichen, wird die Nadelspitze mit Ruß angeschwärzt, leicht auf den Sitz heruntergedrückt, und nach dem Herausziehen, aber ohne sie zu drehen, kontrolliert, ob der Konus allseitig trägt.

Beim endgültigen Einsetzen der Nadeln sind diese unter stetiger Drehung auf und ab zu bewegen und in allen Stellungen zu prüfen, daß kein Klemmen eintritt. Zeigen die Nadeln hierbei wechselnden Widerstand, so sind dieselben gewöhnlich krumm und müssen unbedingt sofort ausgewechselt werden.

Zerstäuberplatten und Brennstoffkonusse sind möglichst nach jeder längeren Reise, wenigstens aber alle 4—6 Monate, zu reinigen.

Als Packungsmaterial wird für die Stopfbüchsen der Brennstoffnadeln meist eine knetbare Weichpackung verwandt. Die Verpackung erfolgt in der Weise, daß das Packungsmaterial bei in das Stopfbüchsengehäuse eingeführter Brennstoffnadel mit Hilfe eines Stopfers fest in den Packungsraum in dünnen Lagen eingestampft wird. Als oberer Abschluß wird zweckmäßig ein fester Ring aus Bleiasbest oder einer ähnlichen Zusammensetzung eingelegt. Während des Stopfens der Packung ist die Nadel dauernd auf und nieder zu bewegen und gut in der Hülse zu führen, damit ein schiefes Verpacken vermieden wird.

Da beim Einsetzen des Brennstoffventils leicht ein Verziehen des Gehäuses eintreten kann, soll die Nadel beim Einbau des Ventils stets im Gehäuse eingesetzt sein, so daß durch Bewegen derselben jederzeit ein schiefes Anziehen der Befestigungsschrauben festgestellt werden kann.

Ist das Brennstoffventil fertig zusammengebaut, so ist die Dichtheit der Nadel durch Anstellen der Einblaseleitung bei geöffneten Indikatorhähnen am Zylinder nachzuprüfen.

Auf die gleiche Weise sind die richtige Eröffnung und der Schluß des Ventils zu prüfen. Das Brennstoffventil soll eröffnen bei etwa 7—12° Kurbelstellung vor und schließen bei etwa 42° nach dem Zündungstotpunkt. Das genaue Einstellen der Brennstoffventile muß endgültig an Hand der Indikatordiagramme erfolgen. Kleine Paßscheiben, die meist unter den Druckteller der Brennstoffnadeln gelegt werden können, ermöglichen die genaue Einstellung des Rollenabstandes.

b) Anlaßventile.

Das Anlassen und Umsteuern der Schiffsölmaschinen erfolgt, wie bereits erwähnt, ausschließlich durch Druckluft. Das zum

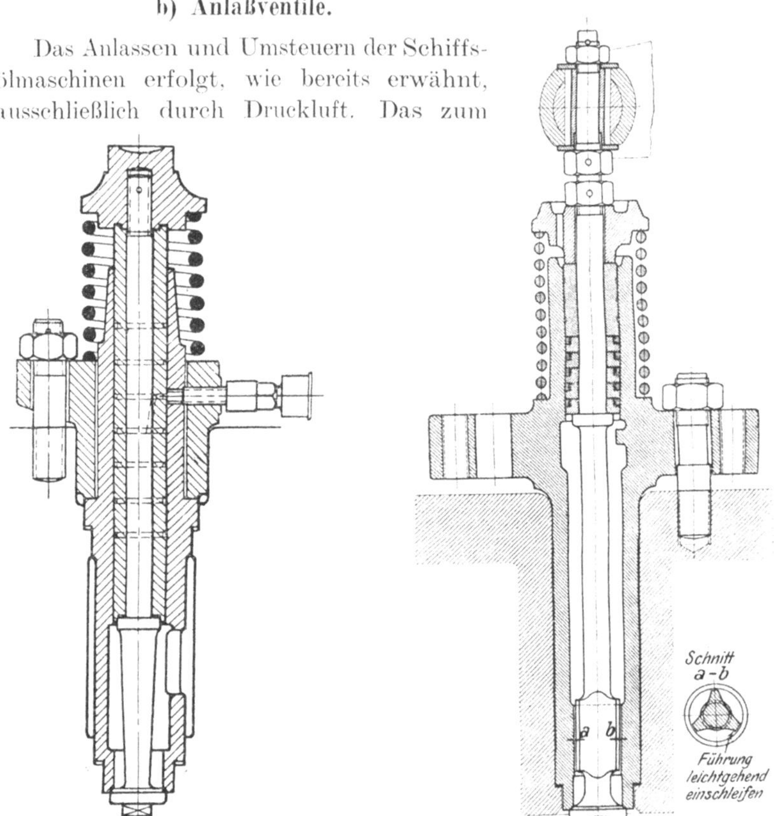

Abb. 30. Anlaßventil. Ventilspindel als Entlastungskolben ausgebildet.

Abb. 31/32. Anlaßventil. Ventilspindel mit Federring-Dichtung.

Einführen der Luft in den Arbeitszylinder erforderliche Ventil wird also nur während weniger Umdrehungen beim Ingangsetzen der Maschine betätigt und ruht während der eigentlichen Betriebsdauer der Maschine fest auf seiner Sitzfläche auf. Bauausführungen von Anlaßventilen zeigen die Abb. 30—34.

Das Material der Ventilgehäuse besteht in der Regel aus Gußeisen, das der Ventilkegel aus Rübelbronze oder Nickel- bzw. Tiegelstahl. Die bisweilen als Entlastungskolben ausgebildete Ventilspindel (Abb. 30) ist in der gußeisernen Führungsbüchse sauber einzuschleifen, falls nicht der Kolben zur Abdichtung mit besonderen federnden Ringen, wie aus Abb. 31 ersichtlich, ausgerüstet ist. Das Ventilgehäuse, das vielfach noch durch einen besonderen Überwurfflansch oder eine Überwurfmutter gehalten wird, ist zur sicheren Abdichtung stets konisch in den Zylinderdeckel einzulassen.

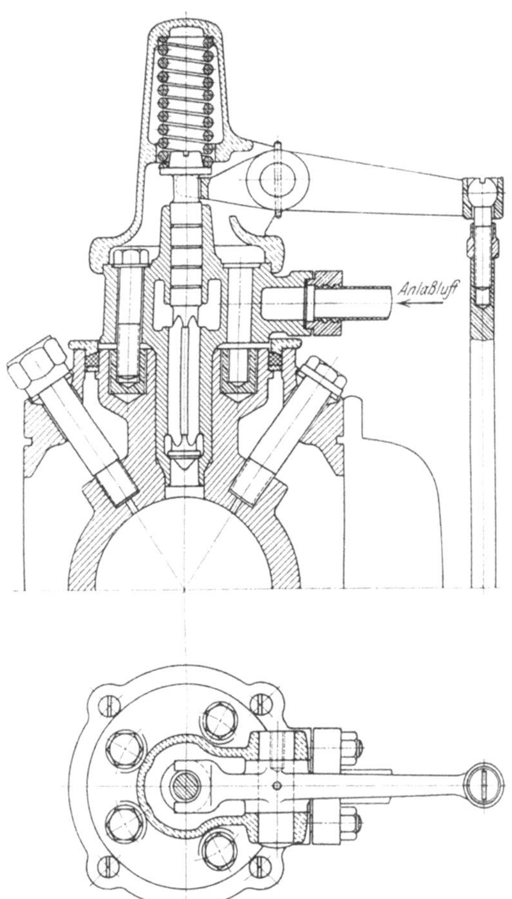

Abb. 33/34. Anlaßventil mit nach außen öffnender Spindel.

Die Betätigung der durch Federdruck belasteten Ventile erfolgt ausnahmslos durch Hebel, die von einer Nockenwelle gesteuert werden.

Öffnen die Anlaßventile nicht, wie in den Abb. 30 und 31, nach dem Inneren des Arbeitszylinders, sondern nach außen (Abb. 33), so kann das Anlaßventil gleichzeitig als Sicherheitsventil dienen. Eine derartige Anordnung für ein horizontal liegendes Anlaßventil einer Ölmaschine mit gegenläufigen Kolben zeigen die Abb. 33 und 34.

Das Anlaßventil besteht aus einem hohlen, gußeisernen Ventilkörper, der in die Wandung des Arbeitszylinders eingelassen ist und an den die Anlaßluftleitung seitlich angeschlossen ist. Die nach außen öffnende Ventilspindel ist durch eine Feder belastet, die in der auf dem Ventilkörper aufgesetzten Haube gelagert ist. Die Steuerung des Ventils erfolgt in üblicher Weise durch einen Nockenhebel, der in der Federhaube gelagert ist.

Erfahrungen: Da sich die Anlaßventile infolge des auf ihnen lastenden Überdrucks meist nach dem Inneren des Zylinders öffnen, sind sie während der langen Ruhepausen in besonderem Maße der hohen Temperatur des Verbrennungsraums ausgesetzt. Um kein Festbrennen der Ventile eintreten zu lassen, sind sie in kürzeren Zwischenräumen, jedenfalls aber vor jeder in Aussicht stehenden Manöverperiode, auf ihre Gangbarkeit zu untersuchen und von Hand oder unter Zuhilfenahme einer Hebelvorrichtung zu bewegen.

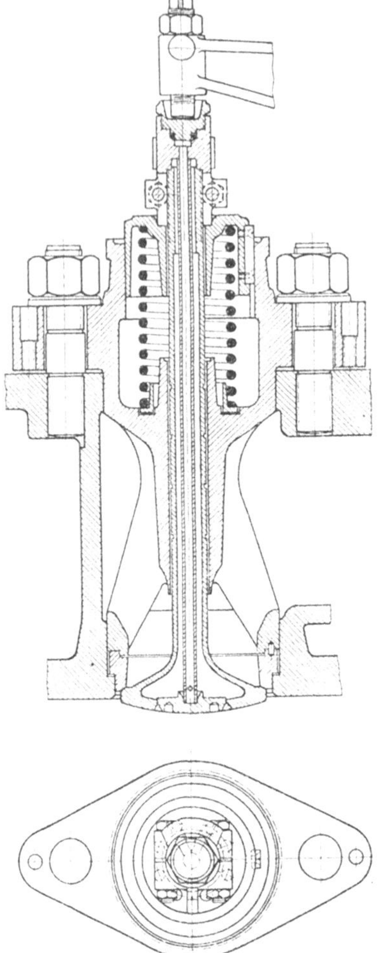

Abb. 35/36. Auspuffventil mit Innenkühlung.

Undichte Anlaßventile erschweren das Ingangsetzen der Maschine oder machen es unter Umständen unmöglich, da durch die durch das Ventil hindurchtretende kalte Anlaßluft die Zündtemperatur stark herabgemindert wird bei gleichzeitiger Verdünnung des Gasgemisches.

Instandhaltung: Undichtigkeiten des Anlaßventils zeigen sich durch stärkere Erwärmung der an den Zylinderdeckel anschließenden Anlaßluftleitung. Die Prüfung der Ventile auf Dichtheit wird durch Unterdrucksetzen der Anlaßleitung bei geöffneten Indikatorhähnen vorgenommen. Zweckmäßig wird hierbei die Umsteuerung der Ölmaschine in die Mittelstellung gelegt, da in dieser Lage alle Steuerventile geschlossen sind. Die Anlaßventile sind mindestens alle 6 Monate auszubauen und in allen Teilen gründlich zu überholen.

Die Anlaßventilgehäuse sind einem Prüfungsdrucke von 75 at zu unterziehen.

c) Auspuffventile.

Das gewöhnlich nur bei Viertaktmotoren vorhandene Auspuffventil ist infolge der hohen Temperatur und Geschwindigkeit der ausströmenden Verbrennungsgase besonders der Zerstörung ausgesetzt. Um den schädlichen Temperatureinflüssen auf die Sitzflächen des Ventils zu begegnen, werden im Schiffsölmaschinenbau die Ventilkegel fast ausnahmslos mit Wasser gekühlt.

Die Abb. 35 zeigt eine Ausführung eines derartigen Auspuffventils, bei der das Kühlwasser dem Ventilkegel durch ein in der Ventilspindel angeordnetes Einsteckrohr zugeführt wird, um außerhalb desselben wieder aufwärts zu steigen und die Spindel und Spindelführung zu kühlen. Die Verbindung zwischen der Ventilspindel und der Kühlwasserleitung wird durch ein biegsames Rohr oder eine Schlauchverbindung hergestellt.

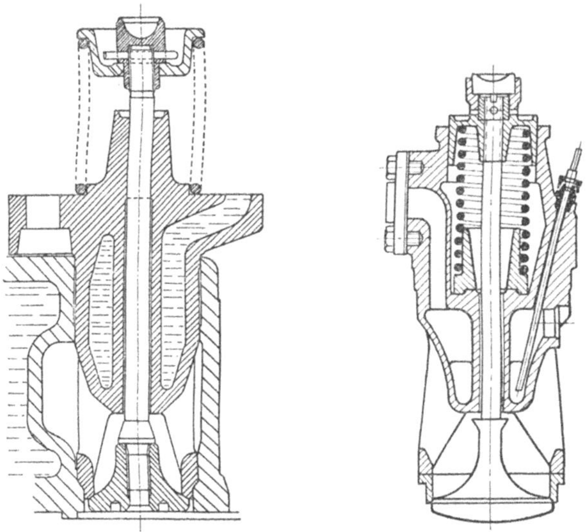

Abb. 37 u. 38. Auspuffventile mit gekühlten Gehäusen.

Als Material für die Ventilsitze hat sich ein hitzebeständiges, dichtes Gußeisen gut bewährt; zum Schutze gegen Zerfressen der Ventilteller wird besonders bei leichten Ausführungen mit Vorteil auch ein 10—20-prozentiger Nickelstahl verwandt.

Andere Ausführungsformen, bei der nur die Ventilgehäuse gekühlt werden, die aber nur für kleinere Maschinenleistungen ausreichend erscheinen, sind in den Abb. 37 und 38 wiedergegeben.

Die Öffnung der Ventile erfolgt durchweg zwangsläufig durch Rollenhebel und Nocken, der Schluß wird durch Federkraft bewirkt. Der Ventilsitz ist meistens auswechselbar (Abb. 37); durch den Druck des Ventilgehäuses wird der Sitz in der konischen Bohrung des Zylinderdeckels festgehalten (Abb. 35).

Erfahrungen: Nicht ausreichende Kühlung der Umgebung der Auspuffventilsitze hat vielfach dazu geführt, daß Risse in den Zylinderdeckeln der Ölmaschinen, ausgehend von den Auspuffventilsitzen, eintraten (vgl. S. 52). Die Ursache derartiger Zerstörungen ist meistens in der zu hohen Kühlwassertemperatur der Deckel zu suchen, die 55—60° C nicht übersteigen sollte, da sich anderenfalls in der Nähe der den hohen Temperaturen ausgesetzten Auspuffventilsitze schon bei den angegebenen Kühlwassertemperaturen tatsächlich kein Wasser mehr, sondern Dampf befindet, der die Kühlung völlig unterbindet.

Instandhaltung: Falls sich nicht besondere Undichtigkeiten der Auspuffventile im Betriebe zeigen, die sich im Aussetzen der Zündung als Folgen ungenügender Kompression bemerkbar machen, sind die Ventile wenigstens alle 3—4 Monate gründlich nachzusehen und neu einzuschleifen. Die Dichtheit der Ventile wird dabei, wie für die Einlaßventile (vgl. S. 64) beschrieben, durch Unterdrucksetzen des Verbrennungsraums mittelst Einblaseluft geprüft. Durch Öffnen der Probierhähne der Auspuffleitung kann festgestellt werden, ob Druckluft durch die Auspuffventile entweicht. Vor allem sind auch das Innere der Ventilkegel sowie die Kühlwasserräume des Ventilgehäuses gründlich von Ablagerungen zu reinigen.

Die Auspuffventile müssen leicht zu bewegen sein. Gewöhnlich wird von den Ölmaschinen bauenden Firmen eine Hebelvorrichtung mitgeliefert, mittelst der die Steuerhebel der Ventile angelüftet werden können, um die leichte Gangbarkeit der Ventile besonders nach längeren Ruhepausen nachprüfen zu können.

d) Einsaugeventile.

Durch das bei Viertaktmotoren stets vorhandene, bei Zweitaktmaschinen auch durch Spülschlitze in den Zylinderwandungen ersetzbare Einsaugventil wird dem Arbeitszylinder die für die Durchführung des Dieselverfahrens notwendige Verbrennungsluft unter atmosphärischem Druck zugeführt.

Die Einsaugventile werden für Schiffsölmaschinen ausschließlich zwangsläufig gesteuert, und zwar in gleicher Weise wie die Auspuffventile am einfachsten durch Nocke und Hebelrolle. Da die Ventile durch die in den Zylinder einströmende Verbrennungsluft wirksam gekühlt werden, kann von einer besonderen Wasserkühlung Abstand genommen werden.

Ihrer Bauart nach sind die Einsaugventile meist federbelastete Kegelventile; normale Ausführungsformen zeigen die Abb. 39 und 40. Ventilteller und -spindel sind meistens aus einem Stück geschmiedet. Der Federteller wird gewöhnlich durch eine Begrenzungsmutter gesichert; das obere Ende der Ventilspindel ist gehärtet, um den Druck des Ventilhebels aufzunehmen. Die Einstellung des Rollenhebels, der das Ventil betätigt, erfolgt durch Verdrehen der Begrenzungsmutter.

Der auswechselbare Ventilsitz (Abb. 39) wird durch den Druck des Ventilgehäuses in der Aussparung des Zylinderdeckels festgehalten; die Abdichtung erfolgt durch eine zwischen Ventilsitz und Zylinderdeckel liegende gewellte Kupferscheibe.

Erfahrungen: Die einfache Befestigung der Ventilspindel im Federteller mittelst Gewinde ist meist nur von kurzer Lebensdauer. Die Sicherung des Federtellers gegenüber der Spindel erfolgt daher besser durch Keile oder Klemmuttern.

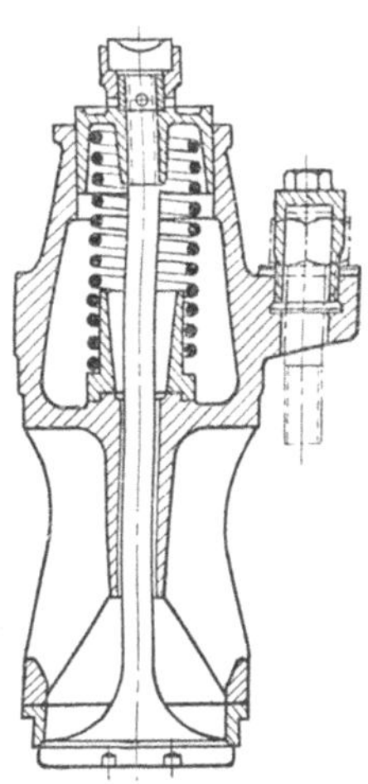

Abb. 39. Einsaugeventil.

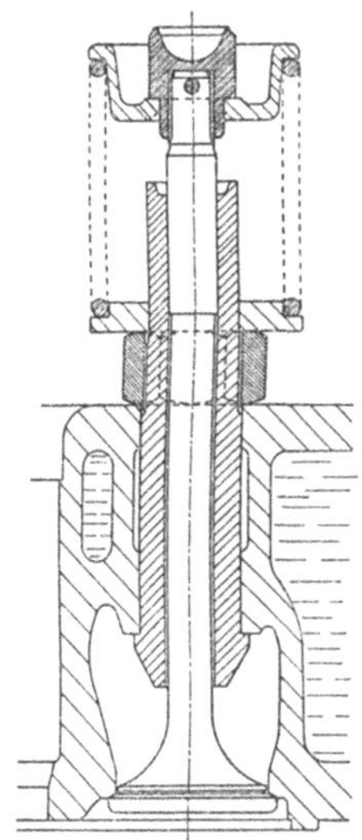

Abb. 40. Einsaugeventil.

Instandhaltung: Die im Betriebe durch die in den Arbeitszylinder einströmende Luft dauernd gekühlten Einsaugventile sind kaum wesentlichen Abnutzungen unterworfen. Es genügt daher im allgemeinen, diese Ventile nur gelegentlich der regelmäßigen Überholungsarbeiten der Gesamtmaschinenanlage nachzusehen.

Um die Dichtheit des Einsaugeventils zu prüfen, wird die Kurbel des betreffenden Zylinders in die obere Totpunktstellung gedreht, der Anlaßhebel in die Betriebsstellung gelegt und von dem Einblasegefäß Druckluft durch das Brennstoffventil in den Zylinder gegeben. Hört man keine Luft durch den Luft-Einsaugeraum entweichen, so ist das Einsaugeventil dicht.

e) Spülluftventile.

Aufgabe der Spülluftventile ist es, die Steuerung der den Arbeitszylindern der Zweitaktölmaschinen zum Austreiben der Verbrennungsgase zuzuführenden Spülluft und der für den folgenden Arbeitsprozeß erforderlichen Verbrennungsluft zu übernehmen.

Da die Luftauswaschung zur Verminderung der Spülpumpenarbeit mit möglichst geringem Überdruck vorgenommen werden muß, der nicht mehr als 0,1—0,2 at betragen sollte, sind die Querschnitte der Spülventile so groß als irgend möglich zu halten.

Je nach dem im Zylinderdeckel für die Anordnung der Ventile zur Verfügung stehenden Platz kommen dieselben als Einzelventile oder in Gruppenanordnung von zwei, drei und vier Stück zur Ausführung.

Das Spülventil entspricht seiner Bauart nach dem Auspuffventil; von einer besonderen Kühlung des Ventilkegels wird jedoch im Hinblick auf kühlende Wirkung der kalten Spülluft meist Abstand genommen.

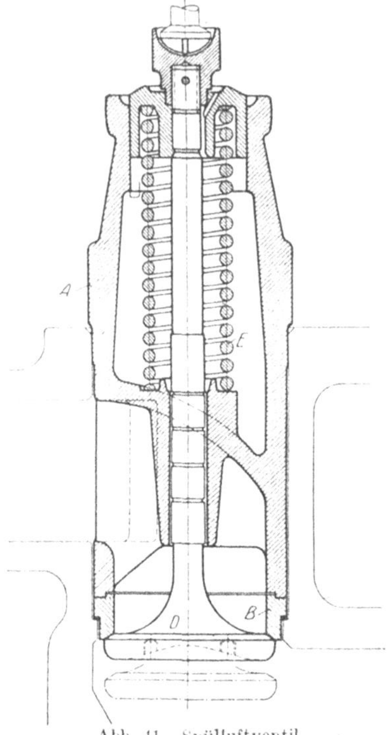

Abb. 41. Spülluftventil.

Da die Spülluftventile meist in sehr kurzer Zeit auf große Hübe eröffnet werden müssen und bei geringsten Gewichten doch große Festigkeit aufweisen müssen, werden Ventilteller und -spindel meist aus einem Stück und S.-M.-Stahl gefertigt. Das in der Abb. 41 wiedergegebene Spülventil einer Germania-Zweitaktmaschine besteht aus einer in dem gußeisernen Ventilgehäuse *A* eingeschliffenen Stahl-Ventilspindel mit Teller *D*, die durch die Feder *E* auf den Ventilsitz *B* gepreßt wird und die sich gegen den Druck im Arbeitszylinder öffnet. Von einer besonderen Wasserkühlung des Ventilgehäuses *A*, die auch bisweilen angetroffen wird, ist im vorliegenden Falle Abstand genommen worden.

Da die praktische Durchführung des Zweitaktverfahrens und seine Überlegenheit gegenüber dem Viertaktprozeß im wesentlichen von der zweckmäßigen Durchbildung des Ausspül- und Ladevorgangs abhängt, ist man dazu gekommen, die in ihrer Größenbestimmung an die Deckelabmessungen gebundenen Spülventile ganz zu umgehen und durch Spülschlitze im unteren Teil des Zylinders zu ersetzen, die von der Bodenkante des Arbeitskolbens gesteuert werden.

Die hierdurch erreichte wesentlich einfachere Gestaltung des Zylinderdeckels und die Möglichkeit, mit großen Spülluftmengen unter nur geringem Überdruck eine nahezu restlose Ausspülung des Zylinders von den Verbrennungsgasen zu erreichen, haben die Mehrzahl der Zweitakt-Schiffsölmaschinen bauenden Firmen veranlaßt, zu Spülluftschlitzen an Stelle von Spülventilen überzugehen. Hinzu kommt, daß bei Anordnung einer zweiten Reihe Spülluftschlitze ein Mittel gegeben ist, durch ein entsprechendes Nachfüllen von Verbrennungsluft durch eine zweite Reihe Spülluftschlitze während der Kompressionsperiode den mittleren Arbeitsdruck und damit die Leistung der Ölmaschine zu erhöhen.

Die praktische Durchbildung einer derartigen Bauart wird in Teil VII, Abschnitt 2a näher erläutert.

Erfahrungen: Die wesentlichste Schwierigkeit bei der Verwendung von Spülventilen bietet die Ausgestaltung des äußeren Antriebs der Spülventile, namentlich wenn es sich um raschlaufende Ölmaschinen, wie etwa im U-Bootsbau mit 350—450 Umdrehungen in der Minute, handelt. Da die Spülventile etwa 10 v. H. vor Totpunkt eröffnen und etwa 25 v. H. nach Totpunkt schließen, umfaßt die Eröffnungsdauer der Spülventile einen Kurbelwinkel von rund 100°, entsprechend einer Eröffnungsdauer von

$$\frac{100}{360} \cdot \frac{60}{n} = \frac{16{,}7}{n} \text{ sec}$$

oder für eine Groß-Handelsschiffmaschine mit $n = 100$ Umdrehungen in der Minute $\frac{16{,}7}{100} = 0{,}167$ sec, für eine U-Boots-Ölmaschine mit $n = 380$ Umdrehungen in der Minute $\frac{16{,}7}{380} = 0{,}0439$ sec. Um die infolge der großen Geschwindigkeiten auftretenden Beschleunigungskräfte sicher zu beherrschen, ist leichteste Bauart und sorgfältigste Werkstattausführung der Ventile erforderlich.

f) Sicherheitsventile.

Das Sicherheitsventil soll das Auftreten unzulässiger Drucke, wie sie als Folge explosibler Zündungen infolge Hängenbleibens von Brennstoffnadeln oder beim Anlassen der Maschine mit zu hohem Einblasedruck eintreten können, verhindern. Seiner Bauart nach ist das Sicherheitsventil für Schiffsölmaschinen stets ein federbelastetes Kegel- oder Tellerventil, das meistens im Zylinderdeckel, bisweilen auch im Verbrennungsraum der Zylinderwandungen angeordnet wird.

In der in Abb. 42 dargestellten Ausführungsform wird der Überdruck im Zylinderinnern nach Überwindung des Federdrucks durch die hohlgebohrte Ventilspindel ins Freie abgeleitet. Die Einstellung des Ventils wird durch mehr oder weniger starkes Anziehen der auf die Spiralfeder *a* drückenden Mutter *b* bewirkt, die gegen Nachspannen im Betriebe durch die Unterlegscheibe *c* gesichert wird. Eine weitere Ausführungsform eines Sicherheitsventils in Verbindung mit einem Anlaßventil ist in den Abb. 33 und 34 wiedergegeben.

Erfahrungen: Die zerstörenden Wirkungen explosibler Zündungen sind trotz des Vorhandenseins von Sicherheitsventilen nicht immer abgehalten worden, da die Ventile oft viel zu hoch eingestellt waren. Nach praktischen Erfahrungen sollten die Sicherheitsventile nicht höher als für 50—55 at eingestellt werden.

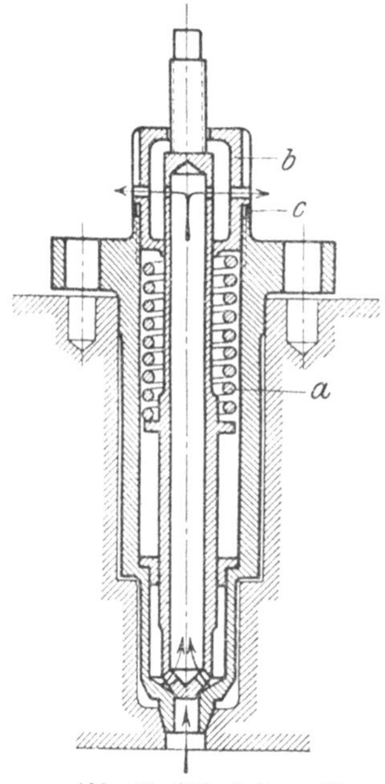

Abb. 42. Sicherheitsventil.

Undichtigkeiten der Ventile im Betriebe werden nur dann eintreten, wenn dieselben infolge unzulässig hoher Verbrennungsdrucke öfters abblasen; daher muß auch ein Einstellen der Ventile unterhalb der angegebenen Grenze vermieden werden.

Weitere Ursachen häufigen Abblasens der Sicherheitsventile können außer den oben erwähnten in Undichtigkeiten der Brennstoffventile oder im Nachlassen der Federspannung zu suchen sein; schließlich können auch Undichtigkeiten in den Abstellvorrichtungen der Brennstoffpumpen vorliegen, so daß größere Treibölmengen in die Arbeitszylinder gelangen, die beim Anlassen der Maschine zu heftigen Zündungen führen.

Instandhaltung: Die Sicherheitsventile sind durch öfteres Anlüften der Ventilspindeln dauernd auf Gangbarkeit zu prüfen.

Undichtwerden der Ventile im Betriebe zeigt sich durch Heißwerden der Ventilgehäuse; die Ventilkegel sind in diesem Falle so bald als möglich nachzuschleifen.

g) Schwungräder.

Für die im Schiffsmaschinenbau üblichen Drei- und Vierfach-Expansionsmaschinen in Drei- und Vierzylinderanordnung sind Schwungräder im allgemeinen unbekannt. Einmal ist bei derartigen doppeltwirkenden Mehrzylinderdampfmaschinen der Ungleichförmigkeitsgrad nicht allzu erheblich, zum anderen liegt für die Schiffsdampfmaschine, ruhige See vorausgesetzt, dauernd der gleiche Propellerwiderstand vor, so daß sich die Notwendigkeit, durch Einbau eines Schwungrades eine Regulierung der Umlaufsgeschwindigkeit der Maschine vorzunehmen, kaum ergibt.

Bei der Ölmaschine liegen die Verhältnisse wesentlich anders. Es fehlt hier die bei den Dampfkraftanlagen in dem Arbeitsdampf dauernd zur Verfügung stehende Kraftquelle, mit deren Hilfe die Massenträgheit der umlaufenden und hin- und hergehenden Maschinenteile bei der Inbetriebsetzung, dem Umsteuern und Manövrieren der Maschine überwunden wird. Dem Gleichdruckmotor steht zur Einleitung dieser Manöver für die ersten Umdrehungen der Maschine Druckluft zur Verfügung, die aber infolge des begrenzten Vorrates nach Eintritt der Zündungen baldmöglichst abgesetzt werden muß. Die Dauer dieses Übergangs von Druckluft- auf Ölbetrieb ist in vielen Fällen von der Geschicklichkeit des die Manöver ausführenden Maschinisten abhängig. Würde während dieser Periode nicht die in dem Schwungrad aufgespeicherte lebendige Kraft die Eigenwiderstände des Motors sowie die zum Ansaugen und Komprimieren der Gase aufzuwendende Arbeit überwinden helfen, so würde die Maschine wohl bei der Mehrzahl der Manöver, den Motor auf Treiböl zu schalten, wieder zum Stillstand kommen.

Bei allen in Fahrt befindlichen Motorschiffen, und zwar sowohl bei den nach dem Viertakt als auch nach dem Zweitakt arbeitenden Anlagen, sind daher bis heute ausnahmslos Schwungräder zum Einbau gelangt.

VI. Besondere Bauteile und Einrichtungen.

1. Brennstoffpumpen und Brennstoffregulierung.

Der Brennstoffpumpe fällt die Aufgabe zu, das ihr aus dem Tagesbedarf- oder Verbrauchs-Brennstoffbehälter nach Durchströmen eines *Filters* zufließende Treiböl nach dem Brennstoffventil zu drücken. Von diesem wird es zu Beginn eines jeden Verbrennungshubes mittelst der unter hohem Druck stehenden Einblaseluft fein zerstäubt in den durch den Kompressionshub mit hoch erhitzter Luft angefüllten Arbeitszylinder gespritzt, um hier in einer dem jeweiligen Kraftbedarf der Ölmaschine angepaßten Menge arbeitsleistend möglichst vollkommen zu verbrennen.

Bei den ersten Mehrzylinder-Schiffsölmaschinen war für je zwei und mehr Zylinder meist nur eine Brennstoffpumpe vorgesehen. Eine Regulierung der Brennstoffzufuhr für die einzelnen Arbeitszylinder war damit ausgeschlossen. Jede Störung in der Zufuhr des Treiböls für ein Brennstoffventil mußte zu einer ungleichmäßigen Versorgung auch aller übrigen Ventile führen. Als anerkannter Grundsatz gilt heute, jeden Zylinder von Schiffsölmaschinen mit einer eigenen, möglichst vom Maschinistenstande aus leicht zu regulierenden Brennstoffpumpe auszurüsten.

Die Hauptteile einer derartigen Brennstoffpumpe sind der eingeschliffene, ohne besondere Packung laufende Tauchkolben, das gesteuerte Saugventil, zwei hintereinander sitzende Druckventile und eine Vorrichtung zum Aufpumpen der Brennstoffdruckleitungen von Hand.

Die Abb. 43 zeigt ein flußeisernes Brennstoffpumpengehäuse der Germaniawerft, dem der flüssige Brennstoff durch eine Rohrleitung zufließt, nach dem federbelasteten Saugventil *F* gelangt und von diesem durch die Bohrung *G* den Druckventilen zugeführt wird, die senkrecht übereinandersitzen und von denen das untere mit einer Überdruckvorrichtung in Verbindung steht. Der Pumpenkolben bewegt sich in der aus Tiegelstahl bestehenden Führungsbüchse *E*, in der der Kolben sauber eingeschliffen ist. Eine Handpumpvorrichtung *P* dient zum ersten Aufpumpen der Brennstoffleitungen von der Brennstoffpumpe bis zum Brennstoffventil.

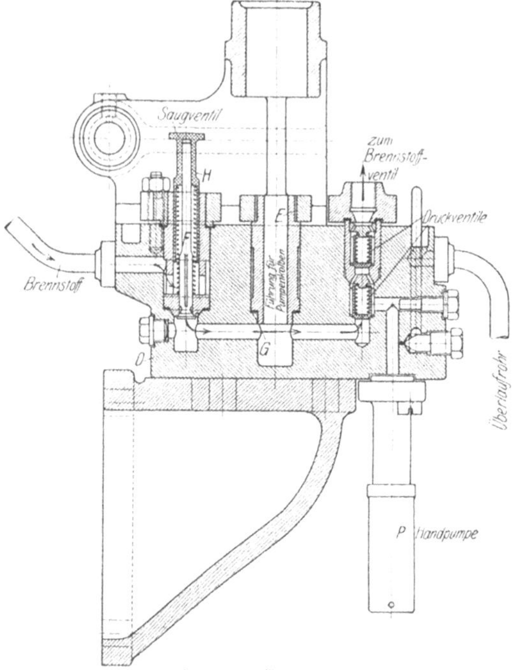

Abb. 43. Brennstoffpumpe.

Die Kolben der einzelnen Pumpenzylinder sind meist in Gruppen zusammengefaßt, die an einer gemeinsamen Traverse oder an einem Kreuzkopf hängen, die mittelst eines Exzenters oder von einer Kurbelwelle aus angetrieben werden.

Da die Pumpen pro Verbrennungshub nur sehr kleine, meist nur wenige Gramm betragende Treibölmengen gegen den hohen Einblasedruck von 50—60 at zu fördern haben, ist ein gutes Dichthalten der eingeschliffenen Pumpenkolben ein Haupterfordernis.

Das Pumpengehäuse besteht wegen der aufzunehmenden großen Drucke entweder aus einem Block aus geschmiedetem Stahl, Flußeisen oder aus einem massiven Bronzekörper, aus dem die Saug- und Druckkanäle ausgebohrt werden.

Der Brennstoff soll im allgemeinen von den Brennstoffpumpen nicht angesaugt werden, sondern den Saugventilen aus den Brennstoffbehältern zufließen. Zur Erzielung einer gleichbleibenden Druckhöhe ist zwischen Brennstoffbehälter und Saugventil der Pumpe meist noch ein kleinerer Ölbehälter mit einer Schwimmereinrichtung vorgesehen.

Die Regelung der Förderleistung der Brennstoffpumpe erfolgt ganz allgemein durch ein längeres oder kürzeres Offenhalten des Saugventils, dessen Eröffnung durch einen Schwinghebel mit veränderlichem Hub gesteuert wird. Am Ende des Schwinghebels ist meist eine Stell-

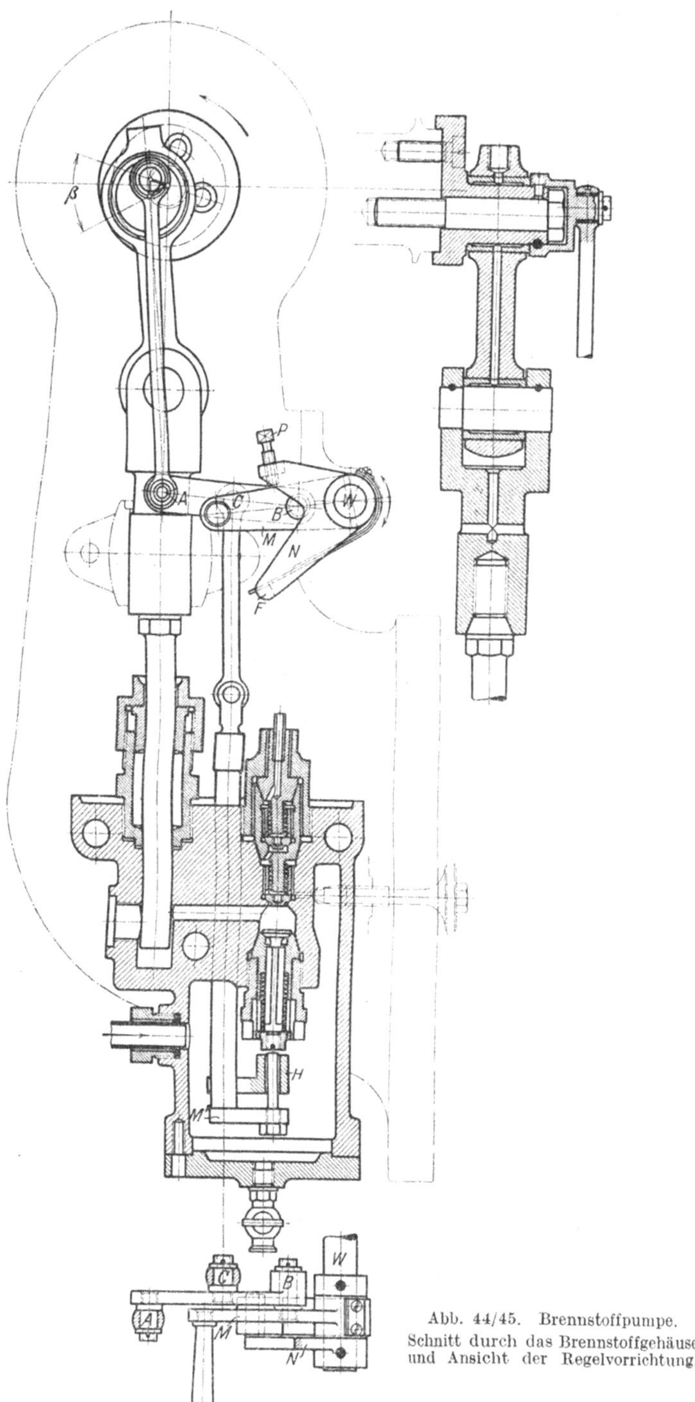

Abb. 44/45. Brennstoffpumpe. Schnitt durch das Brennstoffgehäuse und Ansicht der Regelvorrichtung.

schraube vorgesehen, mittelst der der frühere oder spätere Schluß der Ventileröffnung eingestellt und damit die Pumpenleistung geregelt werden kann. Ein Ausführungsbeispiel dieser Art zeigen die Abb. 44 und 45. Die Größe dieser Hubveränderung kann sowohl von Hand als auch durch einen zwangsläufig angetriebenen Zentrifugalregulator erfolgen, der besonders bei plötzlicher Entlastung der Maschine, wie sie beim Austauchen der Schiffsschraube eintritt, durch längeres Anlüften des Saugventils durch die unterhalb des Ventils angeordnete, einstellbare Spindel *M* die dem Arbeitszylinder zuzuführende Brennstoffmenge mindert und damit ein Überschreiten der zulässigen höchsten Umdrehungszahlen verhindert.

Bei der Nullfüllung der Pumpe hält der Schwinghebel das Saugventil so lange angelüftet, bis sich der Kolben der Pumpe am Ende des Druckhubes befindet. In dieser Stellung der Regelvorrichtung wird kein Brennstoff der Öldruckleitung und damit dem Brennstoffventil zugeführt; die Arbeitsleistung im Ölmaschinenzylinder wird damit gleich Null, d. h. die Verbrennung setzt aus.

Ergibt sich daher aus irgendeinem Grunde im Betriebe die Notwendigkeit, die Zündung des Zylinders abzuschalten, so braucht nur das Saugventil der Brennstoffpumpe offengehalten zu werden. Gewöhnlich sind besondere Hebel vorgesehen, die mit einem Handgriff ermöglichen, die Saugventile dauernd zu öffnen und damit die Ölmaschine augenblicklich zum Stillstand zu bringen.

Diese Veränderung des Saughubes von Hand dient gleichzeitig zur Regulierung der Umdrehungszahlen der Maschine.

Besonders nachteilig für das ungestörte Arbeiten der Brennstoffpumpen ist das Vorhandensein von Luftsäcken im Pumpengehäuse. Da durchschnittlich gegen einen Druck von 60 at gefördert werden muß, werden schon geringe eingeschlossene Luftmengen infolge ihrer Expansion während des Saughubes größere Unregelmäßigkeiten in der Förderleistung der Pumpe hervorbringen. Da auch auf dem Druckventil von der Seite der Brennstoffdüse her dauernd der hohe Einblasedruck lastet, sollten in jeder Treibölpumpe zwei übereinanderliegende Druckventile, von denen das zweite als Rückschlagventil wirkt, angeordnet werden.

Erfahrungen: Ein Versagen der Brennstoffpumpen im Betriebe infolge abgenutzter Ventile ist äußerst selten; höchstens treten Störungen in der Brennstofförderung infolge mit dem Treiböl eingedrungener Verunreinigungen ein, die sich zwischen den Pumpenventilen und Sitzen festklemmen.

Zeigen die Verbrennungsdiagramme, daß ein Arbeitszylinder zu wenig Brennstoff bekommt, da die Diagrammfläche zu schmal ausfällt, so sind, falls die Ventilerhebungen der Saugventile gleichmäßig eingestellt sind, zunächst die Ventile nachzuschleifen, da in diesem Falle meist Ventilundichtigkeiten vorliegen.

Erst wenn hierdurch keine Abhilfe geschaffen wird, sollte ein Nachregulieren der Stellschraube am Ventilhebel vorgenommen und dem Zylinder mehr Brennstoff gegeben werden. Die Farbe des Auspuffs ist hierbei sorgfältig zu prüfen. Schwärzlich-grauer Rauch deutet immer auf zu reichliche Brennstoffzufuhr.

Beim Zusammenbau der Pumpe ist darauf zu achten, daß sich zwischen den Saug- und Druckventilen keine Luft befindet, da diese aus dem oben angeführten Grunde ein Versagen der Pumpe herbeiführen würde. Die Brennstoffpumpe ist daher nach jeder Überholung auf einwandfreies Arbeiten von Hand zu prüfen. Die Ölmaschine wird zu diesem Zweck derart gedreht, daß der Pumpenkolben etwa am Ende des Druckhubes steht; das Einsaugventil also vollständig geschlossen ist. Wird nun die Brennstoffpumpe bei geöffneten Probierhähnen oder -schrauben (zwischen den Saug- und Druckventilen) durch die Einblaseleitung unter Druck gesetzt, so darf bei dichten Druckventilen keine Einblaseluft aus den Probierschrauben treten.

Sind die Druckventile in Ordnung, so wird das Pumpengehäuse mit der Handpumpvorrichtung aufgepumpt, bis keine Luftblasen mehr den Probieröffnungen entweichen. Nach Schließen derselben hat alsdann noch ein Aufpumpen der Treibölleitungen und des Brennstoffventilgehäuses zu erfolgen.

Da die Pumpenkolben meist keine Packung besitzen, sondern nur öldicht eingeschliffen sind, sind die Pumpenstempel von Zeit zu Zeit nachzuschleifen, oder sofern ein Dichtwerden gegen den Pumpendruck nicht mehr zu erreichen ist, durch neue zu ersetzen.

2. Einblaseluftpumpen (Kompressoren).

a) Aufbau, Antrieb und Größenbemessung; Schmierölexplosionen.

Die für jede Gleichdruckmaschine notwendige Einblaseluftpumpe hat die Aufgabe, die zur Zerstäubung des Treiböls sowie zum Anlassen und Umsteuern erforderliche Druckluftmenge zu beschaffen. Sie wird in der Regel so groß bemessen, daß sie während des normalen Betriebes auch die Anlaßgefäße mit aufzuspeisen vermag. Da von der Zuverlässigkeit der Einblaseluftpumpe die Betriebssicherheit der Gesamtanlage abhängt, muß der an Bord eingebaute Kompressor auf das sorgfältigste durchgebildet sein und dauernd eingehendster Überwachung unterworfen werden.

Mit Rücksicht auf die Platzverhältnisse kommen für Schiffsanlagen nur stehende Einblaseluftpumpen in Betracht. Sie sind zudem den liegenden in betriebstechnischer Hinsicht überlegen, da alle Ventile senkrecht, oder doch nur unter kleinem Winkel zur Zylinderachse geneigt, angeordnet werden können.

Da einstufige Luftpumpen wirtschaftlich nicht für höhere Drucke als 5—6 at gebaut werden können, finden wir an Bord der Motorschiffe durchweg zwei- und dreistufige, für neuere, große Anlagen auch vierstufige Kompressoren. Alle Luftpumpen müssen zur Vermeidung zu hoher Endtemperaturen Mantel- und Deckelkühlung erhalten, da durch die Wärmeabfuhr eine Verringerung des Luftvolumens und damit eine wesentliche Verminderung des Arbeitsaufwandes erzielt wird. Da die Mantelkühlung in erster Linie zur Schonung der Zylinderlaufflächen dient, wird der Luft außerdem noch in besonderen, zwischen den einzelnen Druckstufen angeordneten Luftkühlern die Kompressionswärme entzogen. Diese Luftkühler bestehen entweder aus Rohrschlangen, die unmittelbar in den die Arbeitszylinder der Luftpumpe umschließenden Wasserräumen eingebaut sind, oder aus außerhalb derselben angeordneten Röhrenapparaten. Die Anordnung von Kühlschlangen in den Wasserräumen hat den Nachteil, daß die Rohre zu Reinigungszwecken meist sehr schlecht zugänglich sind, so daß heute Röhrenapparate, besonders auch wegen ihrer größeren Leistungsfähigkeit, in steigendem Maße zur Verwendung gelangen.

Die im Schiffsölmaschinenbau üblichen Einblaseluftpumpen werden fast ausnahmslos mit Stufenkolben ausgeführt, bei denen sich also mehrere Druckstufen in derselben Zylinderachse übereinander befinden. Dreistufige Luftpumpen können dabei mit einem oder zwei Zylindern ausgebildet werden. Im ersten Falle liegen alle drei Stufen übereinander, und der Antrieb erfolgt nur von einer Kurbel, im anderen Falle wird die Niederdruckstufe untergeteilt. Die erste Kurbel treibt dann die eine Hälfte des Niederdruckkolbens und den Mitteldruckkolben, die zweite Kurbel die andere Niederdruckkolbenhälfte und den Hochdruckkolben.

Die gleiche Kolbenunterteilung findet man bei den vierstufigen Einblasepumpen, bei denen Niederdruck- und Mitteldruck I-Kolben von der einen und Mitteldruck II- und Hochdruckkolben von der anderen Kurbel angetrieben werden.

Eine andere Unterteilung der Druckstufen wird bisweilen bei vierstufigen Luftpumpen angewandt, um eine möglichst gleichmäßige Verteilung der Arbeitsleistungen auf die beiden Kurbeln zu erreichen. Die Unterteilung erfolgt dann in der Weise, daß die beiden niedrigsten Druckstufen je zu einer Hälfte auf die beiden Kolben verteilt werden, während die zweite Mitteldruck- und Hochdruckstufe den dritten, obersten Kolben des einen und anderen Zylinders bilden.

Die Kolben der Einblaseluftpumpen gleichen ihrer Bauart nach den Arbeitskolben der Ölmaschinen. Außer einer größeren Anzahl gegen Drehen gesicherter, federnder, gußeiserner Kolbenringe sind stets ein bis zwei Ölabstreifringe an den der Kurbelbilge zugekehrten Kolben vorzusehen, um zu verhüten, daß Schmieröl in die Kompressionsräume mitgerissen wird.

Die Schmierung der untersten Kolbenstufe erfolgt durch das von den Triebwerksteilen umhergeschleuderte Öl; für die übrigen Kolbenstufen werden Schmierölpressen vorgesehen.

Um die schädlichen Räume der einzelnen Kolben bei etwas ausgelaufenen Kolbenlagern wieder nachstellen zu können, sind die Pleuelstangen und Kurbellager stets geteilt auszuführen, so daß durch Zwischenlegen von Paßblechen die Höhe der schädlichen Räume wieder eingestellt werden kann.

Die Anordnung der Luft-Einsauge- und Überströmventile erfolgt für die Niederdruck- und Mitteldruckzylinder meist in seitlich am Gehäuse der Luftpumpe angeordneten Taschen mit schräg zur Zylinderachse stehender Mittellinie, während die Ventile der obersten Druckstufe im Zylinderdeckel der Pumpe untergebracht werden. Die Luftventile der einzelnen Stufen sind in der Regel federbelastete Plattenventile; sie bestehen aus dem Ventileinsatz, den Ventilplatten, dem Ventilfänger, Ventildeckel, der Druckschraube und der Überwurfmutter. Eine Ausführungsform eines derartigen Ventils für eine Mitteldruckstufe zeigt die Abb. 46; Druckschraube und Überwurfmutter, die den Ventileinsatz in dem Pumpengehäuse festhalten, sind in der Zeichnung weggelassen.

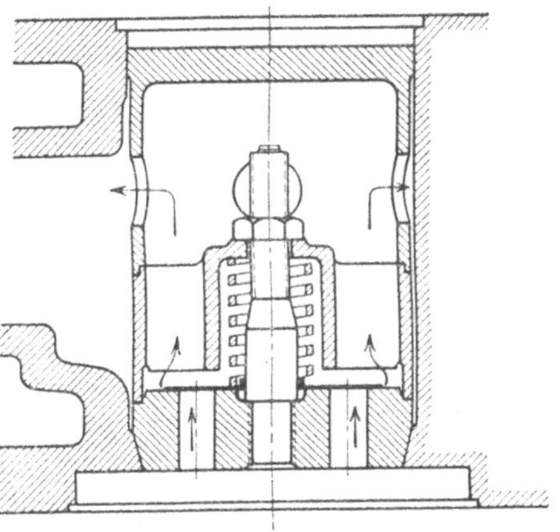
Abb. 46. Druckventil einer Einblaseluftpumpe.

Die anzusaugende Luft wird entweder, nachdem sie einen Filter (Schlitzbleche) sowie einen vom Maschinistenstande aus zu bedienenden Drosselschieber durchströmt hat, unmittelbar dem Maschinenraum oder auch bisweilen der Kurbelbilge entnommen.

Die nicht unmittelbar nach dem Verlassen der Hochdruckstufe in den Brennstoffventilen verbrauchte Einblaseluft wird nach den Einblasegefäßen gefördert, die stets in größerer Zahl im Maschinenraum angeordnet sind.

Jede Druckstufe der Einblasepumpe wird mit einem Sicherheitsventil ausgerüstet, das abblasen soll, sobald der Druck in der betreffenden Stufe infolge undichter Ventile oder Kolben eine zu große Höhe erreicht. Als weitere Sicherheit sind außerdem in den Überströmleitungen von der einen zur folgenden Druckstufe sehr oft gußeiserne Sicherheits-Sprengplatten eingebaut, die durchbrechen, sobald in den Leitungen plötzliche Überdrucke auftreten, die auch durch Abblasen der Sicherheitsventile nicht rasch genug beseitigt werden können.

Ihrer Einrichtung nach sind die Sicherheitsventile federbelastete Kegelventile üblicher Bauart und gleichen den in Abb. 33 und 42 dargestellten Sicherheitsventilen für die Arbeitszylinder.

Wie bereits erwähnt, dient die Einblaseluftpumpe auch zur Förderung der Anlaßluft. Durch ein vom Maschinistenstand aus zu bedienendes Ventil ist es meistens möglich, Einblaseluft nach den Anlaßflaschen überströmen zu lassen. Zu beachten ist dabei, daß das Überströmventil rechtzeitig geschlossen wird beim Stillsetzen der Ölmaschine oder während längerer Manöverperioden, bei denen der Einblasedruck gegebenenfalls unter den Druck der Anlaßgefäße fällt.

Die Bestimmung der Größe der Druckluftpumpen darf nicht allein von dem theoretischen, für Einblase- und Anlaßzwecke benötigten Luftbedarf abhängig gemacht werden; das Lieferquantum an Druckluft muß vielmehr um ein beträchtliches größer sein, da auch bei Langsamfahrt, also verringerten Umdrehungen der Ölmaschine, die Leistung der Luftpumpe noch eine hinreichende sein muß.

Während für Landölmaschinen die Größe der Luftpumpe meist ausreichend bemessen ist, wenn sie den Einblaseluftbedarf mit Sicherheit zu liefern imstande ist, kommt für die Schiffsölmaschine noch hinzu, daß auch die nötige Anlaß- und Manövrierluft in hinreichend kurzer Zeit beschafft werden muß. Die Größe des für eine Schiffsölmaschinenanlage erforderlichen Luftbedarfs kann etwa nach folgenden Gesichtspunkten festgelegt werden:

1. Einschrauben-Motorschiff.

Die Einblaseluftpumpe ist unmittelbar mit der Hauptmaschine gekuppelt. Der Pumpenhubraum der Niederdruckstufe der Druckluftpumpe ist derart zu bemessen, daß derselbe außer der gesamten Einblaseluft für die Hauptmaschine noch eine mindestens 50 prozentige Reserve einschließt.

Ein weiterer, unabhängig von der Hauptanlage angetriebener Hilfskompressor gleicher Größe ist erforderlich.

2. Zweischrauben-Motorschiff.

a) Die Einblaseluftpumpen sind unmittelbar mit den Hauptmaschinen gekuppelt. Ihre Größe ist derart zu bemessen, daß jede der beiden Einblaseluftpumpen in der Lage ist, die gesamte Einblaseluft für beide Hauptmaschinen zu liefern. Außerdem ist wenigstens ein unabhängig von den Hauptmaschinen angetriebener Kompressor vorzusehen, der ausreicht, eine der unmittelbar gekuppelten Einblasepumpen zu ersetzen und sämtliche vorhandenen Anlaßgefäße in höchstens $^1/_2$stündiger Betriebszeit aufzufüllen.

b) Die Einblaseluftpumpen sind nicht mit den Hauptmaschinen gekuppelt. Zwei unmittelbar angetriebene Luftpumpen sind vorzusehen, von denen jede imstande ist, die für beide Hauptmaschinen erforderliche Einblaseluft zu liefern mit wenigstens 50 v. H. Reserve. Jede der beiden Luftpumpen muß außerdem der Bedingung genügen, alle vorhandenen Anlaßgefäße in höchstens $^1/_2$stündiger Betriebszeit aufzufüllen.

Ob die Einblasepumpen mit den Hauptmaschinen unmittelbar zu kuppeln sind oder nicht, hängt von den jeweiligen besonderen Verhältnissen ab. Die Abtrennung verteuert die Gesamtanlage, erfordert erheblich mehr Platz, macht aber die Ölmaschinenanlage unabhängig in der Luftbeschaffung, namentlich während längerer Manöverperioden im Revier, engen Gewässern, vielbefahrenen Schiffahrtsstraßen, im Nebel und bei verminderter Fahrt in schwerem Wetter. Zudem gestattet der unabhängige Antrieb, raschlaufende, durch Verbrennungs- oder Elektromotoren angetriebene und damit im Aufbau kleinere und leichtere Luftpumpen einzubauen, die sich für große Anlagen auch mehr und mehr einzubürgern beginnen.

Bei unmittelbarem Antrieb der Einblasepumpe durch die Hauptmaschine kann dieser durch eine Stirnkurbel, eine oder zwei in der Verlängerung der Kurbelwelle der Ölmaschine angeordnete Kurbeln oder einen von der Schubstange eines Arbeitskolbens aus betätigten Schwinghebel erfolgen. Die letztere Anordnung, die bei den ersten Schiffs-Dieselmaschinen ausschließlich verwandt wurde, ist möglichst zu vermeiden, da bei eventuellem Warmlaufen eines Luftpumpenkolbens, beim Brechen der Kolbenringe oder Abreißen eines Saugventils meist Zerstörungen von recht erheblichem Umfange eintreten. Die von den bedeutenderen Schiffsölmaschinen bauenden Firmen für den Antrieb der Luftpumpen gewählten Mittel sind, wie die nachstehende Zusammenstellung zeigt, bis heute recht verschiedenartig ausgefallen.

Burmeister & Wain, Kopenhagen.

Ältere Anlagen: Zweistufige, durch besonderen Hilfsmotor angetriebene Einblaseluftpumpe, die niedrig gespannte Anlaßluft nach einem großen Sammelbehälter liefert. Die Erzeugung der hochgespannten Einblaseluft erfolgt durch eine unmittelbar von der Kurbelwelle des Hauptmotors angetriebene Hochdruckstufe, die aus dem vorerwähnten Sammelbehälter saugt.

Neuere Anlagen: Nach vorübergehender Verwendung unmittelbar mit den Hauptmaschinen gekuppelte Reavell-Kompressoren werden heute dreistufige, von der Hauptkurbelwelle angetriebene Luftpumpen benutzt.

Reiherstieg Schiffswerfte und Maschinenfabrik, Hamburg Joh. C. Tecklenborg, Geestemünde Richardson, Westgarth & Co., Middlesbrough	Ölmaschinen: Bauart: Carels frères, Gent. mit unmittelbar von der Hauptmaschine angetriebenen Reavell-Einblaseluftpumpen.

Amsterdamsche Werkspoor Maatschappy, Amsterdam:

Dreistufige Einblaseluftpumpen durch Schwinghebel von der Hauptmaschine angetrieben.

M.-A.-N., Augsburg-Nürnberg:

Drei- und vierstufige Einblaseluftpumpen durch Kurbelwelle von der Hauptmaschine angetrieben.

Gebr. Sulzer, Winterthur:

Dreistufige Einblaseluftpumpen durch Kurbelwelle von der Hauptmaschine angetrieben.

Schneider & Co., Creusot:

Dreistufige Einblaseluftpumpen durch Kurbelwelle von der Hauptmaschine angetrieben.

Blohm & Voß, Hamburg:

Dreistufige Einblaseluftpumpen durch Kurbelwelle von der Hauptmaschine angetrieben.

Friedr. Krupp, Germaniawerft, Kiel:

Reavell-Einblaseluftpumpen durch Hilfsölmaschinen angetrieben.

Neuerdings: Borsig-Einblaseluftpumpen durch Hilfsölmaschinen angetrieben.

So verschiedenartig Bauart und Antrieb der Luftpumpen im Augenblick auch noch sind, scheint man für Schiffsölmaschinenanlagen kleinerer und mittlerer Leistungen dem unmittelbaren Antrieb durch die Hauptmaschinen den Vorzug zu geben, während sich für die Großölmaschinenanlagen die abgetrennten, durch besondere Ölmaschinen angetriebenen Einblaseluftpumpen aus den oben aufgeführten Gründen mehr und mehr durchzusetzen beginnen.

Für die Bemessung des Luftbedarfs zum Anlassen und Manövrieren ist neben dem konstruktiven Aufbau der Ölmaschine — ob einfach- oder doppeltwirkend, in Tandemzylinderanordnung oder nicht — vor allem die Zylinderzahl maßgebend, die für das Anlassen und Umsteuern der Maschine benutzt wird.

Eine schematische Darstellung der von einer Einblaseluftpumpe abgehenden Luftleitungen sowie die Anordnung der vorzusehenden Ölabscheider, Lufteinblase- und Anlaßflaschen gibt die Abb. 47.

In dieser schematischen Darstellung bezeichnet A die als Drosselventil ausgebildete Ansaugeöffnung der Luftpumpe L, die im vorliegenden Falle als zweistufige Pumpe mit Niederdruck- und Hochdruckzylinder gezeichnet ist. Nach Verlassen der Niederdrucksstufe durchströmt die Luft zunächst den Niederdruckkühler, scheidet in dem Abscheider C Öl und Wasser ab und tritt dann in die Hochdruckstufe der

Luftpumpe durch das im Zylinderdeckel angeordnete Ventil *B* ein, verläßt diese nach erfolgter Kompression durch ein zweites im Deckel angeordnetes Austrittsventil *D* und gelangt schließlich durch die Leitung *1*, nachdem der Luft in dem Hochdruckkühler erneut die Kompressionswärme entzogen worden ist, nach der Einblaseflasche *E*, von der aus die Einblaseluft durch das Zuleitungsventil *F* den Brennstoffventilen der Ölmaschine durch die Rohrleitung *2* in den Arbeitszylindern zugeführt wird.

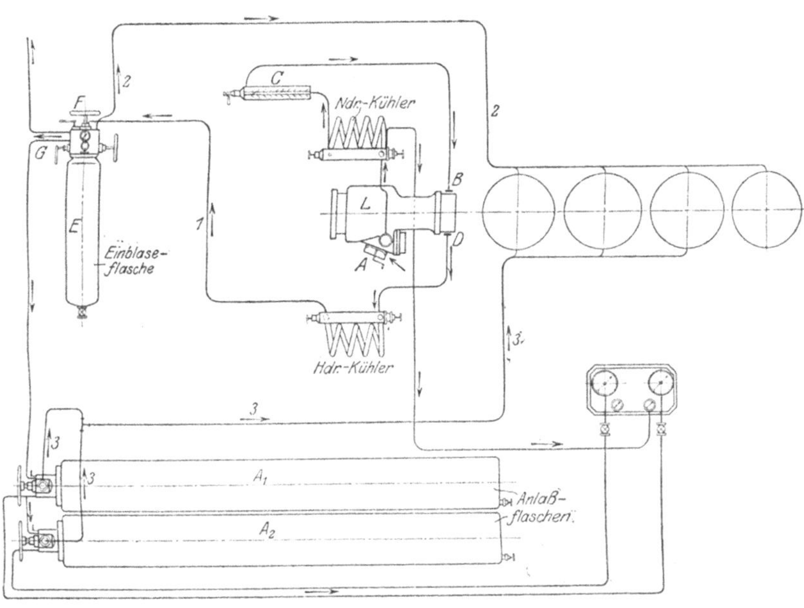

Abb. 47. Schema einer Druckluftleitung.

Die über den Bedarf für Einblasezwecke hinaus von der Luftpumpe geförderte Druckluft wird durch das Ventil *G* nach den Anlaßflaschen A_1 und A_2 übergeleitet und gelangt von hier beim ersten Anlassen der Ölmaschine oder während der Manöverperioden durch die Leitung *3* nach den Anlaßventilen der Maschine.

Erfahrungen: Die Schmierung der Kolben der Einblasepumpen soll sich auf das für den sicheren Betrieb unbedingt notwendige, geringste Maß beschränken. Die Erfahrung hat gelehrt, daß aus der Kurbelwanne mitgerissenes Schmieröl und Niederschlagswasser aus der angesaugten Luft in den einzelnen Druckstufen im allgemeinen vollauf zum Schmieren der Zylinderlaufflächen genügt.

Zur Abscheidung des Öl-Wassergemisches sind die zwischen den einzelnen Druckstufen einzuschaltenden Luftkühler mit Entwässerungseinrichtungen zu versehen, die zweckmäßig während des Betriebes ganz wenig offen gefahren werden, um jede Wasseransammlung in den Luftkühlern zu verhindern.

Eine Ausführungsform eines derartigen Öl-Wasserabscheiders, wie er an Bord von Schiffen vielfach Verwendung findet, zeigt die Abb. 48.

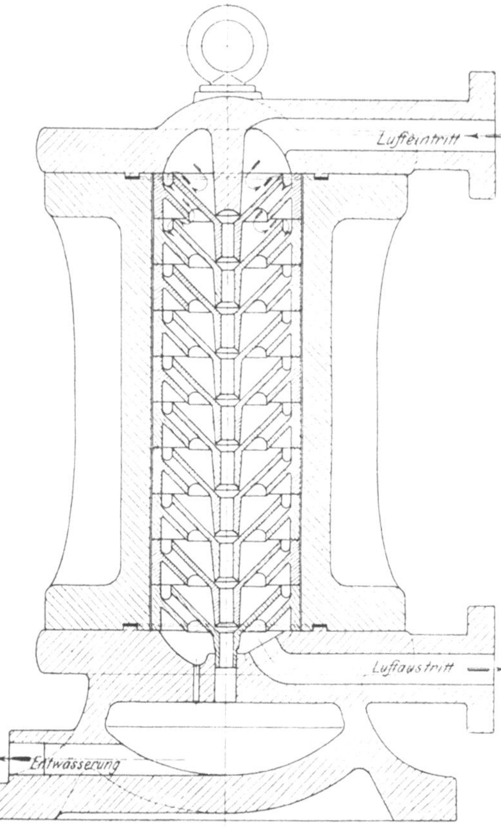

Abb. 48. Öl-Wasserabscheider für Einblaseluft.

Im Innern des Apparates befinden sich eine Anzahl Hohlkegel mit nach unten gerichteter Spitze unter Zwischenschaltung von angegossenen, spiralförmig angeordneten Rippen, die abwechselnd in entgegengesetzter Richtung verlaufen und so eine fortgesetzte Wirbelung des Luftstromes bewirken. Das bei diesem Vorgang abgeschiedene Öl und Wasser gelangt von den tiefsten Stellen der Hohlkegel durch zentrale Bohrungen nach einem im Boden des Gehäuses angeordneten Sammelraum, aus dem das Öl und Wasser von Zeit zu Zeit abgelassen wird.

Als notwendig hat es sich herausgestellt, daß ein Reinigen der Luftkühler nach jeder größeren Reise unbedingt vorgenommen werden muß, da das in den Rohren niedergeschlagene Öl die Wärmeleitfähigkeit der Kühlflächen sehr vermindert. Wird die regelmäßige Reinigung verabsäumt, so treten bald unzulässig hohe Temperaturen auf, die entweder ein Bersten der Rohrleitungen infolge der durch die erhöhte Temperatur geminderten Materialfestigkeit oder die gefürchteten Schmierölexplosionen (vgl. S. 83) herbeiführen können.

Da bei der Anordnung von Rohrschlangen im Kühlwasserraum ein Aufreißen der Rohre auch den gußeisernen Mantel der Einblaseluftpumpe dem Kompressionsdruck aussetzen würde, dem er wohl nur in den seltensten Fällen, auch beim Vorhandensein der üblichen federbelasteten Sicherheitsventile, widerstehen wird, sollten die Luftkühler immer als selbständige Konstruktionsteile ausgebildet werden. Liegen die Kühlschlangen aber doch im Kühlwasserraum, so werden gußeiserne Sprengplatten oder Deckel auf federnden Schrauben von reichlichem Querschnitt bessere Sicherheitsvorkehrungen darstellen als die vorerwähnten, vielfach nicht richtig eingestellten oder festgerosteten, federbelasteten Ventile.

An notwendigen Armaturen für die Betriebskontrolle und die Sicherung der einzelnen Druckstufen sind vorzusehen: Manometer, Sicherheitsventile und Sprengplatten, Kühlwasser-Probierhähne und Entwässerungshähne sowie Stutzen für Indikatoruntersuchungen und Temperaturbestimmungen.

Gebrochene Ventilfedern, abgerissene Stiftschrauben und gelöste Muttern haben vielfach zu umfangreichen Zerstörungen der Pumpengehäuse und Kolben geführt. Nach je 200—300 Betriebsstunden sollten daher sämtliche Pumpenventile überholt und gereinigt werden. Störungen in den Ventilen zeigen sich meist durch ein Verschieben der Drucke in den einzelnen Druckstufen. Bei ganz geöffnetem Drosselschieber sollten die Drucke in den einzelnen Stufen für eine vierstufige Einblaseluftpumpe nicht mehr betragen als:

I. Stufe 3,3— 4,0 at,
II. ,, 14,5—18,0 at,
III. ,, 48,0—69,0 at,
IV. ,, nicht über 80 at.

Die entsprechenden Sicherheitsventile der einzelnen Druckstufen sollen demzufolge abblasen bei etwa 6, 25, 65 und 90 at.

Schmierölexplosionen.

Eine große Gefahr bei nicht sorgfältiger Wartung der Einblaseluftpumpen stellen die bereits erwähnten Schmierölexplosionen in den Luftleitungen zwischen den einzelnen Kompressionsstufen oder auf dem Wege von der Luftpumpe nach den Druckluftsammelgefäßen dar.

Die Ursachen derartiger Explosionen sind meist in zu reichlichem Schmieren der Luftpumpenzylinder, vielfach in Verbindung mit Verwendung eines ungeeigneten Kompressoröles, und in mangelhaften Entwässerungseinrichtungen der Kühler, Leitungen und Behälter zu suchen.

Die aus den einzelnen Zwischenstufen des Kompressors austretende Druckluft sollte keine höheren Temperaturen als höchstens 100° C zeigen, die nach Durchströmen der anschließenden Luftkühler auf wenigstens 40—45° C fallen sollten. Um diese Verhältnisse im Dauerbetriebe aufrechterhalten zu können, ist eine öftere, innere Reinigung der Luftkühlersysteme unbedingt notwendig. Auch bei nicht übermäßiger Schmierung der einzelnen Kompressorstufen läßt es sich nicht vermeiden, daß Ölteilchen mit der verdichteten Luft durch die Ventile gelangen, die sich in den anschließenden Rohrleitungen niederschlagen. Die unmittelbare Folge ist, daß die Wärmeabgabe der Druckluft an das die Kühlsysteme umgebende Wasser außerordentlich behindert wird, die Temperatur der verdichteten Luft damit rasch steigt und ein Teil der in der Luft enthaltenen Schmierstoffe verdampft, während der Rest derselben sich an den Rohrwandungen als zähe, klebrige, asphaltreiche Masse niederschlägt. Die Öldämpfe gelangen nach den Luftflaschen und bilden dort mit der hoch verdichteten Luft ein explosibles Gemisch.

Ist die Verschmutzung der Rohrleitungen so weit fortgeschritten, daß die Temperatur der Luft eine erhebliche Zunahme erfährt, dann kann der im Rohr befindliche Niederschlag zur Selbstentzündung kommen, und die entstehende Wärme genügt, die Öldämpfe in den Leitungen und Luftflaschen zur Explosion zu bringen.

Die schweren Unfälle, die derartige Schmierölexplosionen zu wiederholten Malen im Gefolge gehabt haben, verlangen, daß zum Schmieren der Einblaseluftpumpen nur Mineralöle mit möglichst hohem Flammpunkt verwandt werden. Neben dauernder Entwässerung der Zwischenkühler ist unbedingt auch für die Anordnung eines Öl-Wasserabscheiders (Abb. 48) zwischen dem Kompressor und den Luftsammelbehältern Sorge zu tragen. Vor allem aber sind die Kühlsysteme selbst in nicht zu großen Zwischenräumen zu reinigen und auf ihre Beschaffenheit zu untersuchen.

b) Einblaseluftpumpe Bauart: Reavell.

In den Abb. 49 und 50 ist eine dreistufige Druckluftpumpe, Bauart Reavell[1]), dargestellt, deren vier durch eine Kurbel angetriebene, sternförmig angeordnete Zylinder in zwei parallelen Ebenen liegen. Die anzusaugende Luft tritt axial durch eine Öffnung in das Pumpengehäuse, die gleichzeitig zur Durchführung eines Kupplungsflansches dient, mit dem der Kompressor an die Ölmaschinenkurbelwelle angebaut ist.

Der Niederdruckzylinder ist geteilt (*NDI* und *NDII* in Abb. 49); besondere Saugventile fehlen. Die Luft wird den Zylindern durch in den Schubstangenbolzen sitzende Rundschieber, die durch das Schubstangenauge gesteuert werden, zugeführt (Abb. 51). Das Kompressionsverhältnis der drei Stufen beträgt etwa 1,5 : 20 : 60—70 at. Die Nachteile einer derartigen Konstruktion sind die hohen spezifischen

[1]) Erbauer Reavell & Co., Ipswich, England

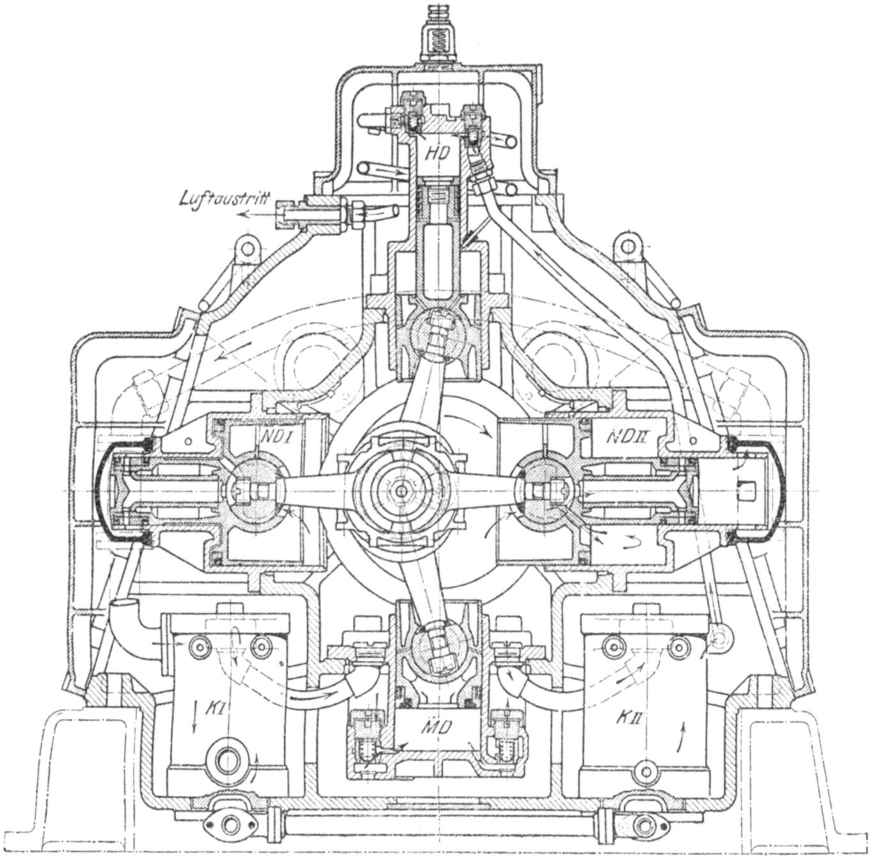

Abb. 49. Reavell-Einblaseluftpumpe, Längsschnitt.

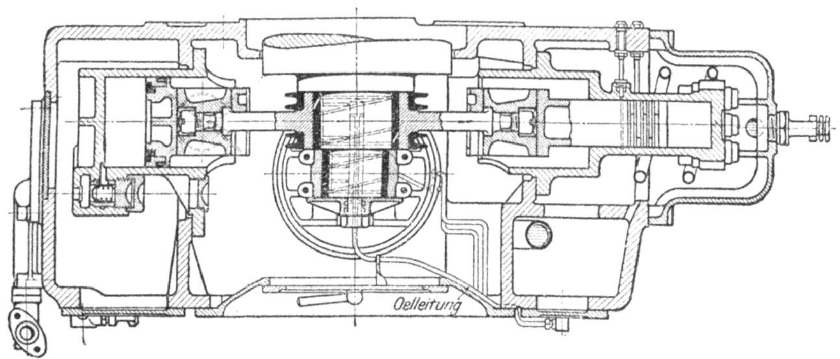

Abb. 50. Reavell-Einblaseluftpumpe, Querschnitt.

Belastungen der Rundschieber, die vielfach Schwierigkeiten für eine einwandfreie Schmierung im Dauerbetriebe ergaben. Läuft ein derartiger Bolzen warm, so bleibt, da die Zugänglichkeit sehr beschränkt ist, meist nichts anderes übrig, als den ganzen Motor abzusetzen. Hinzu kommt, daß eine Regelung des anzusaugenden Luftquantums nicht möglich ist, die Zugänglichkeit der Zwischenkühler *K I* und *K II* sowie der Saug- und Druckventile, besonders der der *MD*-Stufe, die stets unter den Flurplatten liegen werden, eine sehr unbequeme ist, so daß, wenn nicht ganz zwingende Gründe dafür sprechen, diese Bauart im Hinblick auf ihren gedrängten Aufbau zu verwenden, von ihrem Einbau an Bord besser Abstand genommen wird.

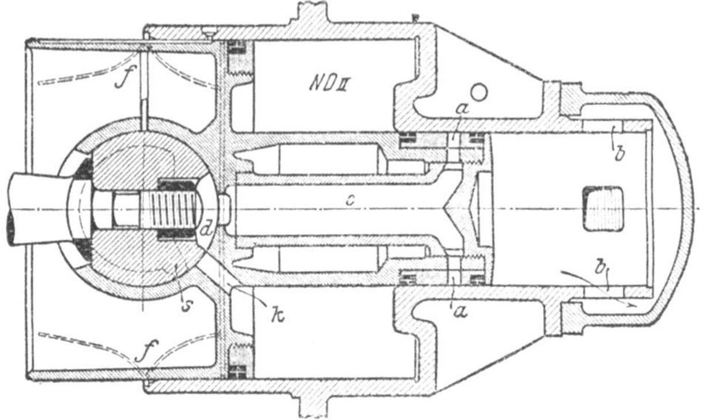

Abb. 51. Gesteuerter Niederdruck-Zylinder der Reavell-Einblaseluftpumpe.

c) Einblaseluftpumpe Bauart: Burmeister & Wain.

Die dreistufige Einblaseluftpumpe Abb. 52 und 53 hat einen einfachwirkenden Hochdruck-, Mitteldruck- und Niederdruckkolben, und zwar liegt der Niederdruckkolben in der Mitte, während der untenliegende Mitteldruckkolben gleichzeitig als Kreuzkopfführung dient. Die dem Niederdruckkolben zuzuführende Einsaugeluft wird durch einen Kolbenschieber gesteuert. Alle drei Zylinderstufen haben Seewasser-Mantelkühlung; ebenso wird die komprimierte Luft nach jeder Stufe in einem besonderen Zwischenkühler rückgekühlt. Grund-, Kurbel- und Pleuelstangenlager werden mit Drucköl geschmiert. Sämtliche Saug- und Druckventile sind als federbelastete Plattenventile ausgebildet. Die Kompression beträgt in der Niederdruckstufe 3—4 at, in der Mitteldruckstufe 15 at und in der Hochdruckstufe 75 at.

3. Spülluftpumpen.

Die für die Erreichung eines günstigen Wirkungsgrades für den Zweitaktmotor so überaus wichtige Spülluftpumpe stellt ihrer Bauart nach eine gewöhnliche doppeltwirkende Luftpumpe dar, die zur möglichsten Kleinhaltung der erforderlichen Antriebskraft stets nur mit geringen Überdrucken von wenigen Zehnteln einer Atmosphäre arbeitet.

Wenn die Spülluftpumpe für das Zweitaktverfahren auch in jedem Falle gegenüber dem Viertaktmotor eine Vermehrung an Triebwerksteilen bedeutet, so braucht bei sachgemäßer Durchbildung der Pumpe

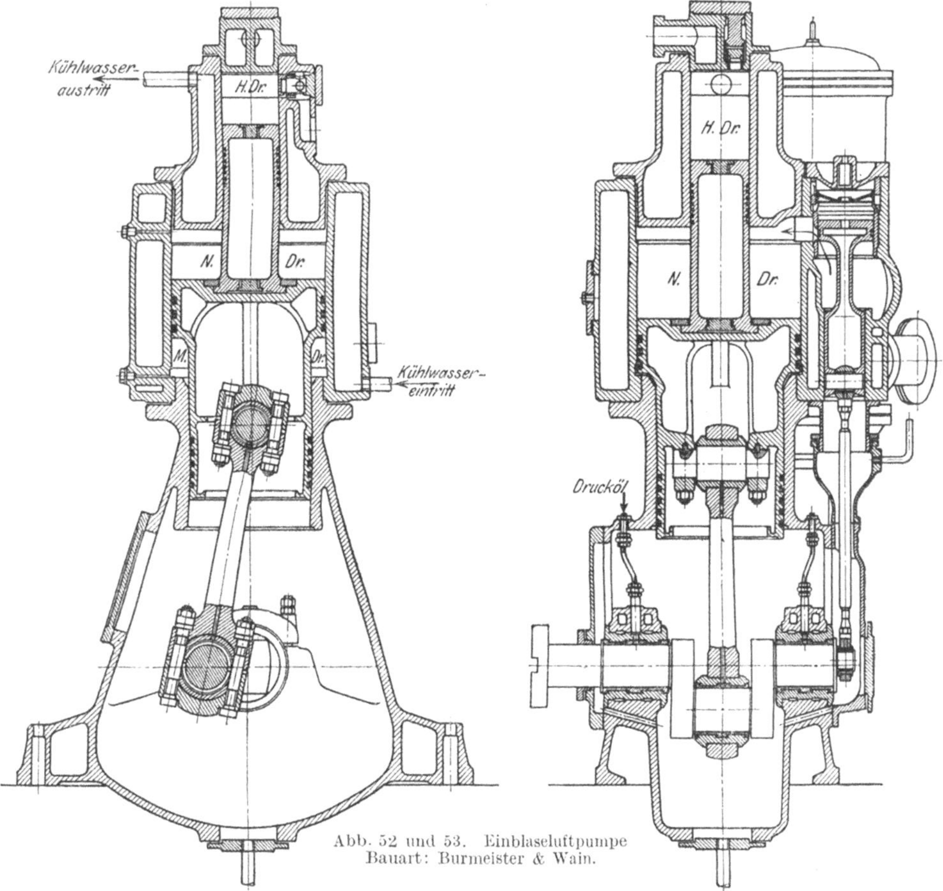

Abb. 52 und 53. Einblaseluftpumpe Bauart: Burmeister & Wain.

hierin jedoch keineswegs eine Minderung der Betriebssicherheit der Zweitaktölmaschine zu liegen.

Spülpumpenkonstruktionen, bei denen der untere Teil der Arbeitskolben der Ölmaschine gleichzeitig als Spülpumpenkolben (Stufenkolben) und das geschlossene Kurbelgehäuse als Pumpenraum ausgebildet war (Abb. 104 und 105), so daß jeder Arbeitszylinder seine eigene Spülpumpe hatte, sind heute, wenigstens im Handelsschiffs-Ölmaschinenbau, wegen des außerordentlich schlechten Wirkungsgrades nicht mehr anzutreffen, so daß auf eine eingehendere Behandlung verzichtet werden kann.

Die durchweg als selbständige, doppeltwirkende, in einfacher und Tandemanordnung ausgeführten Spülpumpen werden entweder durch Schwinghebel von dem Kreuzkopf der Ölmaschine oder unmittelbar von der Kurbelwelle der Hauptmaschine aus angetrieben.

Das Hubvolumen der Spülpumpe gegenüber den pro Hub auszuspülenden Volumen der Arbeitszylinder beträgt bei Ölmaschinen mit in den Zylinderdeckeln angeordneten Spülventilen etwa das 1,5fache, bei Maschinen mit Spülschlitzen in den Zylinderwandungen etwa das 1,65—1,75fache des Inhalts des Arbeitszylinders.

Dieser Mindestüberschuß an Spülluft muß stets vorhanden sein, da bei dem Spülvorgang ein Teil der Spülluft durch die Auspuffwege entweicht und damit ein Rest an Verbrennungsgasen in dem Arbeitszylinder zurückbleibt, der nur durch überschüssige Spülluftmengen ausgetrieben werden kann.

Da es naturgemäß erwünscht ist, das Ausspülen der Arbeitszylinder mit möglichst gleichmäßigem Spüldruck vorzunehmen, wird die doppeltwirkende Spülpumpe bessere Spülergebnisse liefern als eine einfache Luftpumpe. Geboten ist es daher immer, zwischen Pumpe und den Spülorganen an den Arbeitszylindern hinreichend große Luftaufnehmer vorzusehen, die entweder aus den entsprechend ausgebildeten Kastengestellen der Ölmaschinen oder entsprechenden Zylinderangüssen gebildet werden (Abb. 105 und 122).

Der Überdruck der Spülpumpen, der bei neuzeitlichen Handelsschiffsanlagen mit weiten Spülluftleitungen und Spülschlitzen im Zylinder 0,1—0,15 at nicht überschreitet, muß zur Verminderung der Pumpenarbeit und im Hinblick auf die gründliche Ausspülung des Arbeitszylinders so niedrig als möglich gehalten werden. Hoher Spüldruck wird eine heftige Wirblung der Verbrennungsgase und damit Vermischung mit der gleichzeitig als Ladeluft dienenden Spülluft herbeiführen, während gerade das Gegenteil, langsames Auswaschen der Gase und Verdrängen durch die Spülluft angestrebt werden muß.

Die Saug- und Druckventile der Spülpumpen sind meist als federbelastete Plattenventile ausgeführt, die stets so angeordnet sein sollten, daß sie zu Überholungen ohne Demontage anderer Pumpenteile leicht zugänglich sind. Eine praktische Ausführung derartiger Ventile in Form einer Gruppenventilanordnung für eine doppeltwirkende Spülluftpumpe, Bauart Germaniawerft, zeigt die Abb. 54.

Die angesaugte Luft wird entweder dem Maschinenraum entnommen, wodurch eine gute Ventilation desselben erreicht wird, oder die Saugeleitungen werden bis zum Oberdeck geführt, um möglichst kalte Luft und damit große Luftmengen den Spülpumpen zuzuführen. In beiden Fällen sind die Saugleitungen zur Beseitigung der Luftgeräusche mit Schalldämpfern zu versehen.

Darstellungen ausgeführter Spülluftpumpen zeigen die Abb. 93, 108, 109, 121 und 125.

Erfahrungen: Die Luftgeräusche an den Saugköpfen der Spülpumpen haben vielfach zu Klagen Veranlassung gegeben.

Für die grundsätzliche Ausführung geeigneter Vorrichtungen zur Beseitigung der Strömungsgeräusche beim Ansaugen des großen Spülluftbedarfs für Zweitaktmotoren gelten dieselben Gesichtspunkte, wie sie für die Auspuffleitungen auf S. 116 noch eingehend werden erörtert werden. Findet die Frischluftentnahme auf dem obersten Deck statt, so ist besonders darauf zu achten, daß durch das Saugegeräusch die Aufmerksamkeit des Wachthabenden auf der Brücke, wie sie besonders im Nebel von großer Wichtigkeit ist, nicht beeinträchtigt wird.

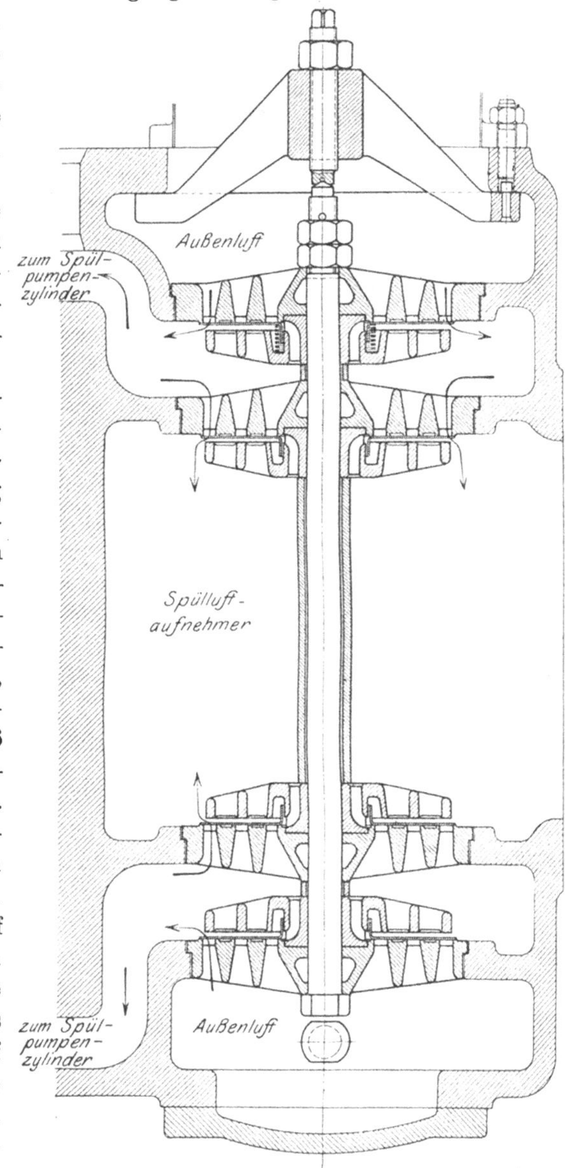

Abb. 54. Sauge- und Druckventile einer Spülluftpumpe.

Hinzu tritt für die Luftschalldämpfeinrichtungen, daß diese auch mechanische Unreinigkeiten sowie Wasser, Öl und dergleichen von den

Leitungen, Kanälen und Ventilen fernhalten müssen. Die Saugköpfe für die Spülpumpen werden gewöhnlich aus hinreichend weiten, fein geschlitzten Rohren gebildet. Da im Maschinenraum mit einer nennenswerten Staubentwicklung kaum zu rechnen ist, kann von der Anordnung besonderer Luftfilter abgesehen werden. Zur Erreichung einer möglichst geringen Strömungsgeschwindigkeit der angesaugten Luft werden die Saugöffnungen der Spülluftpumpen vielfach in die Motorständer oder die kastenförmig ausgebauten Fundamente geschlossener Maschinen gelegt. In letzterem Falle nimmt man allerdings eine geringe Vorwärmung der Verbrennungsluft und damit eine Verschlechterung des Lieferungsgrades der Luftpumpe sowie eine Erhöhung der Verdichtungs- und Verbrennungstemperatur in Kauf.

Für kleinere Ölmaschinenanlagen kann die Verbrennungsluft meist unmittelbar dem Maschinenraum entnommen werden, da hierdurch die Ventilation des Raumes wesentlich unterstützt wird. Größere Viertaktmotore sowie alle nach dem Zweitaktverfahren arbeitenden Ölmaschinen verlangen, da letztere außer der Verbrennungsluft auch noch erhebliche Spülluftmengen gebrauchen, eine unmittelbare Luftentnahme von Deck. Besonders für die in den Tropen fahrenden Schiffe ist die Anordnung besonderer von Deck nach den Saugventilen führender Kanäle sehr wünschenswert, da andernfalls infolge des hohen Feuchtigkeitsgehalts der Luft so erhebliche Wasserausscheidungen im Maschinenraum erfolgen, daß die Maschinenleitung gegen die starke Rostbildung auf allen blanken Triebwerksteilen machtlos wird.

4. Drucklufteinrichtungen.

a) Anlaß- und Einblaseleitungen.

Die Ölmaschinen gebrauchen zur Inbetriebsetzung eine äußere Kraft, die imstande ist, die Triebwerksteile zu beschleunigen und die Eigenwiderstände der Maschine zu überwinden.

Die für Explosionsmotore zum Anlassen üblichen Kurbelvorrichtungen kommen selbst für kleinste Dieselölmaschinen nicht in Betracht, da die für letztere erforderlichen Kompressionsdrucke von mindestens 32 at von Hand nicht mehr zu überwinden sind.

Das Anlassen der Gleichdruckölmaschinen erfolgt heute allgemein mittelst Drucklufteinrichtungen unter Verwendung von Anlaßdrucken von 16 bis etwa 25 at. Je nach Größe, Bauart der Maschine, Zylinderzahl und vorliegender Kurbelstellung sind entweder alle Arbeitszylinder oder nur ein Teil an die Luftanlaßleitung angeschlossen.

Die bei mehrzylindrigen Hilfsmaschinen noch bisweilen getroffene Anordnung, nur einen oder zwei Zylinder an die Anlaßleitung anzuschließen, dafür aber die Ölmaschine mit einem Einblasedruck von etwa

50 at in Gang zu setzen, sollte im Hinblick auf die erheblichen Beanspruchungen der Triebwerksteile unter allen Umständen vermieden werden.

Das Anlassen der Ölmaschinen für Schiffszwecke erfolgt, und zwar gleichgültig ob dieselben nach dem Zweitakt- oder Viertaktverfahren arbeiten, im Hinblick auf den stets vorhandenen großen Anfahrwiderstand ausschließlich im Zweitakt.

Bei unmittelbar mit den Hauptmaschinen gekuppelten Einblaseluftpumpen sind die in diesem Falle notwendigerweise vorhandenen Hilfsluftpumpen während aller Anlaß- und Umsteuermanöver zum Auffüllen der Anlaßluftbehälter unbedingt in Betrieb zu halten, da der Lieferungsgrad der angehängten Luftpumpen bei verminderter Umdrehungszahl erheblich sinkt, voll aufgefüllte Anlaßbehälter aber für die stete Manövrierbereitschaft der Schiffsölmaschine eine unerläßliche Voraussetzung sind.

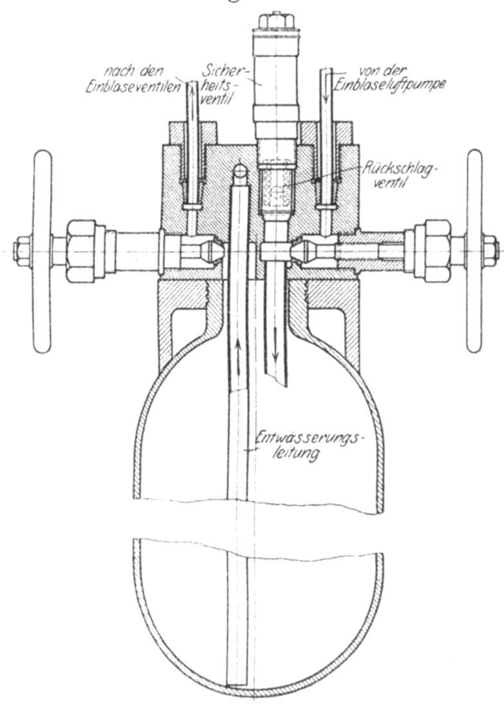

Abb. 55. Einblaseluftflasche.

Die Einblase- und Anlaßluft wird in kräftigen, nahtlos gezogenen Stahlflaschen untergebracht, die an dem einen Ende durch einen Ventilkopf abgeschlossen sind (Abb. 55). Dieser aus einem massiven Stahlblock bestehende Ventilkopf, in dem die erforderlichen Kanäle durch Ausbohren hergestellt sind, trägt ein Hauptabsperrventil zur Entnahme der Druckluft, ein Absperrventil zur Verbindung der Flasche mit der Einblaseluftpumpe, ein Überströmventil zum Auffüllen weiterer Einblase- und Anlaßgefäße, Rückschlag- und Sicherheitsventil, sowie ein Absperrventil für die Manometerleitung. Nach dem Boden der Flasche ist außerdem stets ein Entwässerungsrohr zu führen. Das Lufteintrittsrohr setzt sich im Inneren der Anlaßflasche bis etwa zu einem Drittel derselben von oben fort, während die Entnahme der Luft unmittelbar an dem Ventilkopf erfolgt. Wegen der hohen abzudichtenden Drucke werden Stopfbüchsen zum Abdichten der Ventilspindeln in den Flaschenköpfen besser vermieden. Gut bewährt haben sich kegelförmige Rücksitze der Ventilspindeln, die sich gegen entsprechende Einsätze aus Hartgummi oder Vulkanfiber in den Ventilgehäusen legen (Abb. 55).

Undichtigkeiten an den Ventilen der Anlaßgefäße müssen bei der Wichtigkeit derselben stets sofort durch Nachschleifen oder Erneuern der Sitze und Ventile beseitigt werden.

Die Anlaßgefäße selbst sind wenigstens einmal jährlich im Inneren auf Anrostungen zu untersuchen und alle 2—4 Jahre — sofern dem nicht andere Bestimmungen der Klassifikationsgesellschaften entgegenstehen — einer Wasserdruckprobe zu unterwerfen. Der Probedruck[1]) ist dabei gleich dem der Einblasegefäße zu nehmen, da auch die Anlaßflaschen gegebenenfalls bei undichten Ventilen und nicht rechtzeitig abblasendem Sicherheitsventil dem hohem Einblasedruck ausgesetzt werden können.

Das Auffüllen der Anlaßgefäße erfolgt während des normalen Betriebs der Ölmaschine durch das oben erwähnte Überfüllventil von der Einblasepumpe her; während des Manövrierens und im Hafen durch die Hilfsdruckluftpumpen.

Ist, wie im Unterseebootsbau, die Anlaßluft zur Verringerung der Abmessungen der Anlaßbehälter unter erheblich höherem Druck aufgespeichert, so muß dieselbe vor ihrem Zutritt zum Anlaßventil der Ölmaschine durch ein Druckminderventil entspannt werden.

Findet die Anlaßluft, wie vielfach im Handelsschiffsbau, auch noch zum Betriebe von Hilfsmaschinen wie Pumpen, Rudermaschinen usw. Verwendung, so werden die Anlaßgefäße mit Heizvorrichtungen ausgerüstet, um bei der Expansion der Druckluft Eisbildung in den Rohrleitungen zu verhindern.

Das Material der Anlaßgefäße ist ausschließlich Siemens-Martinstahl bzw. -Flußeisen; die Leitungen bestehen aus nahtlosen flußeisernen Rohren.

In den Abb. 56 und 57 sind die für den Betrieb einer Schiffsölmaschine erforderlichen gesamten Einblase- und Anlaßluftleitungen schematisch dargestellt.

Die vom Niederdruckzylinder der Einblaseluftpumpe verdichtete Luft wird durch die Leitung 1 dem Niederdruckkühler zugeführt, gelangt von diesem durch das Übertrittsrohr 2 nach dem Niederdruckabscheider und weiter durch die Leitung 3 zum Mitteldruckluftpumpenzylinder. In der gleichen Weise führen die Leitungen 4 und 5 über den Mitteldruckkühler und von da über den zugehörigen Wasserabscheider zum Hochdruckzylinder. Leitung 6 stellt das an den letzteren anschließende Überstromrohr nach dem Hochdruckkühler dar, von dem die

[1]) Über die Höhe der von den Klassifikationsgesellschaften vorgeschriebenen Probedrucke vgl. Anhang § 9, S. 218.

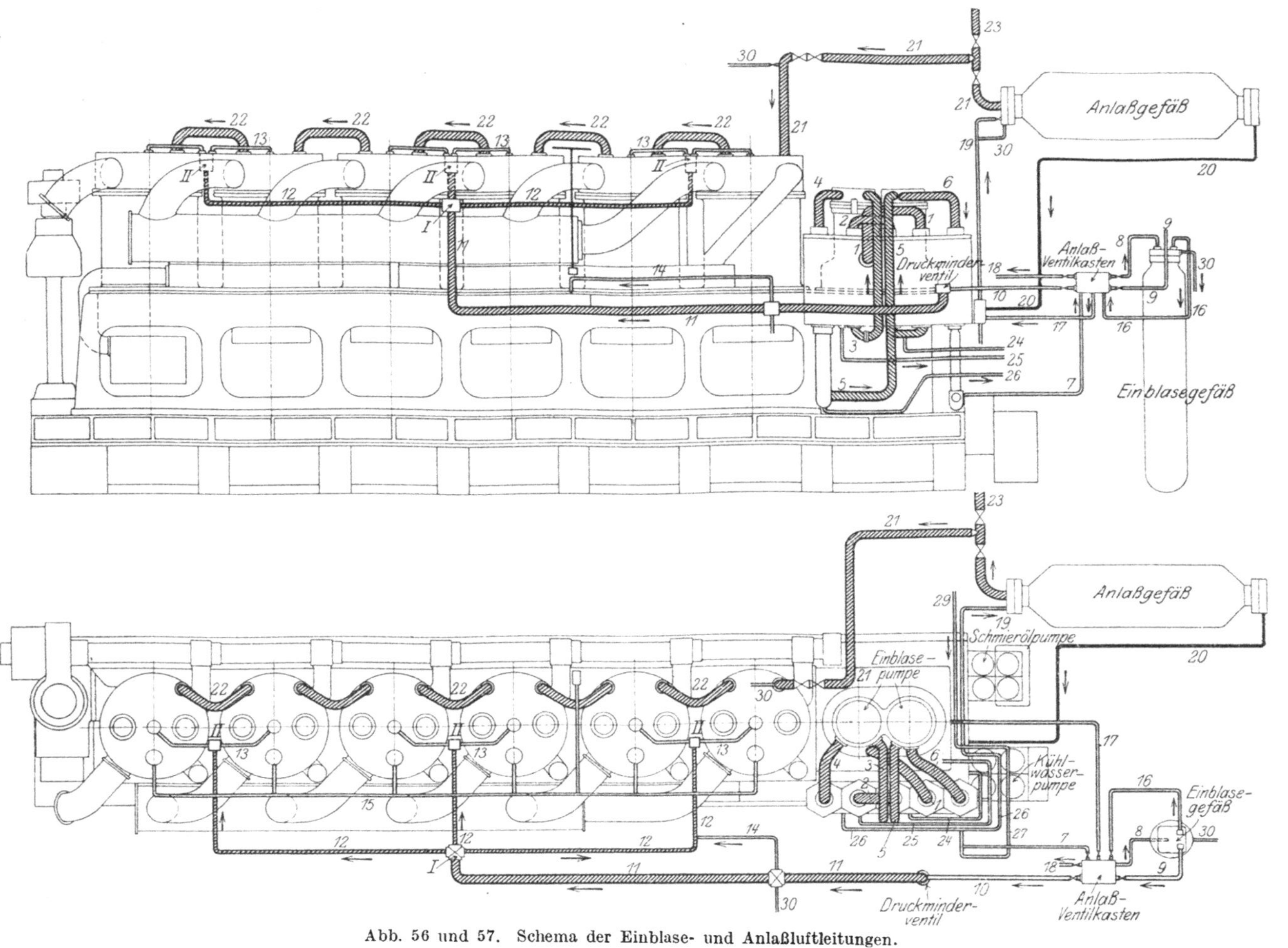

Abb. 56 und 57. Schema der Einblase- und Anlaßluftleitungen.

gekühlte Luft nach Durchströmen des unterhalb des Kühlers liegenden Wasserabscheiders durch die Leitung 7 dem Anlaßventilkasten und weiterhin durch die Rohrleitung 8 dem Einblasegefäß zugeführt wird. Leitung 9 führt die Einblaseluft wieder zum Ventilkasten zurück, von dem die Einblaseluft zunächst nach dem Einblasedruckminderventil gelangt, dessen Wirkungsweise im Zusammenhang mit der Einblasedruckregelung S. 100 beschrieben ist.

Von dem Druckminderventil wird die Einblaseluft durch die Leitung 11 nach dem Verteilungsstück I geleitet, von dem drei weitere Leitungen 12 abzweigen, die in den Verteilungsstücken II endigen und von denen die vier Einblaseluftleitungen für die Brennstoffventile nach je zwei benachbarten Arbeitszylindern führen.

Die einzelnen Stufen der Einblaseluftpumpe sowie die Verteilungsstücke II sind mit Sicherheitsventilen ausgerüstet.

Das von der Leitung 11 abzweigende Rohr 14 führt zu einem Entspannungsventil für die Einblaseleitung, das den Zweck hat, den in den Einblaseleitungen 11, 12, 13 etwa vorhandenen zu hohen Luftdruck vor der ersten Zündung abzuleiten. Das Entspannungsventil wird zwangsläufig mittelst Gestänge von der oberen Anlaßwelle aus betätigt. Die Eröffnung des Ventils findet statt, sobald der Anlaßhebel aus der Betriebsstellung in die Stoppstellung gebracht ist.

Das Auffüllen der Anlaßgefäße erfolgt entweder durch unmittelbares Aufpumpen derselben von der Mitteldruckstufe der Luftpumpe oder, wie in der Abb. 57 dargestellt, durch Überschleusen der Luft von dem Einblasegefäß. Zu diesem Zweck führt von dem Einblasegefäß eine Leitung 16 über den Einblaseventilkasten und weiter als Leitung 17 zu einem Überfüllventil, das an der Stirnseite der Einblaseluftpumpe angeordnet ist, von dem aus die Leitung 19 die Verbindung mit dem Anlaßgefäß herstellt. Die Leitungen 16 und 17 dienen zur Entwässerung des Einblasegefäßes; Leitung 20 entwässert die Anlaßflasche.

In die zur Maschine führende Anlaßleitung 21 ist ein Absperr- und bisweilen auch noch ein besonderes Druckminderventil eingeschaltet, um den Anlaßdruck zur Schonung der Triebwerksteile und der Lager auf den geringsten, zum sicheren Anspringen der Maschine erforderlichen Anlaßdruck einstellen zu können.

Die Zuführung der Luft zu den Anlaßventilen erfolgt durch Kanäle in den Zylinderdeckeln und die Überströmleitungen 22. Ein am letzten Arbeitszylinder angeordnetes Sicherheitsventil sichert die Leitung gegen das Auftreten zu hoher Anlaßdrucke.

Die verschiedenen Entwässerungsleitungen der Luftkühler 24, 25 und 26 sowie die Manometerleitungen und notwendigen Absperrorgane in den Luftleitungen sind der schematischen Darstellung Abb. 57 zu entnehmen.

b) Luftkühler, Wasser- und Ölabscheider.

Bei der Beschreibung der Einblasepumpen (S. 75) war bereits darauf hingewiesen worden, daß angestrebt werden muß, nicht nur die Temperatur der von der Pumpe angesaugten Luft möglichst niedrig zu halten, sondern auch eine nachhaltige Kühlung der zu komprimierenden Luft nach jeder einzelnen Druckstufe vorzunehmen ist, um den Lieferungsgrad der Pumpe so weit als möglich zu erhöhen und den Arbeitsaufwand auf ein Mindestmaß herabzusetzen.

Die Einrichtungen, der Druckluft die Wärme zu entziehen, bestehen, wie gleichfalls bereits früher angedeutet wurde, in Rohrschlangen und Röhrenkühlern, die von Seewasser umspült werden, und von denen die letzteren infolge der Möglichkeit, große Kühlflächen auf kleinem Raume unterzubringen, die weitaus wichtigste Rolle im Schiffsölmaschinenbau spielen.

Das Material der Kühlrohre ist entweder Bronze oder Kupfer. Eine besonders für die Ölmaschinen von Unterseebooten gut bewährte Kühleranordnung zeigen die Abb. 58 und 59.

Die Luft wird bei derartigen Kühlern stets durch die Rohre, das Kühlmittel, in diesem Falle Seewasser, im Gegenstrom um die Rohre herumgeführt. Um eine gute Reinigung der Kühler sicherzustellen, von der die Wirksamkeit außerordentlich abhängig ist, werden die Systeme ausschließlich aus geraden, dünnwandigen Rohren allerdings von verschiedenen Querschnitten, unter denen der Kreis- und Ellipsenquerschnitt vorwiegen, ausgeführt.

Der in der obigen Abbildung dargestellte Einblaseluftkühler besteht aus einem Bronzegehäuse, in dem drei Röhrenbündel, und zwar je eins für die Hochdruck-, Mitteldruck- und Niederdruckstufe der Einblaseluftpumpe, untergebracht sind. Die zu kühlende Luft durchströmt die Kühlrohre von oben nach unten, da die durch die Kühlung spezifisch schwerer gewordenen Luftteilchen das Bestreben haben, nach unten zu sinken. Das Wasser bespült den äußeren Umfang der Rohre, tritt an der Luftaustrittsseite ein und verläßt, nachdem es die Röhrenbündel für die Hochdruck-, Niederdruck- und Mitteldruckstufe nacheinander umströmt hat, das Kühlergehäuse an der Lufteintrittsseite.

Bemerkenswert ist die Befestigung der Kühlrohre in den Rohrböden, die mit Rücksicht auf die starke Längenausdehnung der Rohre durch die Wärme verschiebbar angeordnet werden müssen. Auf die aus Kupfer bestehenden Rohrböden wird ein Überwurfring aus Bronze mit Flachgewinde aufgesetzt und mittelst einer Anzahl in dem letzteren angeordneter Druckschrauben gegen eine den Anschlußflansch tragende Kappe gepreßt[1]). Die Dichtung zwischen Kappe und Rohrboden wird durch einen Asbestring hergestellt.

[1]) Gesetzlich geschützte Bauart der Firma Fr. August Neidig, Mannheim.

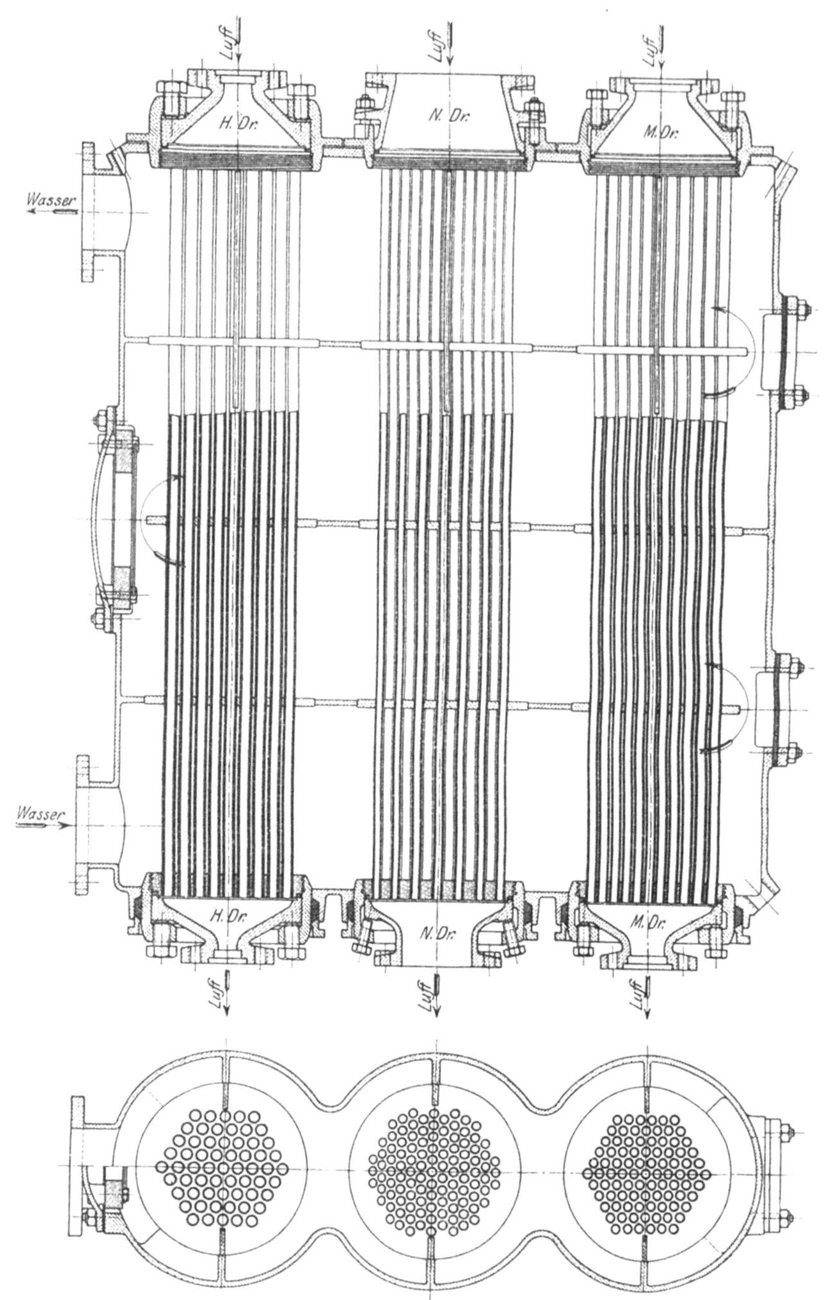

Abb. 58 und 59. Röhren-Luftkühler.

Die Abdichtung zwischen Rohrbündel und Kühlergehäuse erfolgt durch eine Stopfbüchse.

Die Befestigung der Kühlrohre in den Rohrböden ist durch Hartlötung ausgeführt. Zinkschutzplatten werden zur Verhinderung von elektrolytischen Materialzerstörungen an geeigneten Stellen des Kühlergehäuses auf der Wasserseite angeordnet.

Da im Falle von Rohrzerstörungen das Kühlergehäuse unmittelbar unter Preßluftdruck steht, für den es im allgemeinen nicht gebaut ist, sucht man durch Anordnung von gußeisernen Sprengplatten einer Zerstörung des Gehäuses vorzubeugen. Da durch die Abkühlung der Einblaseluft in den Luftkühlern der einzelnen Druckstufen Wasser und Öl ausgeschieden wird, sind unmittelbar hinter den einzelnen Kühlstufen Flüssigkeitsabscheider (Abb. 48) einzubauen, um die folgenden Kühler nach Möglichkeit rein und die durch die ölhaltige Luft gegebenenfalls auftretenden Betriebsstörungen (vgl. S. 83: Schmierölexplosionen) hintenan zu halten.

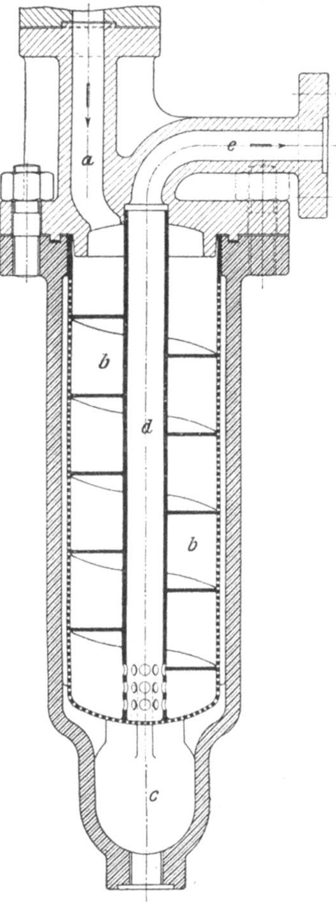

Abb. 60. Flüssigkeitsabscheider.

Eine weitere Ausführungsform eines derartigen Abscheiders ist in der Abb. 60 wiedergegeben. Die wasser- und ölhaltige Luft tritt durch den Stutzen *a* ein, durchströmt den nach abwärts gerichteten Schneckengang *b*, wobei durch die Zentrifugalwirkung und die Reibung der Luft an den gelochten Blechen der äußeren Kanalwandung Wasser und Öl nach dem äußeren Sammelraum *c* abgeleitet und das Wasser-Ölgemisch durch die untere Austrittsöffnung abgelassen wird. Die getrocknete Luft steigt durch das zentral angeordnete Rohr *d* aufwärts und gelangt nach der nächsten Druckstufe bzw. dem Einblasegefäß.

Bei kleineren Anlagen findet man bisweilen eine Verbindung von Luftkühler und Ölabscheider, wie sie in einer Bauart der A. E. G. in den Abb. 61—63 dargestellt ist.

Die zu kühlende Einblaseluft wird hierbei nach dem Austritt aus der Niederdruck- bzw. Hochdruckstufe durch je eine besondere Kühlschlange geleitet, die mit dem zugehörigen Öl und Wasserabscheider

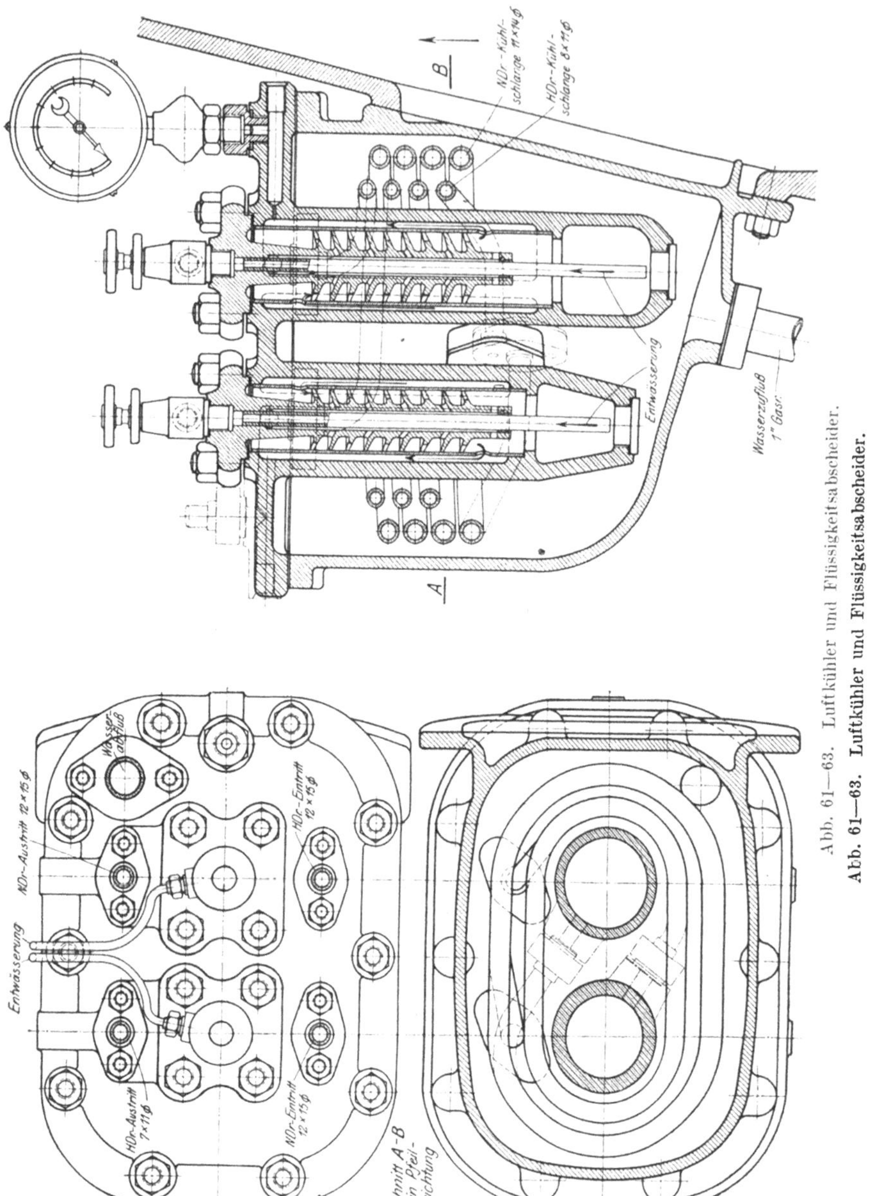

Abb. 61—63. Luftkühler und Flüssigkeitsabscheider.

Abb. 61—63. Luftkühler und Flüssigkeitsabscheider.

in einem gemeinsamen, am Maschinengestell angeordneten Kühlwasserbehälter untergebracht sind.

Die aus dem Niederdruckventil der Einblaseluftpumpe austretende Luft tritt durch den Deckel des Behälters in die N. D.-Kühlschlange ein und durchströmt den treppenartig ausgebildeten N. D.-Abscheider von oben nach unten, kehrt im unteren Teile desselben um und gelangt durch einen Zwischenraum zwischen dem Ölabscheider und dem umschließenden Gehäuse wieder nach dem Behälterdeckel und von da zu dem Saugventil der nächsten Druckstufe der Einblaseluftpumpe. In gleicher Weise spielt sich der Kühlvorgang für die aus der Hochdruckstufe austretende Luft ab.

c) Einblasedruckregler.

Bei der Besprechung des Einblaseventils (S. 54) wurde bereits darauf hingewiesen, daß die Höhe des Einblasedrucks des Brennstoffventils nach der jeweiligen Belastung der Ölmaschine zu regeln ist.

Besitzt die Ölmaschine keine selbsttätige Einblasedruckregelung, wie fast stets im Handelsschiffsbau, so muß die Regelung des Einblasedruckes durch den wachhabenden Maschinisten von Hand durch entsprechende Drosselung bzw. Öffnung des Regulierorgans der Einsaugeleitung der Luftpumpe erfolgen.

Da für Handelsschiffsölmaschinenanlagen die Fahrten im Revier immer nur einen verschwindend kleinen Teil der Gesamtreisedauer ausmachen werden, fällt diese Regelung von Hand nicht allzusehr ins Gewicht.

Anders im Kriegsschiffbau. Das Schema eines der hier fast stets vorhandenen Einblasedruckreglers, um je nach der Leistung und Umdrehungszahl der Maschine den Druck selbsttätig einzustellen, ist in der Abb. 64 dargestellt.

Das Druckminderventilgehäuse D ist durch das entlastete Kegelventil a in zwei Kammern getrennt, von denen die eine mit dem unter einem Druck von 60—70 at stehenden Einblasegefäß c durch die Leitung b verbunden ist, während die andere Kammer f durch die Leitung g unmittelbar mit dem Brennstoffventil in Verbindung steht. Der Kolben d des Druckminderventils wird außerdem durch eine Druckflüssigkeit (Schmieröl) beeinflußt, die die Wirkung der Feder e unterstützt. Die Erzeugung des Preßdrucks erfolgt durch zwei Preßpumpen h, die in ihrer Wirkungsweise und Bauart den Brennstoffpumpen entsprechen und meistens zusammen mit diesen angetrieben werden. Die Pumpen erzeugen einen Kreislauf der Druckflüssigkeit, indem sie das Schmieröl durch die Leitung m ansaugen und durch die Ventile o_1 und o_2 nach der Leitung n und durch das einstellbare Ventil i in den Saugbehälter zurückdrücken. Je nach der größeren oder kleineren Eröffnung des

Ventils i wird sich in der Leitung p ein größerer oder kleinerer Druck einstellen und damit das Druckminderventil mehr oder weniger eröffnen, also dem Brennstoffventil ein höherer oder niederer Einblasedruck zugeführt werden.

Damit ist der erstrebte Zweck, dem Einblaseventil bei hoher Drehzahl der Maschine hohen, bei niederen Umdrehungen aber einen geringeren Einblasedruck selbsttätig zuzuführen, vollkommen erreicht.

Außerdem kann die Förderleistung der Ölpumpen h aber auch noch durch die Brennstoff-Handregulierung geregelt werden, durch die je

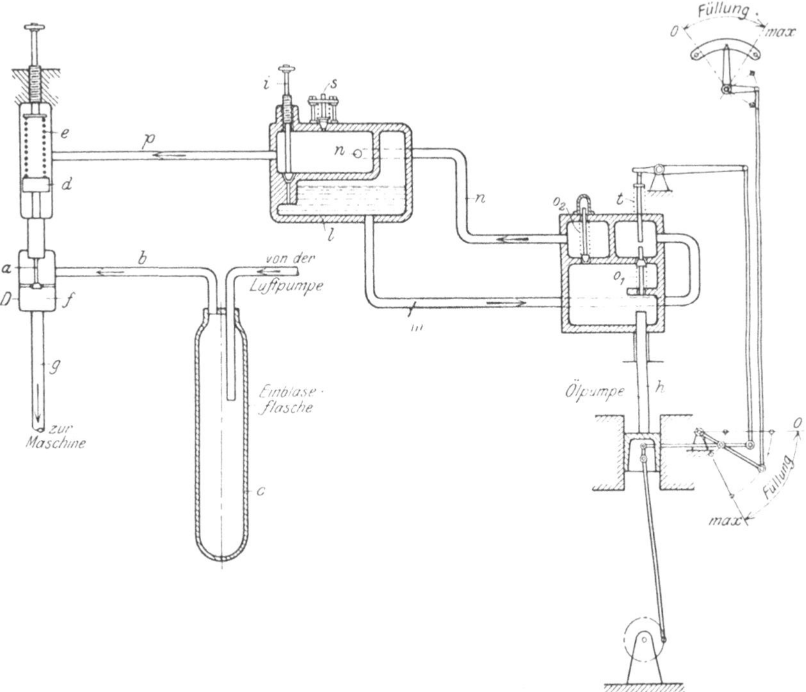

Abb. 64. Schema einer Einblasedruckreglung.

nach der Belastung der Ölmaschine, d. h. den den Brennstoffventilen zuzuführenden Brennstoffmengen das Saugventil o_1 längere oder kürzere Zeit durch den Anschlag t geöffnet gehalten wird, so daß eine entsprechende Druckänderung in der Leitung p eintritt. Der Einblasedruck in den Brennstoffventilen ist damit auch zwangsläufig abhängig von der jeweiligen Belastung der Maschine.

Die Einstellung des Druckminderventils erfolgt in der Weise, daß die Saugventile o_1 der beiden Ölpumpen h niedergedrückt werden, so daß die Förderleistung der Pumpen Null wird. Die Feder des Druckminderventils wird dann bei einem Einblasedruck in der Flasche c

von 60—70 at so eingestellt, daß der Druck in der Einblaseluftleitung 38 at beträgt, also gerade ausreicht, um den Kompressionsdruck im Arbeitszylinder von 32—35 at zu überwinden. Unter den Druck von 38 at darf der Einblasedruck unter keinen Umständen sinken.

5. Schmieröl- und Ölkühlleitungen.

Als Grundsatz gilt heute im Schiffsölmaschinenbau, daß alle wichtigen, in Bewegung befindlichen Wellen, Zapfen und Triebwerksteile durch Preßöl geschmiert werden. Hierzu gehören im besonderen die Grundlager, Kurbellager, Kreuzkopfzapfen, Arbeitskolben und Führungskolben. Alle übrigen rotierenden und gleitenden Teile des Getriebes und der Steuerung können dagegen durch die im Schiffsdampfmaschinenbau üblichen Zentralschmiereinrichtungen oder von Hand versorgt werden.

Da es sich im Ölmaschinenbau infolge der erheblich größeren Zahl zu schmierender Teile meist auch um die Förderung wesentlich größerer Schmierölmengen als im Dampfmaschinenbau handelt, wird stets eine besondere Schmierölpumpe, die als Zahnrad- oder Zentrifugalpumpe ausgebildet ist, vorgesehen, der die Aufgabe zufällt, das Schmieröl in einem dauernden Kreislauf durch das gesamte Netz der Schmierölleitungen zu drücken. Der Druck in den Schmierölleitungen beträgt für die verschiedenen Lager etwa 1,5—2,0 at, für die Arbeitskolben etwa 3—4 at.

Das aus einem besonderen Schmierölbehälter angesaugte Öl sammelt sich, nachdem es den einzelnen Schmierstellen zugeführt worden ist, in der Kurbelbilge der Ölmaschine, wird von hier durch einen Filter, und wenn erforderlich durch einen Ölkühler, gesaugt oder gedrückt und dann von neuem den Öldruckleitungen zugeführt.

Erfolgt auch die Kolbenkühlung durch Schmieröl, so wird zweckmäßig eine zweite Schmierölpumpe und zwar am besten eine Kurbelkolben- oder Zentrifugalpumpe vorgesehen, da es sich dann um die Förderung großer Ölmengen handelt, die infolge der hohen Kolbentemperaturen stets nachhaltig rückgekühlt werden müssen.

Werden die Arbeitskolben und die Grund- und Kurbellager durch die gleiche Schmierölpumpe gekühlt, so sind die einzelnen Rohrstränge mit Regulierorganen und Druckminderventilen für die Wellenlager zu versehen.

In den Abb. 65—67 ist das Schema einer Ölleitungsanlage für eine Viertaktölmaschine mit Kolbenölkühlung wiedergegeben. Die Förderung des Drucköls erfolgt durch eine an der Seite der Einblaseluftpumpe angeordnete Kolbenpumpe, die das Schmieröl mittelst der Leitung 1 aus einem Schmierölbetriebstank saugt und auf dem Wege durch die Leitung 2 durch die Ölfilter und die Leitung 6 nach dem Ölkühler drückt.

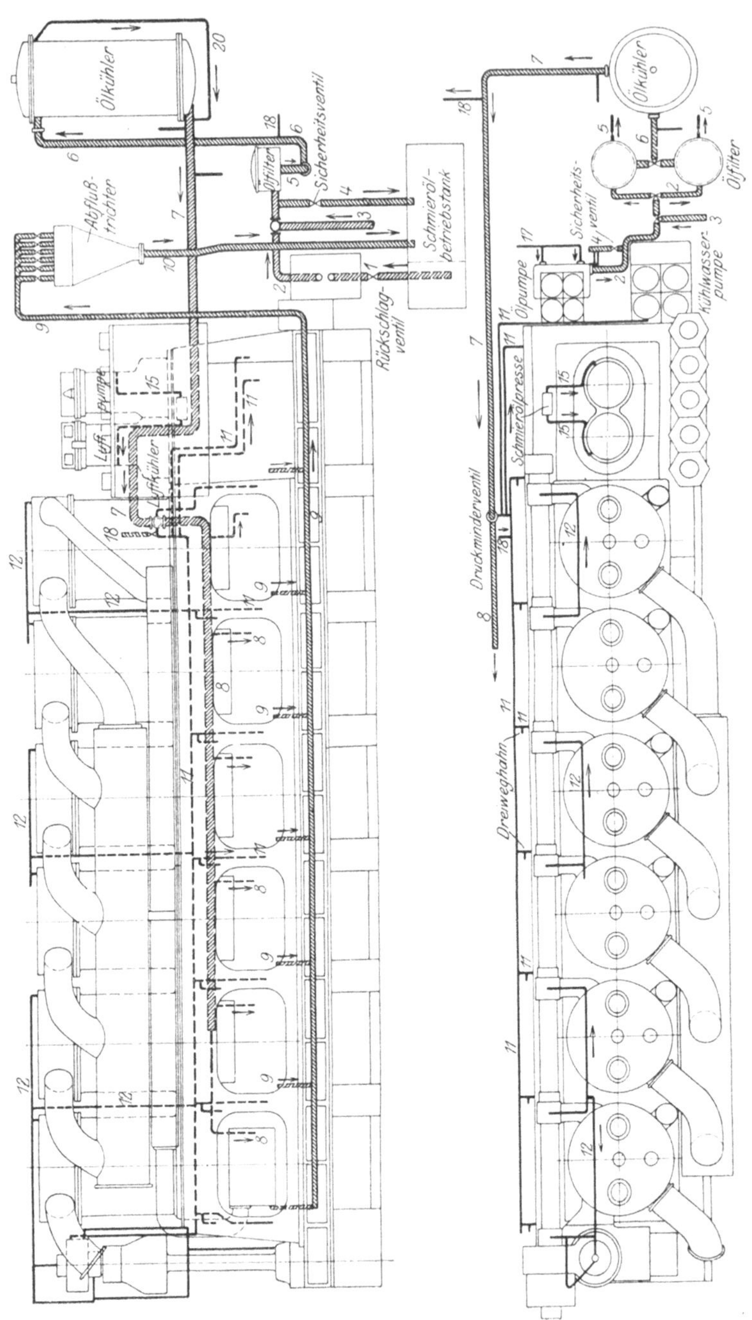
Ölkühler
Abfluß-
trichter
Ölfilter
Sicherheitsventil
Schmieröl-
betriebstank
Rückschlag-
ventil
Luftpumpe
Luftkühler
Druckminderventil
Schmierölpresse
Ölpumpe
Sicherheits-
ventil
Kühlwasser-
pumpe
Dreiweghahn

Das von letzterem ausgehende Hauptdruckrohr 7 verzweigt sich hinter dem Druckminderventil in die beiden Ölleitungen 8 und 11. Leitung 8 führt das für die Kolbenkühlung bestimmte Öl durch für jeden Kolben besondere Zweigrohre 8 den Gelenkrohren zu, die einerseits am Kastengestell der Ölmaschine, andererseits am Kolben befestigt sind. Durch anschließende Rohre, die an den inneren Kolbenwandungen verlegt sind (vgl. Abb. 13), gelangt das Kühlöl zum Kolbenboden und fließt von hier nach erfolgter Wärmeaufnahme durch die Ölabflußrohre 9 nach dem Schmieröl-betriebstank zurück, um den Kreislauf von neuem zu beginnen.

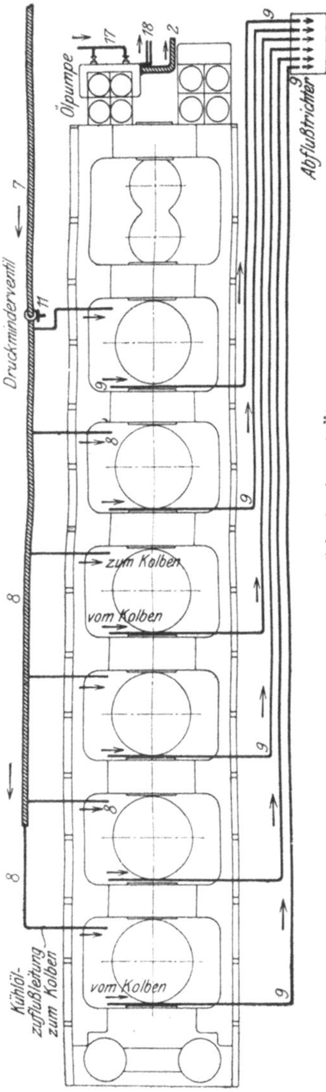

Abb. 65—67. Schema der Schmieröl- und Ölkühlleitungen.

Abb. 65—67. Schema der Schmieröl- und Ölkühlleitungen.

Die Leitung 11 mit ihren Zweigrohren dient zur Schmierung der Kurbelwellen-lager, durch die hohle Kurbelwelle zur Schmierung der Kurbelzapfen und von hier aus durch die ausgebohrte Pleuelstange schließlich auch zur Schmierung der Kolbenzapfen (vgl. Abb. 10). Das von den Kolbenzapfen abtropfende Schmieröl sammelt sich in der Kurbelwanne und fließt in den Schmieröltank zurück.

Die von der Schmierölhauptleitung 11 abzweigende Leitung 12 verästelt sich mehrmals und bildet die Schmierölleitungen für die Steuerwellen- und Steuerhebellager, die Steuerhebelrollen und das obere Schraubenrädergehäuse zum Antrieb der Steuerwelle. Die Rückleitung des Öls von diesen Schmierstellen erfolgt unmittelbar nach dem Schmierölbetriebstank.

Von einer besonderen Schmierung der Arbeitszylinder und der Niederdruckstufe der Einblaseluftpumpe ist, da es sich um eine geschlossene Bauart der Ölmaschine handelt, Abstand genommen worden. Das Spritzöl der Triebwerksteile reicht zum Schmieren der genannten Kolbenführungen aus. Für die Mittel- und Hochdruckstufen der Luftpumpe ist eine besondere Schmierpresse vorgesehen; und zwar erfolgt durch Leitung 15 die Schmierung des Hochdruck-, durch Leitung 16 die des Mitteldruckkolbens.

Um das erste Ansaugen der Ölpumpe zu erleichtern, ist eine besondere Auffülleitung 17 vorgesehen; zur Kontrolle des Öldrucks in den verschiedenen Rohrsträngen dienen die nach den Manometern und Vakuummetern führenden Leitungen 18 und 19. Vom Hauptdruckrohr 2 führt außerdem eine Überdruckleitung 4 mit eingeschaltetem Sicherheitsventil nach dem Schmierölbetriebstank zurück.

Durch die aus dem Leitungsplan ersichtlichen, in die Ölleitungen eingebauten Abschlußorgane, Dreiweghähne und Druckminderventile kann eine Regelung der durch die einzelnen Leitungen fließenden Ölmengen, eine Prüfung der Leitungen im Betriebe und gegebenenfalls eine Änderung des Schmieröldrucks herbeigeführt werden.

a) Schmierölpumpen.

Neben den Kolben- und Zentrifugalpumpen bekannter Bauart haben im Schiffsölmaschinenbau neuerdings besonders Zahnradpumpen Ein-

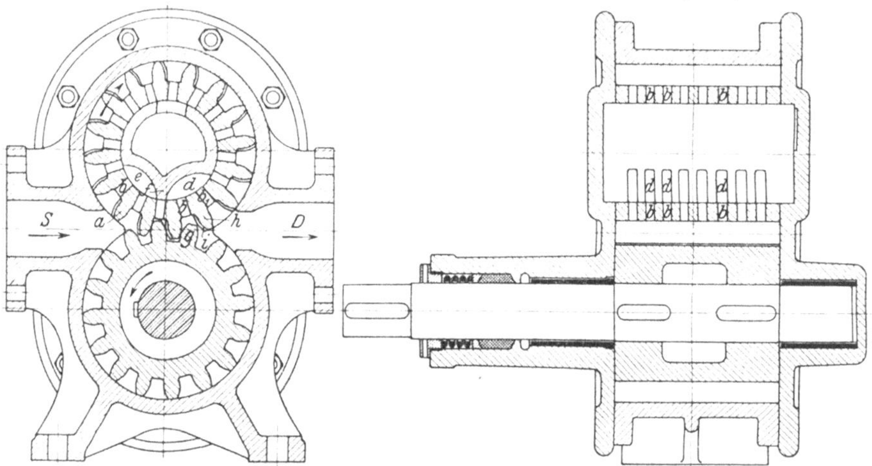

Abb. 68 und 69. Zahnrad-Schmierölpumpe.

gang gefunden, die bei einfachster Konstruktion, infolge des Fehlens besonderer Saug- und Druckventile den Vorzug recht geringen Raumbedarfs und der Verwendbarkeit in jeder gewünschten Lage verbinden.

Der Antrieb derartiger Zahnradpumpen erfolgt entweder durch Elektromotoren, durch ein Rädervorgelege von der Kurbelwelle oder einen einfachen Stirnradantrieb von der vertikalen Steuerwelle der Ölmaschine aus.

Eine besonders für Schiffsölmaschinen von der Firma August Neidig, Mannheim, gebaute Zahnradpumpe für Schmieröl zeigen die Abb. 68 u. 69.

Diese Pumpe besitzt eine der Firma Neidig patentierte Druckentlastung, die darin besteht, daß der Boden der Zahnlücken des angetriebenen Zahnrades a mit Bohrungen b bis zu der feststehenden Welle versehen ist, die durch entsprechende Aussparungen d und e jeweils mit dem Saugraum S bzw. Druckraum D der Pumpe wieder in Verbindung stehen. Die Aussparungen d und e auf der feststehenden Welle sind durch die Rippe f derart voneinander getrennt, daß die Löcher b im Bereiche einer Aussparung immer auf derselben Pumpenseite liegen müssen.

Auf diese Weise wird für die Druckseite erreicht, daß das zwischen zwei zum Eingriff kommenden Zähnen g und h befindliche Schmieröl ungehindert durch die Bohrung b und die Aussparung d abfließen und

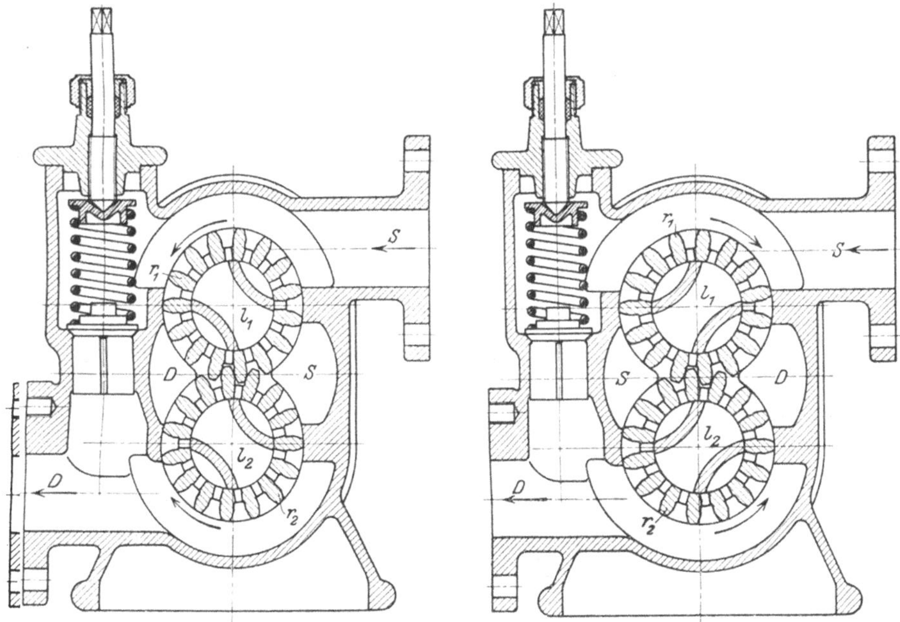

Abb. 70 und 71. Zahnradpumpe für wechselnde Antriebsrichtung.

durch die weitere Bohrung b_1 zum Druckraum zurücktreten kann. Um das Abfließen des Öls aus der Zahnlücke nach der Bohrung noch zu erleichtern, sind außerdem die Zahnflanken mit Nuten i versehen. Beim Fehlen der Bohrungen b würde ein großer Druck auf die Wellenzapfen der Stirnräder kommen und damit eine starke Abnutzung der Lager bei erheblichem Kraftaufwand eintreten.

Da es bei angekuppelten Schmierölpumpen von Schiffsölmaschinen wesentlich ist, daß auch nach erfolgter Umsteuerung der Maschine eine Vertauschung der Saug- und Druckleitungen durch Umstellen von Hähnen oder Ventilen nicht vorgenommen zu werden braucht, hat die in den Abb. 70 und 71 dargestellte Zahnradpumpe weite Verbreitung gefunden, da bei dieser Bauart eine selbsttätige Umstellung der als Drehschieber ausgebildeten Leitkanäle l_1 und l_2 im Inneren des angetriebenen und treibenden Zahnrades r_1 und r_2 erfolgt. Sobald die Ölmaschine in anderer Drehrichtung angelassen wird, werden die Drehschieber l_1 und l_2 durch die Reibung in den Räderbohrungen um einen gewissen Winkel bis zu einem Anschlag mitgenommen. Die Pumpe fördert damit, trotz wechselnder Umlaufrichtung, dauernd — wie aus den in den Abb. 70 und 71 in die Saug- und Druckleitungen eingetragenen Pfeilen ersichtlich — in der gleichen Richtung.

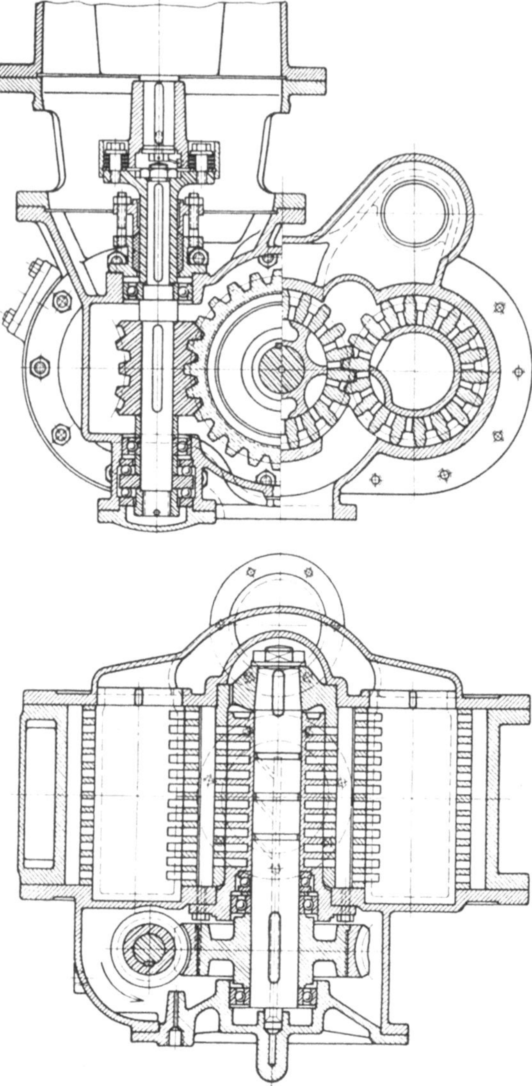

Abb. 72 und 73. Zahnradpumpe für große Förderleistungen.

Um auch bei dieser Bauart eine gute Druckentlastung herbeizuführen, sind wegen der wechselnden Drehrichtung der Zahnräder sowohl das getriebene wie das antreibende Rad im Boden der Zahnlücken mit den obenerwähnten Bohrungen versehen worden.

Die bauliche Ausgestaltung einer derartigen Zahnradpumpe für große Leistungen zum Fördern von Kolbenkühl- und Lagerschmieröl mit Antrieb durch einen Elektromotor mit vertikaler Welle und unter Zwischenschaltung eines Globoidschneckengetriebes zeigen die Abb. 72 und 73.

Außer der an die Ölmaschine angehängten Schmierölpumpe ist

stets eine selbständig angetriebene Reservepumpe vorzusehen, die ihrer Bauart nach eine der vorgenannten Pumpen sein kann und die gewöhnlich durch einen Elektromotor angetrieben wird.

Falls an Bord besondere Schmierölübernahmepumpen aufgestellt sind, wie stets für Ölmaschinenanlagen auf Handelsschiffen, so finden auch hierfür die vorerwähnten Bauarten, bisweilen auch, namentlich wenn eine Hilfskesselanlage an Bord vorgesehen ist, Duplex-Kolbendampfpumpen bekannter Konstruktion Verwendung.

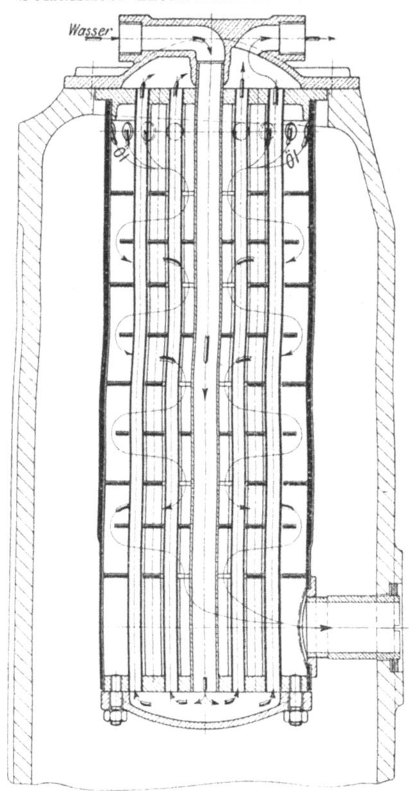

Abb. 74. Ölkühler.

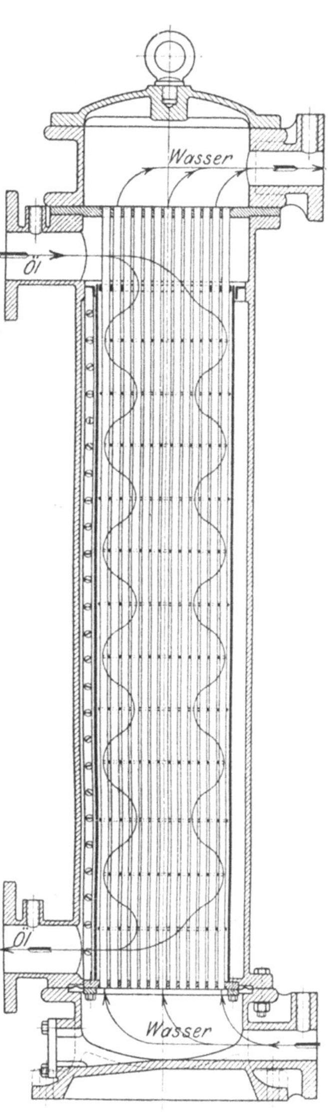

Abb. 75. Ölkühler.

b) Ölkühler.

Um die dem Schmieröl durch die Reibungsarbeit der hoch beanspruchten Ölmaschinenlager sowie durch die Kühlung der Arbeitskolben mitgeteilte Wärme wieder zu entziehen, werden Ölkühler eingebaut, in denen das Schmieröl in gleicher Weise wie bei der Beschreibung der Luftkühler (vgl. S. 95) ausgeführt, durch Seewasser rückgekühlt wird. Kühler aus einfachen, von Seewasser umspülten Rohrschlangen sind wegen ihres großen Platzbedarfs und ihres schlechten Wirkungsgrades in den letzten Jahren fast ganz von engrohrigen Kühlapparaten verdrängt worden, von denen die Abb. 74 und 75 zwei neuere Bauarten darstellen.

Die Röhrenkühler bestehen in der Hauptsache aus einem Röhrenbündel vieler einzelner, paralleler, dünnwandiger Kupferrohre von 1—2 m Länge, die in einem flußeisernen Gehäuse derart untergebracht sind, daß das Kühlwasser durch die Rohre, das Öl dagegen um die Rohre geführt wird. Durch Anordnung von Führungswänden gelangt das zu kühlende Schmieröl abwechselnd von der Mitte des Röhrenbündels nach dem Mantel des Ölkühlers, so daß die Wärmeentziehung gleichzeitig im Quer- und Gegenstrom vorgenommen wird.

Da auch bei den Ölkühlern auf die Längenausdehnung der Kühlrohre sorgfältig Bedacht genommen werden muß, da jede Rohrundichtigkeit ein Verseifen des Schmieröls hervorurfen würde, wird gewöhnlich nur ein Rohrboden im Kühlergehäuse festgelegt, während dem zweiten Boden eine gewisse Beweglichkeit in der Längsachse der Rohre zugestanden wird. In der in Abb. 75 dargestellten Bauart ist die Beweglichkeit des Rohrbodens dadurch erreicht, daß derselbe mittelst einer kräftigen gewellten Kupfermembran mit dem Kühlergehäuse verbunden ist.

Erfahrungen: Da im allgemeinen auf Seeschiffen keine hinreichenden Mengen Frischwasser mitgeführt werden können, kommt für die Rückkühlung des Schmieröls nur Seewasser in Betracht. Um Korrosionen der Röhrenbündel der Kühler zu verhindern, sind diese weitgehendst durch Anordnung von Zinkschutzplatten in den Seewasser führenden Räumen zu sichern.

Um auch während des Betriebes eine Reinigung der Röhrenbündel von eingedrungenem Sand und Schlamm vornehmen zu können, ohne die Bündel aus den Gehäusen auszubauen, wird zweckmäßig ein Preßluftanschluß an den Deckeln der Kühler und ein Entwässerungshahn von hinreichender Größe am anderen Kühlerende vorgesehen, so daß der Röhreninhalt in die Bilge abgeblasen werden kann.

c) Ölfilter.

Um das Schmieröl von mitgeführten mechanischen Unreinigkeiten, aber auch von eventuell in der Kurbelwanne aufgenommenen Verbrennungsrückständen aus den Arbeitszylindern zu befreien, werden in der Schmierölleitung, gewöhnlich vor dem Ölkühler, und zwar meist paarweise, Ölfilter eingebaut.

Die Größe jedes der beiden Filter soll ausreichend sein, um den ganzen

Schmierölbedarf zu reinigen, so daß während des Betriebes der Ölmaschine die Filter einzeln für Reinigungszwecke abgeschaltet werden können.

Der in Abb. 76 und 77 dargestellte Doppelfilter, der für Treiböl und

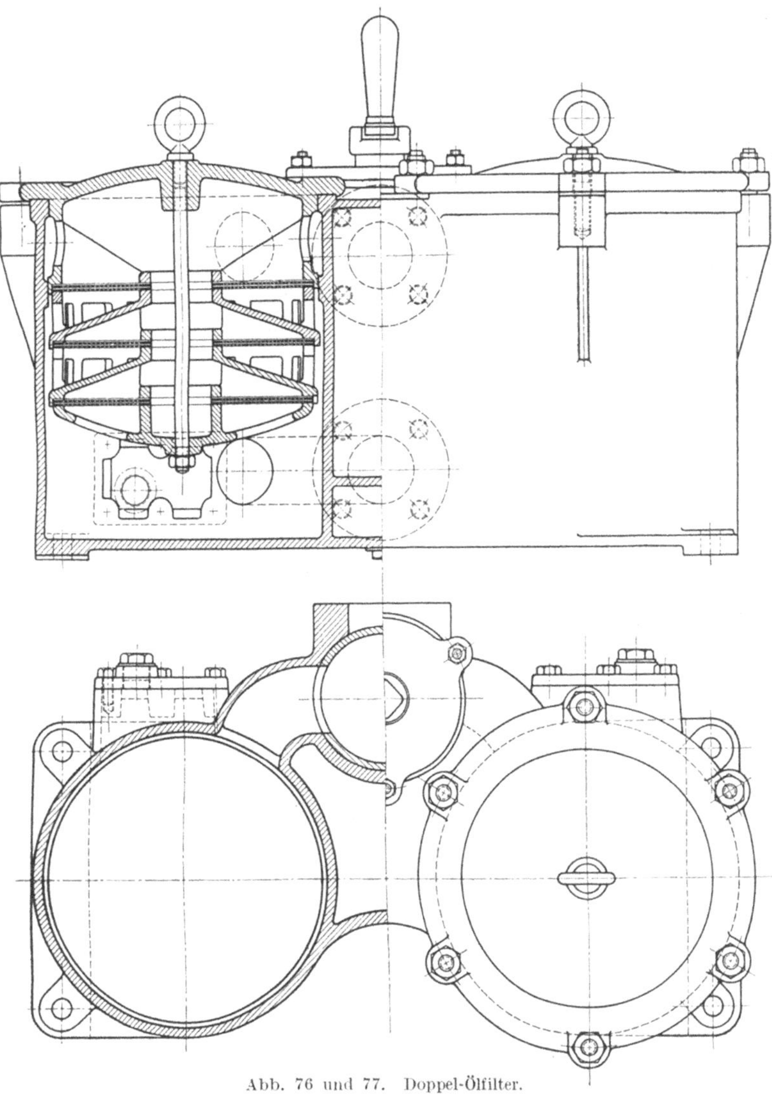

Abb. 76 und 77. Doppel-Ölfilter.

Schmieröl zu verwenden ist, besteht aus zwei Gehäusen aus Stahlguß oder Gußeisen, die durch einen Doppel-Dreiweghahn einzeln oder zusammen in die Schmierölleitung eingeschaltet werden können. Die Filterkörper bestehen aus einer größeren Anzahl terrassenförmig übereinander angeordneter Stahldrahtfiltersiebe, die durch zwischengelegte, gelochte Blechscheiben gegen ein Durchdrücken abgestützt sind und die unmittelbar mit dem oberen Abschlußdeckel des Filtergehäuses verbunden sind. Bei Abnahme des Deckels werden die Siebe mit diesem herausgezogen. Durch Reinigungsöffnungen im Unterteil des Filtergehäuses kann der hier ausgeschiedene Schlamm von Zeit zu Zeit entfernt werden.

6. Kühlwasserleitungen und -Einrichtungen.

Die durch das Kühlwasser von den Ölmaschinen abzuführenden Wärmemengen werden durch zwei Forderungen bestimmt. Einmal müssen die Zylinder-, Deckel- und Kolbenwandungen dauernd so kühl gehalten werden, daß infolge der durch die Verbrennungswärme im Zylinder erzeugten Temperatursteigerung die Festigkeit des Materials der den Verbrennungsraum umschließenden Konstruktionsteile nicht unzulässig beeinflußt wird, zum andern dürfen die infolge verschiedener Materialquerschnitte oder ungleichartiger Kühlung in den Wandungen der Maschine auftretenden Temperaturdifferenzen und die hierdurch verursachten ungleichen Wärmeausdehnungen nicht so groß werden, daß diese unzulässige Spannungen und damit Rißbildungen im Gefolge haben.

Nach den Untersuchungen von Professor Junkers belaufen sich die durch die Verbrennung des Treiböls von den Wandungen des Arbeitszylinders aufzunehmenden und an das Kühlwasser abzuführenden Wärmemengen für 1 qm und 1 st bei einem Temperaturgefälle von 208° C in den Zylinderwandungen auf etwa 260 000 WE. Die hierdurch in den Zylinder-, Deckel- und Kolbenwandungen unvermeidlich auftretenden und mit zunehmender Größe der Zylinderabmessungen noch erheblich wachsenden Wärmespannungen werden ein zulässiges Maß nur dann nicht übersteigen, wenn für eine hinreichende Wasserkühlung der Wandungen gesorgt wird. Nimmt man für eine mittelgroße Schiffsölmaschine einen Treibölverbrauch von 180 gr PSe bei einem Heizwert des Öls von 10 000 WE an, so sind von den durch die Verbrennung für die PS-Stärke frei werdenden

$$0{,}18 \cdot 10\,000 = 1800 \text{ WE}$$

erfahrungsgemäß etwa 1000 WE durch das Kühlwasser und mit den Auspuffgasen abzuführen. Und zwar entfallen von diesen etwa 60 v. H. auf das Kühlwasser, der Rest auf die Auspuffgase. Bei einer Temperaturzunahme des Kühlwassers um etwa 40° C — von einer Eintrittstemperatur $t_1 = 15°$ C auf eine Austrittstemperatur $t_2 = 55°$ C — verlangen die aufzunehmenden Wärmeeinheiten eine Kühlwassermenge von

$$\frac{0{,}6 \cdot 1000 \text{ WE}}{40°} = 15 \text{ l für 1 PSe/st.}$$

An der Aufnahme der abzuführenden Wärmemengen sind beteiligt:

der Zylindermantel mit etwa 50 v. H.
„ Zylinderdeckel „ „ 25 „ „ und
„ Kolben „ „ 25 „ „

Wie die bereits oben angegebenen, grundlegenden Untersuchungen von Junkers dargelegt haben, verlangt die Ölmaschine eine ganz besonders sorgfältig durchgebildete Kühlung der den Verbrennungsraum einschließenden Wandungen, da die Wärmeübertragung auf die Wandungen nicht nur abhängig ist von der Höhe der Verbrennungstemperatur, sondern auch in ganz besonderem Maße von der Höhe des Verbrennungsdruckes und der Wirbelung der Gase im Verbrennungsraum.

Die Kühlung der Wandungen wird in den weitaus meisten Fällen durch Frisch- oder Seewasser, die der Kolben vereinzelt auch durch Öl vorgenommen.

Die Verwendung von Frischwasser wird stets die einwandfreieste Kühlung darstellen; leider fehlt es im Seeschiffahrtsbetriebe meist an genügenden Vorräten, um sie durchweg zur Anwendung bringen zu können.

Bei der großen Wichtigkeit, die der Kühlung der Zylinder, Deckel und Kolben zukommt, empfiehlt es sich, für die genannten Teile gesonderte Kühlleitungen zu verlegen, deren Abflußleitungen das Kühlwasser möglichst frei austreten lassen, um der Maschinenleitung eine dauernde, sichtbare Kontrolle des ungeminderten Kühlwasserdurchflusses zu geben. Soweit gleichartige Konstruktionsteile an dieselbe Kühlwasserleitung angeschlossen werden, sind die Ein- und Austrittsleitungen stets parallel und nicht hintereinander zu schalten, um die Kühlwassertemperaturen jedes einzelnen Kühlraums beobachten zu können.

Auf die Reinheit des Kühlwassers ist besonderer Wert zu legen. Wird Seewasser von außenbords verwandt, so ist dieses zur Befreiung von mechanischen Unreinigkeiten durch geeignete Filter zu leiten, die stets in den Saugleitungen der Kühlwasserpumpen anzuordnen sind. Die Abb. 78 zeigt einen derartigen Seewasserfilter, der aus zwei gleichartigen Filterkörpern besteht, die einzeln oder zusammen in Betrieb genommen werden können. Außer den aus den Abbildungen ersichtlichen Drahtsieben in dem Filterkorb wird letzterer gewöhnlich noch mit einem Sack aus Filtertuch überspannt. Um die Ausscheidung von Kesselsteinbildern hintenan zu halten, sollte die Temperatur des austretenden Zylinder- und Deckelkühlwassers 40—45° C nicht übersteigen. Für Anordnung einer genügenden Anzahl Handlöcher zur Entfernung abgelagerter Schlammengen in den Kühlwasserräumen muß Sorge getragen werden.

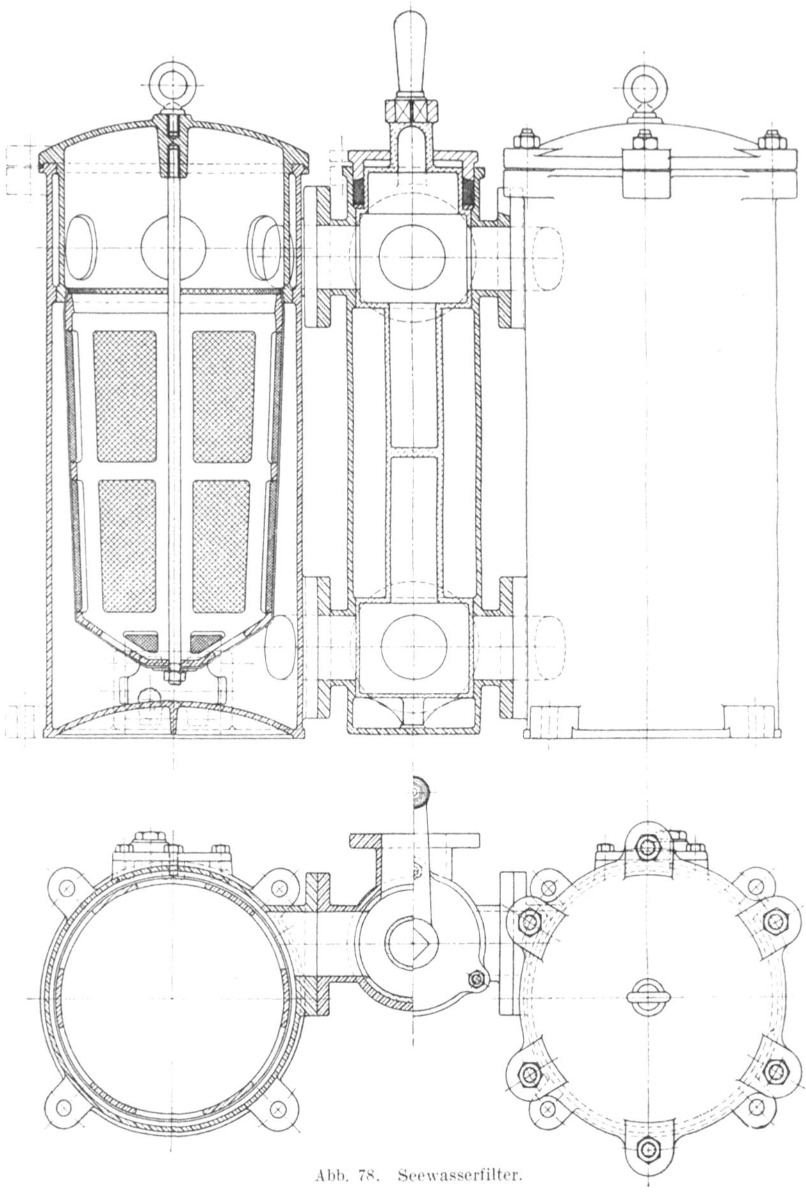

Abb. 78. Seewasserfilter.

Die Zuführung des Kühlwassers zu den ruhenden Kühlwasserräumen der Zylinder, Deckel, Ventilgehäuse und Auslaßventilkegel bereitet keinerlei Schwierigkeiten. Als Kühlwasserdruck für diese Teile genügen, da hinreichend weite Kühlwasserräume vorgesehen werden können, 2—3 at. Für die Kolbentriebwerksteile erfolgt die Wasserzufuhr durch Posaunenrohre (Abb. 13) oder Gelenkrohre (Abb. 108). Auf die Anordnung und Ausbildung dieser Teile wird bei der Besprechung ausgeführter Schiffsölmaschinenanlagen zurückgekommen werden. Der Kühlwasserdruck muß für die hin und her gehenden Triebwerksteile auf wenigstens 4—5 at gehalten werden, da andernfalls die Gefahr eines Abreißens des Wasserstroms besteht.

Eine schematische Darstellung der für eine Schiffsölmaschine erforderlichen Kühlwasserleitungen ist in den Abb. 79—81 gegeben.

Zur Versorgung der Kühlwasserleitungen ist im vorliegenden Falle eine von der Ölmaschine unmittelbar angetriebene Kolbenpumpe vorgesehen, deren beiden, gegenläufig arbeitenden Tauchkolben das Kühlwasser von außenbords durch die Leitung 1 zufließt. Die Pumpe drückt in die Hauptkühlwasserleitung 2, von der die Kühlleitungen nach den Kühlräumen der Arbeitszylinder (6), der Luftpumpenzylinder (5), den Luftkühlern (4) und dem Ölkühler (3) abzweigen. Von den Kühlräumen der Arbeitszylinder führen Rohrstutzen, die in der Dichtungsebene der Zylinderdeckel mit den Arbeitszylindern liegen, nach den ersteren. Durch die Leitung 11 wird das Kühlwasser aus den Deckeln nach den Auspuffventilgehäusen und von diesen durch die Rohre 12 nach der Hauptabflußleitung 16 geführt. Zum Kühlen der Auspuffventilkegel ist an jedem Zylinderdeckel eine besondere Kühlwasserentnahmestelle vorgesehen, von der aus der Ventilspindel mittelst eines Rohrstücks und Gummischlauchs 13 Kühlwasser zu- und durch die Schlauchleitung 14 abgeführt wird, die gleichfalls in die allgemeine Abflußleitung 16 mündet.

Die Kühlwasserrückleitungen des Ölkühlers 8 und die der Luftkühler 7 vereinigen sich zu einer gemeinsamen Abflußleitung, die das zum Kühlen der Auspuffleitung erforderliche Wasser durch die Zweigleitungen 9 abgibt, aus der es dann durch die Rohre 10 der Hauptabflußleitung 16 wieder zugeführt wird. Durch die Leitung 20 ist das Kühlrohrsystem an die Reservekühlwasserpumpe angeschlossen.

Die erforderlichen Anschlußstutzen 17 der Kühlwasserleitungen zum Entwässern der Rohre nach der Bilge und zum Ausblasen der Leitungen und Kühler für Reinigungszwecke und bei eintretender Frostgefahr sind aus der schematischen Darstellung der Leitungen zu entnehmen.

Erfahrungen: Bekannt geworden sind mehrere Fälle, bei denen schon ganz unerhebliche Schlammausscheidungen und Niederschläge von 1—2 mm auf der Kühlwasserseite der Zylinderwandungen die Kühlwirkung derart beeinträchtigt haben, daß die durch die Temperatursteigerung verursachten Wärmeausdehnungen den die Arbeitszylinder umschließenden Wassermantel gesprengt haben. Die Ursache der Aus-

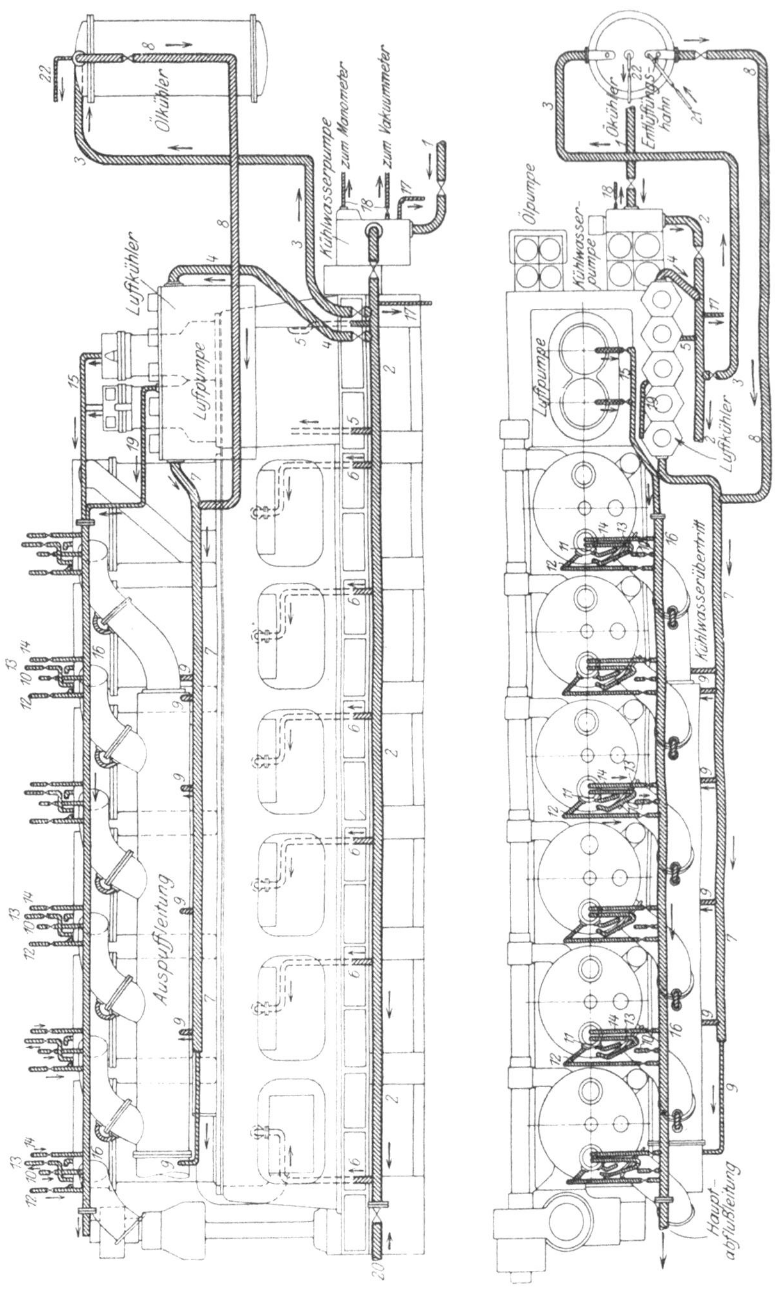
Ölkühler
Kühlwasserpumpe
zum Manometer
zum Vakuummeter
Luftkühler
Luftpumpe
Auspuffleitung
Ölpumpe
Kühlwasser-
pumpe
Ölkühler
Entlüftungs-
hahn
Luftpumpe
Luftkühler
Kühlwasserübertritt
Haupt-
abflußleitung

scheidungen war darauf zurückzuführen, daß der Kühlwasseraustritt am Wassermantel nicht an der höchsten Stelle des Kühlwasserraums angeordnet war. Infolgedessen traten Schmutzablagerungen und Luftausscheidungen in dem Raum zwischen Laufbüchse und Kühlwassermantel oberhalb des Austrittsstutzens ein. Da Reinigungsöffnungen im Kühlmantel auch noch fehlten, wurden die Ausscheidungen nicht bemerkt; die Wärmeabfuhr der Zylinderbüchse im oberen Teil wurde eine ungenügende und damit die Ausdehnung derselben eine stetig zunehmende, so daß schließlich der kalte, an der Wärmedehnung nicht teilnehmende Mantel gesprengt wurde und von oben nach unten aufriß. Durch Verlegung der Austrittsleitung nach der höchsten Stelle des Kühlwasserraums und Anordnung von auf den Umfang verteilten Handlöchern wurde der Übelstand beseitigt.

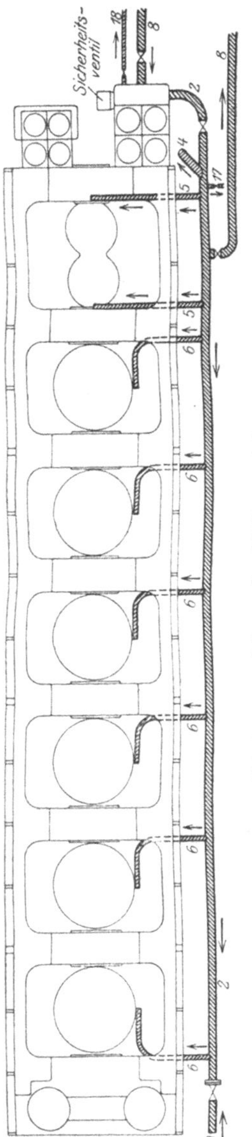

Abb. 79—81. Schema der Kühlwasserleitungen.

Abb. 79—81. Schema der Kühlwasserleitungen.

Da bei der Kühlung durch Seewasser elektrolytische Anfressungen der Kühlraumwandungen eintreten, sind in allen zugänglichen Kühlräumen der Arbeitszylinder, der Zylinderdeckel sowie auch besonders in den aus verschiedenen Metallen bestehenden Luft- und Schmierölkühlern Zinkschutzplatten vorzusehen.

Da die Wirksamkeit dieser Schutzplatten nach erfolgter Oxydation der Oberfläche aufhört, sind die Zinkplatten in regelmäßigen Zeitabständen nachzusehen, zu reinigen und gegebenenfalls zu erneuern.

Den gleichen zerstörenden Wirkungen sind fast ausschließlich aus Kupfer bestehende Kühlwasserleitungen ausgesetzt. Um die an die Kühlwasserleitungen anschließenden Maschinenteile von den zerstörenden Einflüssen freizuhalten, wird zwischen die Kühlleitungen und die Maschine an leicht zugänglichen Stellen häufig ein **E i s e n s c h u t z** in Form kurzer Leitungsteile gebaut, der die elektrolytischen Zersetzungen aufnimmt und nach stärkerer Zerstörung ohne große Kosten ausgewechselt werden kann.

7. Schalldämpfung der Auspuffgase.

Durch die mit großer Geschwindigkeit die Arbeitszylinder der Ölmaschine verlassenden Verbrennungsgase treten an den Austrittsstellen erhebliche Geräusche auf, zu deren Milderung besondere Schalldämpfungsmittel eingebaut werden müssen.

Der Grundgedanke aller derartigen Einrichtungen beruht auf der Verminderung der Strömungsgeschwindigkeit der Auspuffgase durch Erweiterung der Auspuffleitung, gewöhnlich zu einem besonderen Gefäß, dem sogenannten Auspufftopf. Soll durch einen derartigen Behälter eine wirksame Schalldämpfung erreicht werden, so muß der Inhalt desselben wenigstens gleich dem 20fachen Hubvolumen der pro Umdrehung des Motors in den Auspufftopf ihre Verbrennungsgase abgebenden Arbeitszylinder sein. Ein- und Austrittsstutzen sind dabei so anzuordnen, daß innerhalb des Schalldämpfers eine möglichst weitgehende Richtungsänderung der Gase stattfindet.

Die Auspufftöpfe werden zweckmäßig in möglichster Nähe der Arbeitszylinder angeordnet, um die infolge des Ausschubwiderstandes auftretenden, namentlich bei größeren, raschlaufenden Motoren recht erheblichen Stoßkräfte von den Auspuffleitungen fernzuhalten.

Ist die Unterbringung der großen Auspufftöpfe aus Platzmangel im Hauptölmaschinenraum nicht zu erreichen, so sollten diese nicht, wie heute noch vielfach zu finden, in den oberen Decks untergebracht werden, sondern eine Unterteilung des Schalldämpfers für je zwei oder drei Arbeitszylinder versucht werden. Man verbindet damit den weiteren Vorteil, die Auspufftöpfe noch in Gußeisen ausführen zu können, was sowohl für diese als die gesamten Auspuffleitungen von Vorteil ist. Da je nach dem Gehalt des Treiböls an Schwefel die Auspuffgase größere oder kleinere Mengen schwefliger Säure enthalten, stehen beim Vorhandensein von feuchten Niederschlägen, die in den Auspuffleitungen nicht ganz zu vermeiden sind, bei der Verwendung von Gußeisen für diese Leitungen weit geringere Korrosionen zu befürchten als bei der Ausführung dieser Teile in Flußeisen. Zur Entwässerung ist jeder Topf mit einer Bodenverschraubung, zur Ermöglichung einer inneren Überholung mit einem verschließbaren Mannloch oder Handloch zu versehen.

Da namentlich beim Ansetzen der Ölmaschinen oft unverbrannte Gase sowie Schmier- und Treiböle nach den Auspuffleitungen und Schalldämpfern gelangen, muß auch die Möglichkeit einer Entzündung bzw. Explosion dieser Rückstände ins Auge gefaßt werden. Zur Verhinderung eines Berstens dieser Gefäße durch inneren Überdruck werden die Auspuffleitungen mit Überdruckventilen, -platten oder auch gußeisernen Sprengplatten versehen.

Zur Milderung der bei größeren Schalldämpfern recht beträchtlichen Wärmeausstrahlungen und zur Verkleinerung des Gasvolumens ist versucht worden, dem Auspufftopf unmittelbar Kühlwasser durch einen Zerstäuber zuzuführen. Da Frischwasser für diesen Zweck an Bord im allgemeinen kaum vorhanden sein wird und die Verwendung von Seewasser zu Salzablagerungen im Auspufftopf und den anschließenden Rohrleitungen führen muß, sollte für Schiffsbetriebe hiervon abgesehen werden. Hinzu kommt, daß bei Liegezeiten im Winter im Hinblick auf die Frostgefahr stets eine sehr sorgfältige Entwässerung vorgenommen werden muß und auch für die Arbeitszylinder die stete Gefahr eines Rücktretens von Kühlwasser durch die Auspuffleitungen bestehen bleibt. Durch stetiges Dampfen der Auspuffleitung wird endlich auch die Beurteilung des Farbzustandes der Verbrennungsprodukte, die für die Maschinenleitung das einfachste und sicherste Kennzeichen einer restlosen Verbrennung abgibt, sehr erschwert.

Die Fernhaltung der strahlenden Wärme der Abgase von den Motorräumen wird daher zweckmäßig durch eine ausreichende Isolierung mit Wärmeschutzmasse (Kieselgur, Glasgespinst) oder durch Verwendung doppelwandiger, wassergekühlter Gefäße und Leitungen vorgenommen werden.

Auf Unterseebooten werden die Auspufftöpfe im Hinblick auf den Raummangel im Inneren des Bootes stets außerhalb des Druckkörpers angeordnet. Die Auspuffleitungen müssen daher auf U-Booten, im Gegensatz zu Ölmaschinenanlagen auf Handelsschiffen, stets durch doppelte Abschlußorgane von den Arbeitszylindern sicher abgesperrt werden können, da die Maschine anderenfalls bei der Unterwasserfahrt voll Wasser laufen würde. Um die nach dem Auftauchen von U-Booten in den unterhalb der über Wasser mündenden Auspufföffnungen liegenden Auspuffleitungen enthaltenen Wassermengen entfernen zu können, sind an den Auspuffleitungen große, vom Inneren des Bootes zu bedienende Entwässerungshähne anzubringen, die das eingedrungene Außenbordwasser nach der Bilge abfließen lassen.

Erfahrungen: Lange Auspuffleitungen zwischen den Ölmaschinenzylindern und den Auspufftöpfen haben namentlich bei scharfen Rohrkrümmern vielfach zu heftigen Stößen infolge stehender Schwingungen in den Leitungen und Beschädigungen der Rohrflanschen geführt. Diese Mängel konnten beseitigt werden durch Anordnung der Auspufftöpfe in unmittelbarer Nachbarschaft der Ölmaschinenzylinder und Unterteilung der Auspufftöpfe für je eine Gruppe von 2 oder 3 Zylindern.

Um häufiger aufgetretene Verstopfungen in den doppelwandigen Auspuffleitungen beseitigen zu können, sind Handlöcher von hinreichender Größe und Zahl anzuordnen. Eine Reinigung der Auspufftöpfe sollte wenigstens halbjährlich vorgenommen werden.

Die Einbauten in die Schalltöpfe zur Erzielung der Richtungsänderung der abzuführenden Auspuffgase sollten sich mit Rücksicht auf die Schwierigkeit der inneren Konservierung der Töpfe auf einfache, kräftige Prallbleche beschränken, da derartige Einbauten besonders bei den dauernd dem Seewasser ausgesetzten Auspuffbehältern von Unterseebooten sehr starker Verrostung ausgesetzt sind.

Die Abführung der Auspuffgase wird zweckmäßig in möglichst großer Entfernung von der Kommandobrücke vorgenommen, um die Aufmerksamkeit des Wachthabenden, namentlich im Nebel, nicht zu beeinträchtigen.

8. Abgasverwertung.

Wie man in allen Dampfkraftbetrieben im letzten Jahrzehnt dazu übergegangen ist, die Abwärme des Auspuffdampfes mehr und mehr noch wirtschaftlich auszunutzen, hat man sich auch im Ölmaschinenbau von Anfang an bemüht, die Wärmebilanz durch Ausnutzung der in den Auspuffgasen enthaltenen Wärmeeinheiten noch günstiger zu gestalten.

Für die unmittelbare Verwertung der Verbrennungsprodukte der Ölmaschinen unter einem an Bord vorhandenen Hilfskessel, ev. auch in Verbindung mit einer Ölfeuerungsanlage, sind bis heute wirklich brauchbare Ausführungsformen noch nicht gefunden worden.

Erfahrungsgemäß stellt sich für eine Ölmaschine der stündliche Ölverbrauch etwa folgendermaßen:

1. Wärmeverbrauch für 1 PSe/st = 2000 — 1850 WE.
2. Abwärmeverbrauch „ 1 PSe/st = 1150 — 1000 WE.

Dieser letztere Wert setzt sich zusammen aus dem:

1. Wärmeabgang im Kühlwasser für 1 PSe/st = 500 — 450 WE.
2. Wärmeabgang in den Abgasen „ 1 PSe/st = 650 — 550 WE.

Die Kühlwassertemperatur soll für Schiffsölmaschinen in den Arbeitszylindern und Deckeln 55°—60° C im allgemeinen nicht übersteigen. Die Kühlwasserwärme läßt sich im Schiffsbetrieb leicht verwenden, besonders wenn größerer Bedarf an Warmwasser, wie etwa zu Badezwecken auf Passagierdampfern, vorhanden ist, oder auch durch Anordnung einer Warmwasserheizung, wie sie bereits zu wiederholten Malen auf Motorschiffen zur Ausführung gekommen ist. Allerdings werden im letzteren Falle meist auch noch die Abgase der Ölmaschine für den gleichen Zweck herangezogen, deren Ausnutzung in besonderen Abgasverwertern erfolgt. Es sind dies aus Flußeisen gebaute Behälter, die von den heißen Abgasen durchströmt werden, und in denen gußeiserne, vom Wasser durchflossene Strahlkörper eingebaut sind. Gas und Wasser werden im Gegenstrom durch den Apparat geführt. Mit derartigen

Apparaten kann man das aus der Ölmaschine abfließende Kühlwasser auf etwa 70—80° C anwärmen;, höhere Temperaturen verbieten sich bei Seewasser im Hinblick auf die Ausscheidungen in den Strahlkörpern.

Im allgemeinen macht es erheblich größere Schwierigkeiten, den Wärmeinhalt der Abgase als den des Kühlwassers ausnutzen, da die ersteren infolge ihres Ausströmungsdruckes von 2—3 at eine hohe Strömungsgeschwindigkeit und außerdem infolge ihrer geringen spezifischen Wärme eine sehr schlechte Wärmeabgabefähigkeit (200mal schlechter als Dampf) besitzen sowie vielfach durch Öl, schweflige Säure und Ruß verunreinigt sind.

Für den Schiffsölmaschinenbau lassen sich hauptsächlich zwei Verwertungsmöglichkeiten der in dem Kühlwasser und den Abgasen enthaltenen Wärmemengen unterscheiden. Entweder wird das Kühlwasser unmittelbar und die Abgase vermittelst besonderer Abgasverwerter zu Heizzwecken verwandt, oder es findet durch die Abgase eine weitere Erwärmung des angewärmten Kühlwassers bis zur Dampfbildung statt, die in besonderen Dampfkraftmaschinen ausgenutzt wird.

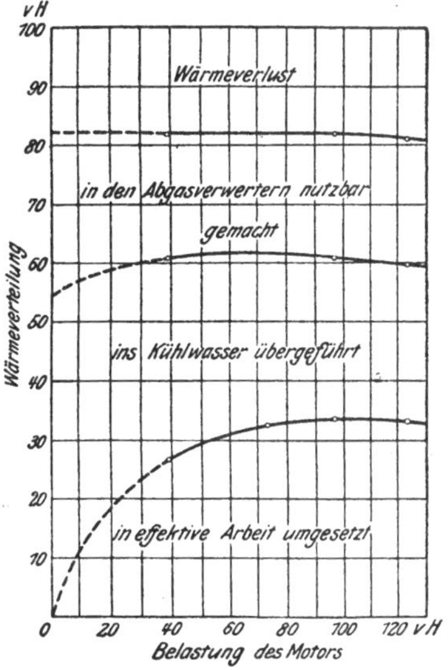

Abb. 82. Wärmeverteilung in der Ölmaschine.

Bei der Ausnutzung der Wärmemengen des Kühlwassers und der Auspuffgase in Abgasverwertern ergibt sich für die Ölmaschine folgende Wärmebilanz[1]):

In effektive Arbeit umgesetzte Wärme in der Ölmaschine (1 PS = 632 WE)	33,5 v. H.
Im Kühlwasser abgeführte Wärme	27,4 „ „
Durch Abgasverwerter gewonnene Wärme	21,1 „ „
Gesamte in der Anlage nutzbar gemachte Wärme	82,0 v. H.
Demnach: Wärmeverlust in den Auspuffgasen und Verlust durch Strahlung der Anlage	18,0 „ „

Eine graphische Darstellung der Wärmeverteilung einer Ölmaschinenanlage mit Abgasverwertung zeigt das Diagramm Abb. 82.

Die hohe Ausnutzung der im Treiböl enthaltenen Wärme bis zu über 80 v. H. zeigt, daß, wenn neben der reinen Kraftleistung des Motors

---

[1]) Vgl. Versuche an einer 300pferdigen Sulzermaschine mit Abwärmeverwertung. Von Prof. J. Cochand und M. Hottinger. Zeitschrift d. V. d. Ing., 1912, S. 458 u. ff.

auch größere Warmwassermengen im Schiffsbetriebe gebraucht werden, der Einbau einer Abgasverwertungsanlage durchaus vorteilhaft sein kann, wie an mehreren derartigen an Bord von Motorschiffen zum Einbau gelangten Anlagen durch praktische Dauererprobung nachgewiesen werden konnte.

Die hohe Temperatur der Abgase von 400–600 °C befähigt dieselben, auch zur unmittelbaren Erzeugung von Dampf zu dienen. Ausgeführte Abwärmeanlagen von Dieselmaschinen der Maschinenfabrik Augsburg-Nürnberg haben bei einer Wärmeausnutzung des Brennstoffs in der Ölmaschine von 31,5 v. H. noch weitere 17 v. H. des

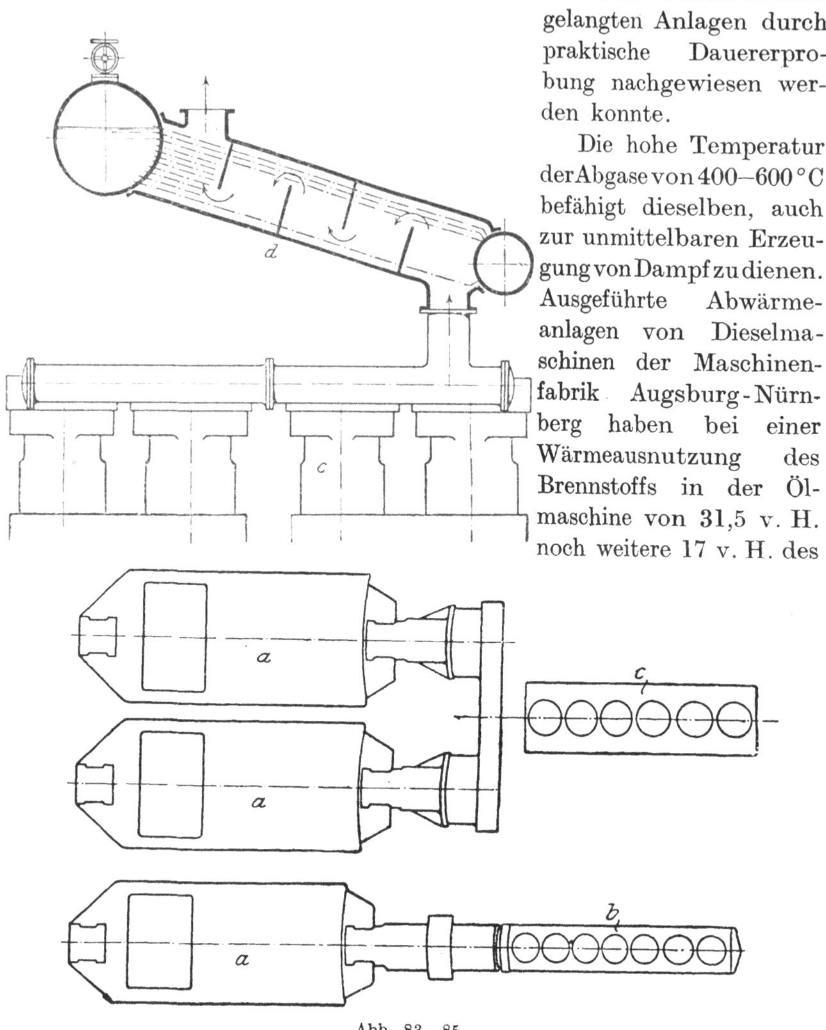

Abb. 83—85.

Wärmeinhalts des Treiböls in den Abgasverwertern durch Erzeugung von Arbeitsdampf erzielt.

Praktische Anwendung haben derartige Anlagen auf englischen Torpedobooten durch die Firma J. E. Thornycroft gefunden, die Dampfturbinen und Ölmaschinen in der Weise vereinigte, daß auf jeder Schraubenwelle eine Dampfturbine *a*, Abb. 83—85, und gleichzeitig je eine

Ölmaschine, oder letztere vermittelst eines Rädervorgeleges auf beide Schraubenwellen gemeinsam arbeitete.

Die Anlagen sind derart durchgebildet, daß bei voller Fahrt die Dampfturbinen allein arbeiten und etwa 15 000 PS entwickeln, bei Marschfahrt aber nur die Ölmaschine mit 2×600 beziehungsweise 1×1200 PS arbeitet, während die Dampfturbinen leer mitlaufen. Zur Herabsetzung des Leerlaufwiderstandes erhalten die Dampfturbinen auf den Marschfahrten Dampf aus einem besonderen Abgasverwerter, der in Abb. 83 im Schnitt dargestellt ist, und der aus einem oberhalb der Dieselmaschine schräg liegenden Röhrenkessel besteht, der durch die Abgaswärme der Ölmaschine geheizt wird.

Die auf diese Weise zu gewinnenden Dampfmengen sind allerdings nur recht gering. Da die Verbrennungsgase nicht unter die Kondensationsgrenze von etwa 175° C abgekühlt werden können, gelingt es bei der unmittelbaren Dampferzeugung meist nicht, mehr als 10 v. H. der gesamten in der Ölmaschine aufgewandten Wärmemengen für diesen Zweck nutzbar zu machen. Da zur Verwandlung von einem Kilogramm Kühlwasser in Dampf von 100° C rund 580 WE gebraucht werden, so können für eine Schiffsölmaschinenanlage von 2000 PS und einem Ölverbrauch von 180 gr PSe/std bei einem Wärmeinhalt des Treiböls von 10 000 WE nicht mehr als

$$\frac{2000 \cdot 0{,}180 \cdot 10000 \cdot 0{,}10}{580} = \underline{620 \text{ kg Wasser/st}}$$

verdampft werden.

Die unmittelbare Verwendung der Auspuffgase für Heizungszwecke verbietet sich infolge der hohen mittleren Temperatur derselben von 400—600° C aus hygienischen und praktischen Gründen. Hinzu kommt, daß der Gegendruck der Auspuffgase aus Betriebsrücksichten möglichst gering gehalten werden muß, und außerdem die engen Heizrohre durch die unreinen Gase bald verschmutzt sein würden.

9. Brennstoffbehälter.

Für die Lagerung des flüssigen Brennstoffes kommen auf Schiffen neben den Doppelbodentanks noch Hochtanks und auf Unterseebooten auch Außenbordtanks in Betracht. Die Unterbringung des Treiböls im Doppelboden hat den Vorzug, daß frachtbringender Laderaum nicht in Anspruch genommen wird. Als Nachteil steht dem gegenüber, daß eine Reinigung der Bodenzellen schwierig ist, die Ölpumpen sehr tief angeordnet werden müssen, um auch bei nicht auf ebenem Kiel liegendem Schiff noch sicher anzusaugen und außerdem die Abscheidung von Unreinigkeiten, im besonderen von Wasser, nur mangelhaft ist. Da gerade das letztere unbedingt vor der Verwendung des Treiböls in der

Ölmaschine weitmöglichst abgeschieden werden muß, sind für die Hauptmotoren stets hochgelegene, sogenannte Tagesbedarfsbehälter vorzusehen, in denen dem flüssigen Brennstoff vor der Zuführung nach den Brennstoffpumpen wenigstens während einer 10—12stündigen Dauer Gelegenheit zur Abscheidung von Wasser und Unreinigkeiten gegeben werden muß.

Die Tagesbehälter erhalten zur laufenden Betriebskontrolle Schwimmermeßvorrichtungen, Ölstandsanzeiger, Wasserablaßhähne, Entlüftungsrohre sowie Reinigungsluken in der Nähe des Bodens. Entlüftungsrohre sind auch an den Boden- und Hochtanks anzubringen.

Damit bei eventuellen Bodenschäden des Schiffes nicht ein Verlust des gesamten Treibölvorrates eintreten kann und damit die Betriebsbereitschaft der Ölmaschinenanlage in Frage gestellt wird, müssen nach den Vorschriften der Klassifikationsgesellschaften 20 v. H. des überhaupt mitgeführten Betriebsstoffes auf Ölmaschinenschiffen in Hochtanks untergebracht werden, und zwar so, daß sie durch Außenhautbeschädigungen des Schiffes nicht verlorengehen können.

VII. Ausgeführte Schiffs-Ölmaschinenanlagen.

1. Viertakt-Ölmaschinen.

a) Bauart: Burmeister & Wain, Kopenhagen.

Trotz der in Deutschland geleisteten grundlegenden Arbeiten für die Herstellung der ersten betriebssicheren Dieselmaschinen blieb es doch einer dänischen Firma, der Schiffswerft und Maschinenfabrik von Burmeister & Wain in Kopenhagen vorbehalten, die ersten Großschiffs-Dieselmaschinen für ein seegehendes Schiff herzustellen und mit vollem Erfolg an Bord einzubauen.

Nach Erwerb der Dieselpatente im Jahre 1898 gelang es der Firma nach längeren, durchaus selbständigen Versuchen 1903, einen ersten zufriedenstellenden Motor abzuliefern, dem sich im Laufe der Jahre 1909—1910 die ersten brauchbaren umsteuerbaren Schiffsdieselmaschinen anschlossen.

Und zwar war es die Ostasiatische Kompagnie in Kopenhagen, die der Schiffswerft von Burmeister & Wain den gleichzeitigen Auftrag zur Lieferung von drei Schwesterschiffen „Selandia“, „Fionia“ und „Jutlandia“ von je 7400 t Tragfähigkeit mit je einer Zweiwellen-Ölmaschinenanlage von je 2500 PSi erteilte.

Bereits die Lieferung dieser ersten drei im Jahre 1912 abgelieferten Schiffe, von denen die „Fionia“ als „Christian X.“ durch Kauf in den Besitz der Hamburg-Amerika-Linie überging, bedeutete einen vollen

Erfolg und trug der Bauwerft zahlreiche Neubauaufträge ein, so daß die Firma heute von sämtlichen seegehende Motorschiffe bauenden Schiffswerften weitaus an erster Stelle steht und diese zusammen mit der von ihr gegründeten Burmeister & Wain Oil Engine Co. Ltd. in Glasgow zur Zeit etwa 30 große Schiffsölmaschinenanlagen im Bau hat.

Den Erfolg verdankt die Firma einmal der richtigen Erkenntnis, daß für Dieselmaschinen bis etwa 2—3000 PSi für eine Welle dem Viertaktmotor für Handelsschiffe infolge seines günstigeren Brennstoffverbrauchs sowie des Fortfalls der Spülluftpumpe unbedingt der Vorzug zu geben ist, zum anderen aber auch der folgerichtigen und unbeirrten Ausgestaltung der Dieselmaschine als Verbrennungskraftmaschine, die in der geschlossenen Bauart und Lostrennung der für

Abb. 86. Hauptmaschine M. S. „Fionia".

den Schiffsbetrieb erforderlichen Hilfspumpen nichts mehr mit dem althergebrachten Äußeren der Schiffsdampfmaschine gemein hat.

Eine der größten Anlagen dieser Art zeigen die Abb. 86 und 87, und zwar die Hauptmaschine M. S. „Fionia", eines im Frühjahr 1914 für die Ostasiatische Kompagnie in Kopenhagen in Fahrt gesetzten Schiffes, das mit einer Zweiwellenanläge von zusammen 4000 PSi ausgerüstet ist.

Die Ölmaschinen unterscheiden sich in ihrem äußeren Aufbau von dem der ersten Schiffe durch den Übergang von der Achtzylinderanordnung auf die 2 $\times$ 3-Zylinderanordnung, da sich diese Zylindergruppierung für das Manövrieren am vorteilhaftesten erwiesen hat. Diese Vereinfachung im Aufbau war möglich, nachdem die betriebssichere

Durchbildung größerer Arbeitszylinder bis zu 720 mm auf Grund mehrjähriger Betriebserfahrungen gelungen war.

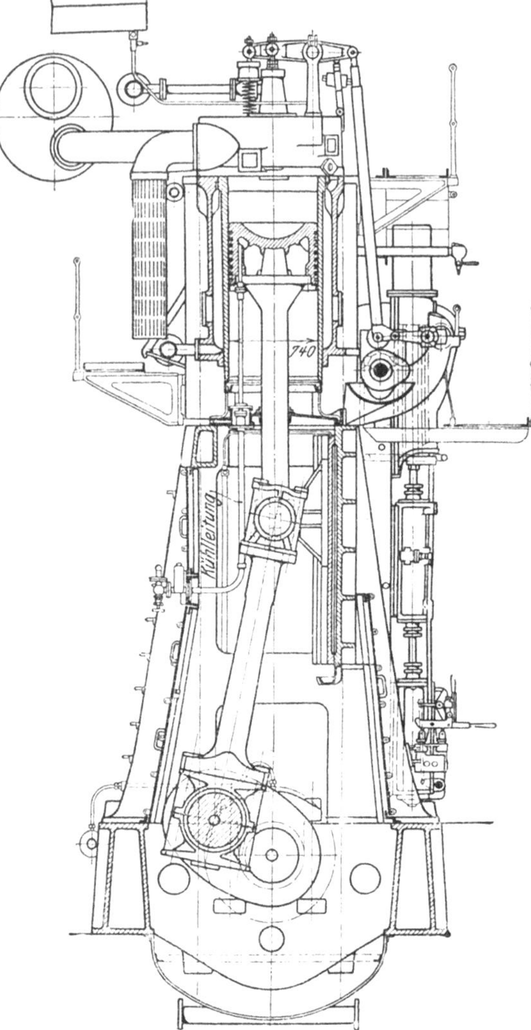

Abb. 87. Hauptmaschine M. S. „Fionia", Querschnitt.

Die Abb. 87 zeigt die „Fionia"-Ölmaschine im Schnitt. Fundamentrahmen, die A-förmigen Ständer und Kreuzkopfführungen sind in Anlehnung an die Schiffsdampfmaschine durchgebildet. Die Kurbelbilge ist aus muldenförmigen, geschweißten Blechen gebaut, die als Ölsammelbehälter dienen.

Das untere Ende der Arbeitszylinder ist mit Füßen versehen, die eine sogenannte Laterne bilden und die durch einen Zwischenboden mit Stopfbüchse für die Kolbenstange gegen das Kurbelgehäuse abgeschlossen sind. Durch eine Entwässerung des Laternenbodens ist Sorge getragen, daß abtropfendes Schmieröl und Verbrennungsrückstände aus dem Zylinder nicht in das Kurbelgehäuse gelangen können. Die zwischen den Ständern an der Vorder- und Rückseite des Motors verbleibenden Öffnungen, durch die der Motor in allen Teilen leicht zugänglich ist, sind durch wegnehmbare, öldichte Türen abgedeckt. Alle gleitenden und rotierenden Triebwerksteile, einschließlich der Grundlager, sind mit Preßschmierung versehen. Die Arbeitszylinder sind nicht, wie im Schiffsmaschinenbau üblich, unmittelbar mit den Maschinenständern verschraubt. Um alle Beanspruchungen, die bei den einfach wirkenden Motoren in Gestalt von Zugbeanspruchungen auf die Zylinder und Ständer und Biegebeanspruchungen auf die Fundamentrahmen kommen, so weit als möglich auszuschließen, sind schwere Anker angeordnet, die die Oberseite der Zylindermäntel und die Unterseite der Fundamentplatte miteinander verbinden.

Schubstangen, Kolbenstangen und Kreuzköpfe zeigen kaum Abweichungen von den normalen Handelsschiffsausführungen.

Bei den Arbeitskolben ist infolge der vorhandenen Kreuzkopfführung auf die bei einfach wirkenden Ölmaschinen sonst üblicherweise angewandte Tauchkolbenbauart verzichtet worden.

Die Kühlung der Kolben erfolgt durch Seewasser, das diesen durch Tauchrohre, die unmittelbar am Kolbenboden anschließen, zugeführt wird, und die durch Weißmetallstopfbüchsen, die bequem innerhalb der oben erwähnten Laterne zugänglich sind, abgedichtet werden. Die Werft ist hierbei erstmalig von der bisher bei ihr üblichen Ölkühlung der Kolben zur Wasserkühlung übergegangen. Maßgebend hierfür war lediglich der Umstand, daß es schwierig gewesen wäre, die für die Kühlung erforderlichen großen Ölmengen genügend rasch zurückzukühlen.

Die Umsteuereinrichtung besteht, wie aus Abb. 87 ersichtlich, aus einer der bekannten Brownschen Umsteuermaschine nahezu gleichen Einrichtung, nur mit dem Unterschied, daß diese nicht durch Dampf, sondern durch Druckluft betrieben wird. Die früher gebräuchlichen rotierenden Preßluftmotoren sind damit durch einen wesentlich ökonomischer und präziser arbeitenden Mechanismus ersetzt worden. Die Kolbenstange des Luftzylinders der Umsteuermaschine ist in ihrer Verlängerung als doppelseitige Zahnstange ausgebildet, die mit der einen Seite die Nockenwelle verschiebt, während mit der anderen die Umsteuerwelle um einen gewissen Winkel verdreht wird.

Die Brennstoffpumpen, von denen für jeden Zylinder ein Stück vorgesehen ist, sind in unmittelbarer Nähe des Maschinistenstandes angeordnet, um unter dauernder Kontrolle zu stehen. Der Antrieb der Pumpen erfolgt durch Balanciers von einer der Übertragungswellen der Nockenwelle.

Die Einblaseluft wird bei den Fioniamotoren von unmittelbar an die Kurbelwelle angehängten Reavell-Kompressoren[1]) von je 175 PS geliefert, die aber bei den letzten Neubauten der Firma wieder verlassen und durch stehende Kompressoren eigener Konstruktion ersetzt worden sind.

Das Anlassen der Motoren erfolgt wie üblich durch Preßluft von 20—25 at, für die zwei große Behälter von je 22,8 cbm vorgesehen sind. Das Auffüllen der Behälter wird im Dauerbetriebe von den angehängten Kompressoren besorgt, während für den Hafenbetrieb und beim Manövrieren ein weiterer, durch einen Elektromotor von 200 PS angetriebener Kompressor, gleichfalls Reavellscher Bauart, zur Verfügung steht.

[1]) Konstruktion der Reavell-Kompressoren siehe S. 84.

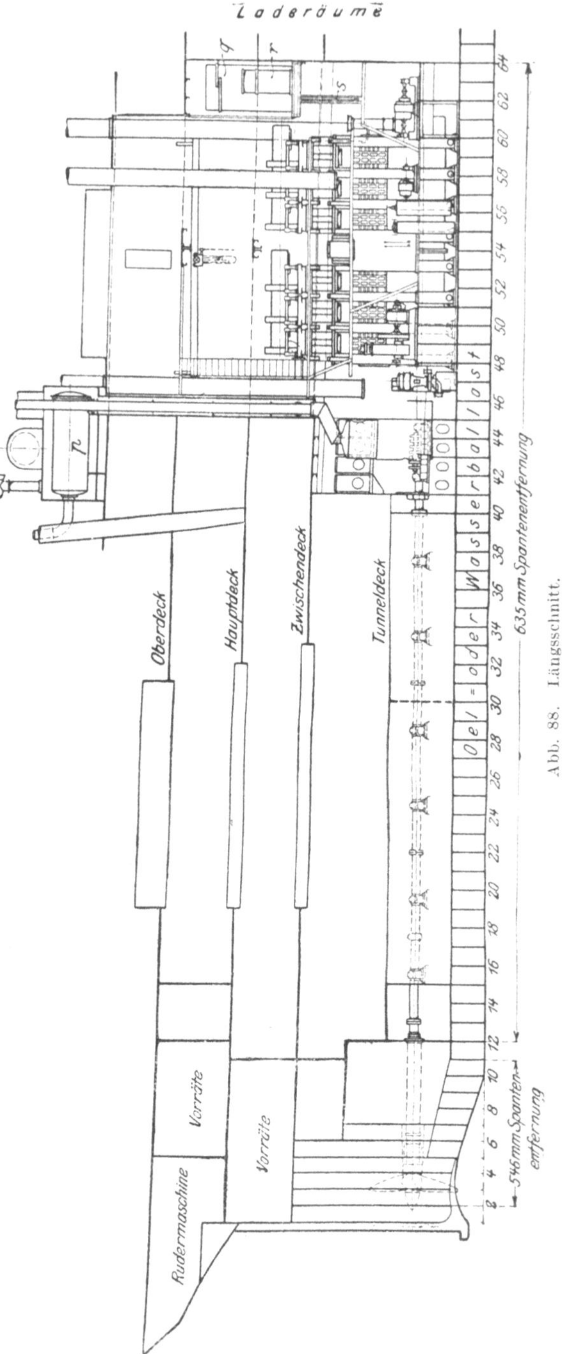

Abb. 88. Längsschnitt.

Die Erzeugung der für diesen Motor sowie die elektrisch angetriebenen Hilfsmaschinen, Winden, die Rudermaschine und die Beleuchtung benötigten elektrischen Energie wird durch zwei Viertakt-Dieseldynamos von je 200 PSe bewirkt. Ein Motor genügt, um die gesamten Winden und Schiffshilfsmaschinen sowie auf See die Rudermaschine und das Ankerspill zu betreiben.

Restlos ist bei dieser Anlage der Grundsatz verfolgt worden, alle für die Ölmaschinen und den Schiffsbetrieb erforderlichen Pumpen von den Hauptmaschinen abzutrennen und unmittelbar durch Elektromotoren anzutreiben. Bei der Wichtigkeit dieser Hilfseinrichtungen für den gesamten Ölmaschinenbetrieb und der abweichenden Bauart derselben, gegenüber Dampfkraftanlagen, sollen die üblicherweise auf Motorschiffen vorhandenen diesbezüglichen Einrichtungen kurz aufgeführt werden. Vorhanden sind im einzelnen:

2 K ü h l w a s s e r p u m p e n, die als vertikale Zentrifugalpumpen mit möglichst tief liegendem Flügelrad ausgeführt sind mit einer Förder-

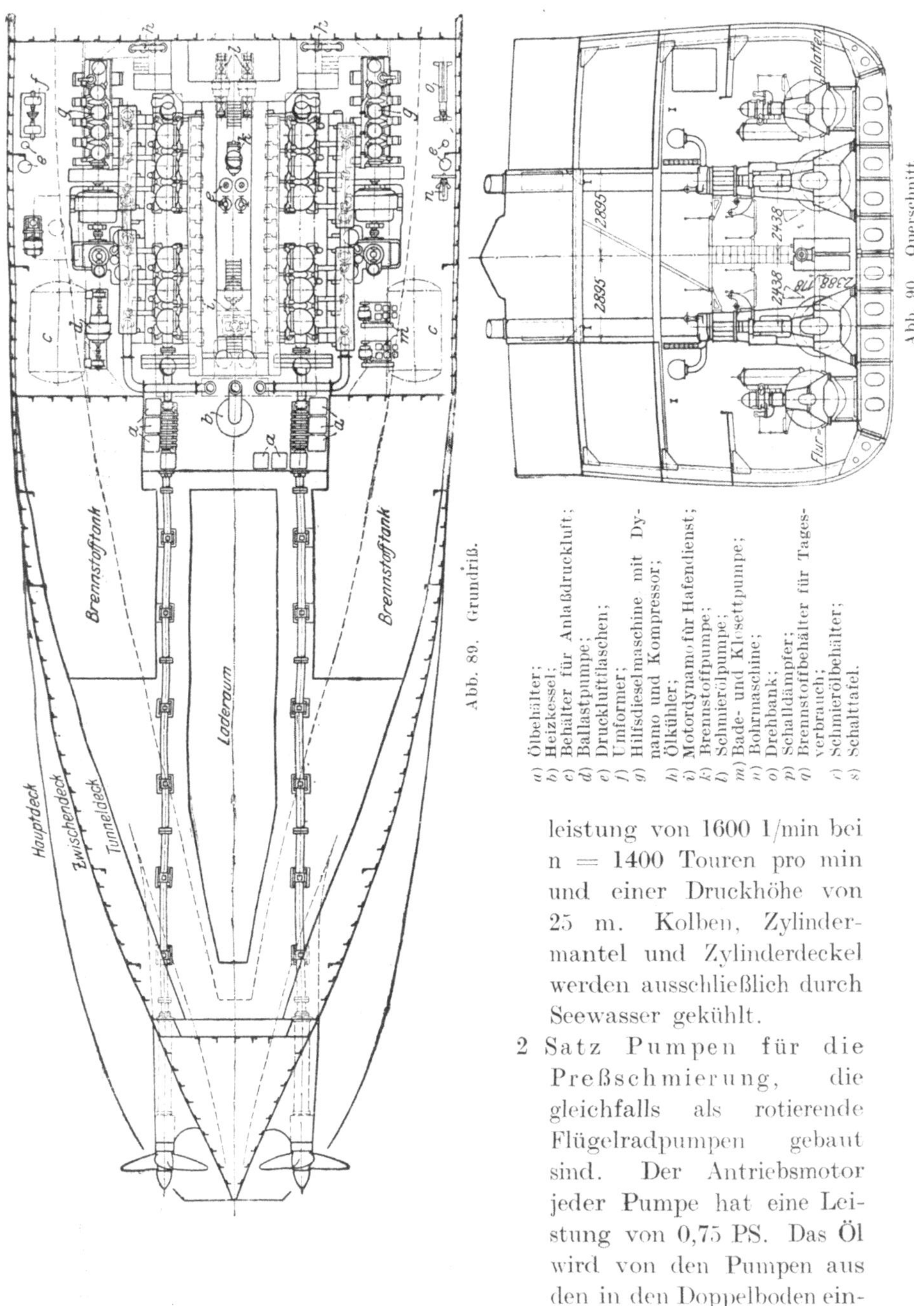

Abb. 89. Grundriß.

Abb. 90. Querschnitt.

a) Ölbehälter;
b) Heizkessel;
c) Behälter für Anlaßdruckluft;
d) Ballastpumpe;
e) Druckluftflaschen;
f) Umformer;
g) Hilfsdieselmaschine mit Dynamo und Kompressor;
h) Ölkühler;
i) Motordynamo für Hafendienst;
k) Brennstoffpumpe;
l) Schmierölpumpe;
m) Bade- und Klosettpumpe;
n) Bohrmaschine;
o) Drehbank;
p) Schalldämpfer;
q) Brennstoffbehälter für Tagesverbrauch;
r) Schmierölbehälter;
s) Schalttafel.

leistung von 1600 l/min bei n = 1400 Touren pro min und einer Druckhöhe von 25 m. Kolben, Zylindermantel und Zylinderdeckel werden ausschließlich durch Seewasser gekühlt.

2 Satz Pumpen für die Preßschmierung, die gleichfalls als rotierende Flügelradpumpen gebaut sind. Der Antriebsmotor jeder Pumpe hat eine Leistung von 0,75 PS. Das Öl wird von den Pumpen aus den in den Doppelboden ein-

gelassenen Schmierölsammeltanks gesaugt, denen das Öl aus den Kurbelbilgen zufließt. Haupt- und Hilfsölmaschinen sind hierbei vollkommen voneinander getrennt, um zu verhindern, daß das von den Hauptmaschinen zurückfließende Öl durch das weit leichter mit Verbrennungsrückständen versetzte Schmieröl der Hilfsmaschinen verunreinigt wird. In der Druckleitung sind die erforderlichen Ölfilter und -kühler eingebaut.

2 Satz Lenz-, Klosett- und Kolbenkühlpumpen, die als dreikurbelige Plungerpumpen ausgeführt und durch Elektromotor und Zahnradvorgelege angetrieben werden. Die Lenzpumpen können gegebenenfalls auch als Reservekühlwasserpumpen gebraucht werden.

1 Ballastpumpe, die nicht als reine Zentrifugalpumpe — da diese Konstruktion, namentlich beim Saugen durch Ventilkästen mit ihren unvermeidlichen Luftsäcken, den Bordanforderungen nicht entsprochen hat —, sondern als Exzenter-Flügelradpumpe gebaut ist; sie wird durch einen Motor von 24 PS angetrieben. Die Umdrehungszahl des Flügelrades beträgt 200 pro min. Die Übersetzung zwischen Motor und Pumpe ist durch Kettenräder mit zwischengeschalteter Zahnkette ausgeführt.

1 Feuerlösch- und Deckwaschpumpe in Form einer einstufigen, durch einen 7 PS-Motor von $n = 550$ Umdrehungen pro min angetriebenen Zentrifugalpumpe.

1 Frischwasserpumpe. Auch hierfür hat eine Rotationspumpe von 6 PS mit Windkessel Verwendung gefunden.

1 Brennstofförderpumpe von gleicher Konstruktion der Plungerlenzpumpen. Sie hat das Treiböl aus den Bodentanks zu saugen und durch einen Filter nach den beiden je ca. 12 cbm fassenden Tagesbedarfstanks zu drücken. Jeder der beiden Behälter faßt genügend Öl für eine 12stündige Betriebszeit, so daß durch abwechselnde Benutzung der beiden Tanks dem aus den Bodentanks geförderten Brennstoff eine Ruhezeit von wenigstens 12 Stunden gegeben wird, um mitgeführtes Wasser und mechanische Unreinigkeiten abzusetzen. Die sorgfältige Abscheidung von Wasser sollte nie übersehen werden, da viele Störungen in der Verbrennung und Zündung hierauf zurückzuführen sind.

Für den Hafenbetrieb ist zu Beleuchtungszwecken eine Semidieselmaschine (Glühhaubenmotor) vorhanden, der direkt auf das Lichtnetz mit 110 Volt arbeitet und außerdem mittelst Umformer den Strom für den Betrieb eines kleinen 10 PS 2stufigen Notkompressors zum ersten Auffüllen der Anlaßgefäße erzeugt.

Wie bereits erwähnt, ist die Anlaßluft nicht in einer größeren Anzahl Einzelflaschen, sondern in zwei großen Anlaßluftbehältern von je 22,8 cbm Fassungsvermögen und 25 at Betriebsdruck untergebracht.

Der Vorteil einer derartigen Anordnung besteht in geringerem Gewicht der Anlaßbehälter gegenüber Einzelflaschen, geringeren Anlagekosten, sehr erheblicher Vereinfachung der Rohrleitungen und Armaturen und Fortfall eines besonderen Luftpfeifentanks. Voraussetzung bleibt aber, daß die Hauptmotoren sicher mit einem Druck von 25 at unter allen Umständen anzulassen sind, da beim Bedarf höherer Drucke Gewicht und Kosten der Herstellung derartig großer Anlaßluftbehälter sehr in die Höhe gehen würden.

Der klare, den Bordanforderungen weitgehendst gerecht werdende Aufbau der Hauptmaschinen sowie der restlos durchgeführte Grundsatz, alle für den Ölmaschinen- und Schiffsbetrieb erforderlichen Hilfseinrichtungen selbständig zu machen und elektrisch anzutreiben, rückt die Viertaktmotoranlage dieser Konstruktion mit in die erste Reihe der heute gebauten Schiffsdieselanlagen.

In den Abb. 88—90 ist der Einbau einer derartigen Viertakt-Zweiwellenanlage im Schiff im Aufriß und Grundriß dargestellt, aus denen die vorstehend aufgeführten Haupt- und Hilfsmaschinen an Hand der den Abbildungen beigefügten Erläuterung zu ersehen sind.

b) Bauart: Maschinenfabrik Augsburg-Nürnberg.

Die vorherrschende Stellung, die die Firma Burmeister & Wain auf dem Gebiete des Großölmaschinenbaus für Handelsschiffe einnimmt, kommt für das Gebiet der Ölmaschinen für Kriegsschiffe, und im besonderen für Unterseeboote, der Maschinenfabrik Augsburg-Nürnberg zu.

Zu den bereits im Winter 1905/06 von der französischen Marine bestellten ersten vier Schiffsmotoren für Unterseeboote von je 300 PSe, von denen bereits zwei unmittelbar umsteuerbar waren, sind seitdem eine große Anzahl weiterer Maschinen für die deutsche und eine ganze Reihe fremdländischer Marinen getreten.

Zahlen über die seit Beginn des Weltkrieges für die deutschen Unterseeboote gebauten Maschinen sowie die inzwischen erreichten Leistungen können aus naheliegenden Gründen nicht gegeben werden. Aber aus den von Kriegsjahr zu Kriegsjahr gesteigerten Leistungen der Unterseeboote, die unmöglich gewesen wären ohne die unbedingt betriebssichere und auch den schwersten Anforderungen gewachsenen Ölmaschinenanlagen läßt sich zur Genüge ermessen, welch hoher Grad von Betriebssicherheit den aus den Augsburger Werkstätten hervorgegangenen Ölmaschinen innewohnen muß.

Die naturgemäß in den letzten Jahren bis an die Grenze der Leistungsfähigkeit mit dem Bau von U-Bootsmaschinen beschäftigten Werke haben noch keine Zeit gefunden, auch den Handelsschiffsmotor in gleich mustergültiger Weise zu fördern. Zu hoffen steht jedoch, daß mit Wiedereintritt des Friedens die im Kriegs-Ölmaschinenbau gewonnenen Erfahrungen Verwendung finden werden, auch eine Ölmaschine für Handelsschiffe zu entwickeln, die der für Unterseeboote ausgebildeten Serienmaschine an Güte der Werkstattausführung, der Betriebssicherheit und Brennstofökonomie nicht nachstehen wird.

Abb. 91 zeigt eine kleine, einfachwirkende Sechszylinder-Viertaktölmaschine mit direkter Umsteuerung von 220 PS und 500 Umdrehungen in der Minute.

Die sechsfach gekröpfte Kurbelwelle besteht aus einem Stück; die Kurbeln sind um 120° gegeneinander versetzt. Alle Massen sind vollkommen ausgeglichen bis auf die geringen, freien, von der endlichen Länge der Luftpumpentreibstangen herrührenden Massenkräfte.

Abb. 91. Umsteuerbare Viertakt-Ölmaschine; Bauart: M. A.-N.

Die Grundplatte besteht aus mehreren, sauber zusammengepaßten Teilen, die nach unten geschlossen sind, um das abtropfende Schmieröl aufzufangen. Die runden Lagerschalen sind aus Stahl mit Weißmetallfutter hergestellt und können ohne Anheben der Kurbelwelle ausgewechselt werden. Die oberen Lagerschalen sind in den Deckeln gegen Drehen gesichert. Das Lager am Kupplungsflansch ist als Paßlager ausgeführt, so daß die Welle sich in der Längsrichtung nicht verschieben kann.

Die Arbeitszylinder bestehen aus Gußeisen oder Stahlguß, die eingesetzten Laufbüchsen aus Spezialgußeisen. Der Raum zwischen Zylinder und Büchse wird von Kühlwasser durchflossen.

Die Arbeitskolben kleinerer Maschinen sind einteilig, ungekühlt;

bei größeren Maschinen wird Ölkühlung angewandt. Die Kolbenzapfen werden durch die hohl gebohrten Pleuelstangen vom Kurbelzapfen aus geschmiert. Die Kolben haben mehrere gußeiserne, gegen Verdrehen gesicherte Ringe. Die Pleuelstangen erhalten, da es sich bei U-Bootsmaschinen ausnahmslos um kreuzkopflose Maschinen handelt, geschlossene obere Köpfe und einlegbare Lagerschalen. Der untere Kopf ist geteilt und von der Pleuelstange getrennt, um durch Zwischenlagen von Blechen die Höhe des Kompressionsraumes einstellen zu können. Alle Lagerschalen werden aus Stahl mit Weißmetallfutter ausgeführt.

Jeder Zylinderdeckel enthällt sämtliche den Arbeitsvorgang regelnde Ventile, und zwar: ein oder zwei Brennstoffventile, ein Einsaugventil, ein Auspuffventil und ein Anlaßventil. Das Auspuffventil wird mit Wasser gekühlt. Die Zylinderdeckel werden durch Nut und Feder mit eingelegtem Kupferring gegen die Zylinderbüchse gedichtet.

Die Steuerung der Ventile erfolgt durch Nockenscheiben, die auf der wagerechten Steuerwelle sitzen, und Hebel. Die Steuerwelle wird mittelst zweier Schraubenräderpaare und einer Zwischenwelle von der Kurbelwelle aus angetrieben. Brennstoff- und Anlaßsteuerhebel sitzen auf einer gemeinsamen exzentrischen Büchse. Diese wird beim Anlassen zunächst so gestellt, daß die Anlaßhebel von den Anlaßnocken bewegt werden, so daß die Ölmaschine durch die verdichtete Anlaßluft in Drehung versetzt wird. Hat die Maschine die zum Zünden nötige Geschwindigkeit erreicht, so wird die Exzenterbüchse auf der Hebelachse so gedreht, daß die Brennstoffhebelrollen in den Bereich der zugehörigen Steuerscheiben gebracht werden, worauf Brennstoff in die Zylinder eingeführt wird und sich entzündet und der normale Gang der Maschine beginnt, während die Anlaßventile ausgeschaltet werden. Das Umstellen in die Anlaß- bezw. Betriebsstellung erfolgt meistens für alle sechs Zylinder durch einen gemeinsamen Hebel[1]).

Die Brennstoffpumpen stellen eine der M. A.-N. geschützte Ausführungsart dar. Für jeden Arbeitszylinder ist eine besondere Pumpe vorgesehen, die alle in einem Gehäuse vereinigt sind. Die Brennstoffpumpen werden gruppenweise von einer an der Luftpumpenseite der Maschine sitzenden Querwelle von zwei um 180° zueinander versetzten Kurbeln aus betätigt.

Die Regulierung der Ölmaschine erfolgt durch entsprechende Veränderung der bei jedem Hub zugeführten Brennstoffmenge durch früheres oder späteres Schließen der Saugventile der Brennstoffpumpen. Das Durchgehen der Maschine wird durch einen Regulator verhindert, der beim Überschreiten einer bestimmten Drehzahl in Tätigkeit tritt und auf die Saugventile der Brennstoffpumpen einwirkt.

[1]) Vgl. auch VIII. Teil: Umsteuerungen, S. 162.

Zur Erzeugung der Druckluft zum Einblasen des Brennstoffes und zum Anlassen ist eine unmittelbar mit dem Motor gekuppelte Einblaseluftpumpe vorhanden, in der Luft in bekannter Weise in zwei oder drei Stufen auf 45—75 at verdichtet wird. Nach jeder Druckstufe wird die erhitzte Luft in besonderen Luftkühlern gekühlt und durch je einen besonderen Abscheider von Wasser und Öl befreit. Jeder Luftpumpenzylinder ist mit einem selbsttätigen Saug- und Druckventil versehen; ferner befindet sich in jeder Stufe ein Sicherheitsventil. Die Regulierung der Luftmenge erfolgt von Hand durch eine Drosselklappe, die in der Saugleitung der Niederdruckpumpe angeordnet ist. Die Luftpumpenzylinder werden ausgiebig gekühlt.

Das zur Kühlung der Ölmaschine erforderliche Wasser wird dieser durch eine besondere Plungerpumpe zugeführt, die am Gestell befestigt ist und durch Schraubenräder von der Maschine aus angetrieben wird.

Die Schmierölpumpen werden gleichfalls unmittelbar von der Maschine angetrieben und sind als Kolben- oder Zahnradpumpen ausgebildet.

Das Kühlwasser wird durch die obenerwähnte Kühlwasserpumpe gefördert. Ein Teil des Druckwassers der Pumpe dient zur Kühlung der einzelnen Zylinder, und zwar tritt das Kühlwasser von den Zylindermänteln nach den Zylinderdeckeln, von dort in die Auspuffventile, in die Auspuffleitung und dann ins Freie. Der Rest des Kühlwassers wird nach den Luftpumpen sowie den Luft- und Ölkühlern geleitet.

Auf die Ausbildung der Schmiereinrichtungen ist ganz besondere Sorgfalt verwandt worden. Die Schmierung erfolgt überall, wo irgend angängig und zweckmäßig, nach dem Prinzip der Preßschmierung, und zwar zunächst nach den Wellenlagern, von hier durch entsprechende Bohrungen in den Wellenzapfen in das Innere der hohlen Kurbelwelle, von da nach dem Kurbelzapfen und durch die hohle Pleuelstange in den Kolbenzapfen. Das ablaufende Öl wird in dem Grundplattentrog gesammelt und nach Rückkühlung und Filtrierung der Ölmaschine aufs neue zugeführt.

2. Zweitakt-Ölmaschinen.

a) Bauart: Gebr. Sulzer, Winterthur.

Die von Gebr. Sulzer bisher für Schiffszwecke gebauten Ölmaschinen arbeiten ausschließlich als einfachwirkende Zweitaktmaschinen in Drei-, Vier- oder Sechszylinderanordnung.

Die Abb. 92 und 93 stellen den inneren Aufbau, Abb. 94 die äußere Ansicht einer derartigen Maschine dar, die in einem Segler von 3700 t Wasserverdrängung zu Einbau gelangt ist.

Die ganze Maschine ruht auf einer kräftigen, als Hohlkörper ausgebildeten, gußeisernen Grundplatte, auf der sich die Hohlgußständer und auf diesen die gußeisernen Arbeitszylinder aufbauen. Letztere sind nicht, wie sonst im Schiffsmaschinenbau üblich, mit den Ständern durch kräftige Schrauben verbunden, sondern ruhen nur lose auf diesen auf, während je vier durchgehende Anker Zylinderdeckel und Fundamentplatte und damit die zwischen diesen Teilen liegenden Zylinder und Ständer fest mit einander verbinden (Abb. 92). Die Zylinderwandungen und Ständer bleiben damit vollkommen frei von den auf die Arbeitskolben und die Zylinderdeckel zur Wirkung kommenden hohen Verbrennungsdrucken, die allein von den Ankern als Zugbeanspruchungen aufgenommen werden, was gerade bei Zweitaktmotoren, bei denen die Arbeitszylinder durch Auspuff- und Spülschlitze unterbrochen sind, ein nicht zu unterschätzender Vorteil ist.

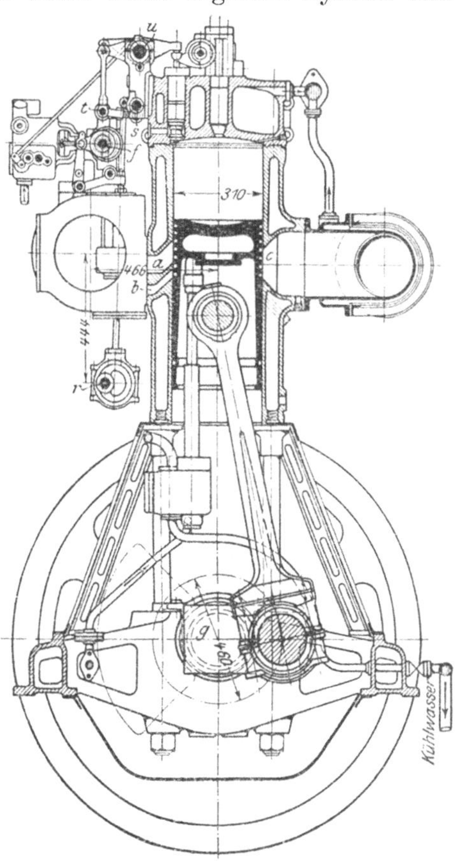

Abb. 92. Schnitt durch den Arbeitszylinder.

Die Spül- und Verbrennungsluft wird von einer doppeltwirkenden, durch Kolbenschieber gesteuerten Pumpe geliefert, die gewöhnlich an der Stirnseite der Maschine von der Hauptkurbelwelle aus angetrieben wird. Die Einführung der Spül- und Ladeluft erfolgt durch im unteren Teil der Zylinder liegende Schlitze, die den Auspuffschlitzen genau gegenüber angeordnet sind. Die Spülschlitze bestehen aus zwei übereinander liegenden Kanalsystemen *a* und *b* (Abb. 92), von denen die unteren genau wie die Auspuffschlitze *c* allein durch den Kolben gesteuert werden.

Durch die Anordnung der zweiten, durch Ventile gesteuerten Spülluftschlitze *a* (Abb. 92), wird eine zweckmäßigere Ausnützung der Spülluft als bei einander gegenüberliegenden Schlitzen erreicht, da bei letzteren die auf der einen Zylinderseite eintretende Spülluft naturgemäß den kürzesten Weg wählen wird, um zum Auspuffventil zu strömen, ohne die im oberen Teil des Arbeitszylinders lagernden Verbrennungsgase vollkommen auszustoßen.

Das Ventil *b* des oberen Spülluftkanals *d* ist während des Niederganges des Kolbens dauernd geschlossen, so daß der zu dieser Zeit noch bestehende Überdruck der Verbrennungsgase nicht in den Spülluftkanal *d* hineinschlagen kann. Durch Freigabe des unverschlossenen, nach dem Zylinderdeckel gerichteten unteren Spülluftkanals wird die Spülung des Zylinders durch die Auspufföffnung *c* eingeleitet, bis sich mit fortschreitendem Hub auch das Steuerventil im Luftkanal *a* öffnet und Spül- und Ladeluft dem Zylinder zuführt. Nach Überschreiten des unteren Totpunktes schließt der Kolben beim Aufwärtsgang gleichzeitig die Schlitze *b* und *c* ab, während durch den Kanal *a* noch für einen Augenblick Spülluft entsprechend dem vorliegenden Überdruck der Spülluftpumpe eintritt, so daß unter allen Umständen der Arbeitszylinder die für die Verbrennung notwendige, von Verbrennungsgasen freie, reine Luftladung erhält. Eine schematische Darstellung dieser Auspuff-, Spül- und Ladevorgänge ist in den Abb. 96 und 97 gegeben, während Abb. 98 die bauliche Ausführung der Einrichtung an einer direkt umsteuerbaren Schiffsmaschine von 310 mm Zylinderdurchmesser und 460 mm Hub zeigt. In der Abb. 96 ist der Kolben in der unteren Totpunktstellung angelangt; das Zusatzspülluftventil ist geschlossen, die Auspuffquerschnitte sind voll eröffnet, die im Arbeitszylinder enthaltenen Verbrennungsprodukte werden ausgespült. In der Abb. 97 sind die unteren Spülluftschlitze beim Hochgehen des Kolbens oben durch diesen abgedeckt; das Zusatzspülluftventil ist voll eröffnet;

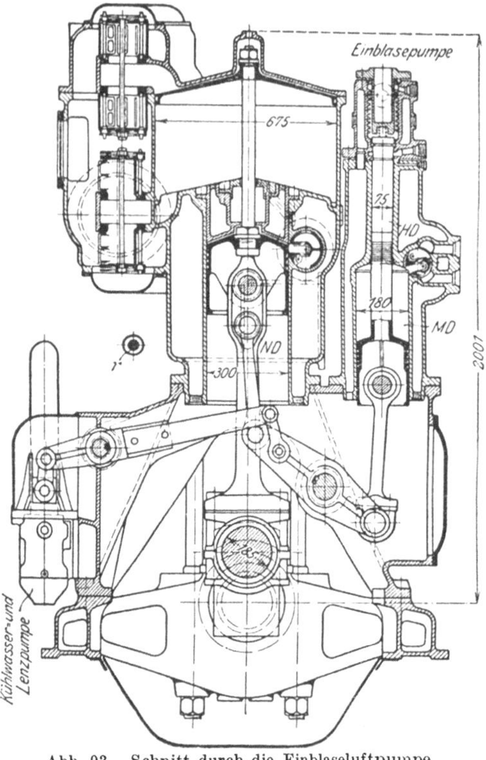

Abb. 93. Schnitt durch die Einblaseluftpumpe und Spülluftpumpe.

die Auspuffschlitze sind nahezu geschlossen; dem Arbeitszylinder wird noch zusätzlich reine, kalte Verbrennungsluft zugeführt.

Die Zustandsänderungen, die sich durch Anordnung eines derartigen zusätzlichen, gesteuerten Ladeventils im Indikator- und Kolbenwegdiagramm ergeben, sind in der Abb. 95 dargestellt. Je nach der Wahl des in der Spülluftleitung *c* herrschenden Luftdruckes kann dem Arbeitszylinder mehr oder weniger Verbrennungsluft zugeführt werden, wo-

Abb. 94. Zweitakt-Ölmaschine; Bauart: Sulzer.

durch sich die Leistung der Maschine nicht unwesentlich beeinflussen läßt. Die punktierte Linie im Diagramm zeigt den Ladevorgang bei erhöhtem Ladedrucke.

Diese Art der Einführung der Spül- und Ladeluft im unteren Teil des Arbeitszylinders ermöglicht eine sehr einfache Durchbildung des Zylinderdeckels, der nunmehr nur das Brennstoff- und Anlaßventil aufzunehmen braucht.

Die Einblaseluftpumpe ist dreistufig (Abb. 93), und zwar dient die Niederdruckstufe gleichzeitig als Kreuzkopf für die Spülluftpumpe, während die Mittel- und Hochdruckstufe auf dem Rücken des Pumpengestells aufgebaut sind und durch Schwinghebel von der Schubstange der Pumpe aus angetrieben werden. Alle drei Stufen der Luftpumpe

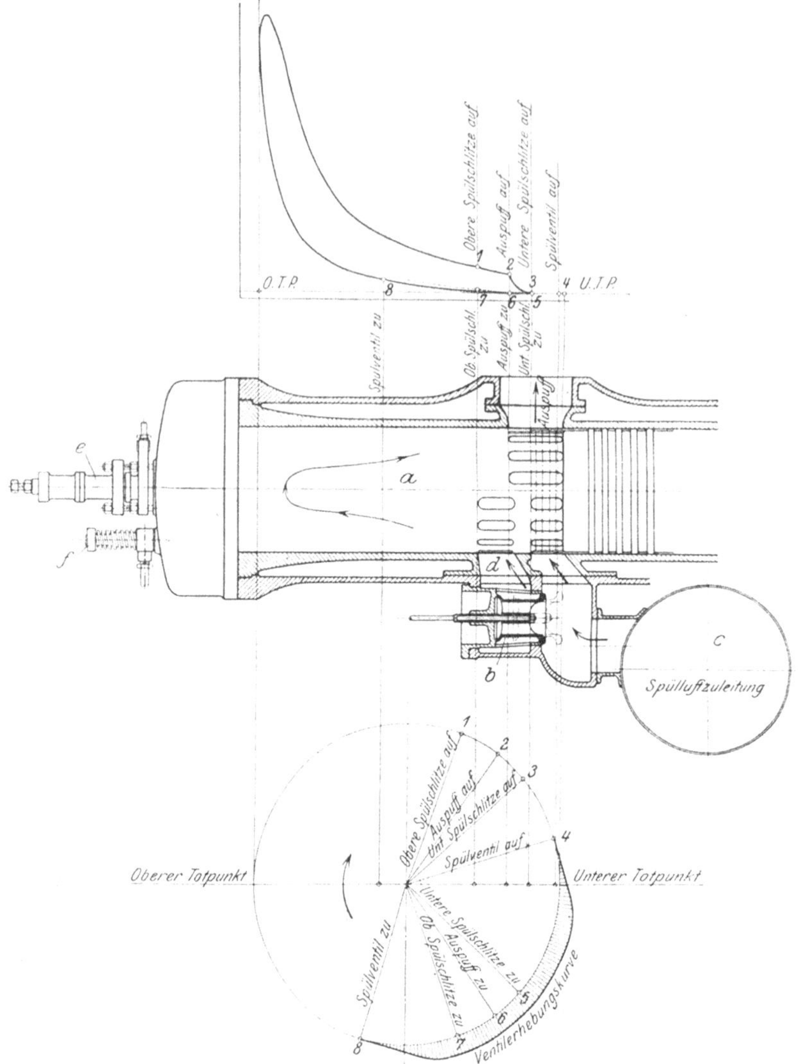

Abb. 95. Steuerungsschema der Sulzer-Zweitakt-Ölmaschine.

sind mit Kühlmänteln und Luftkühlern zwischen den einzelnen Druckstufen ausgerüstet.

Alle umlaufenden und gleitenden Teile erhalten Drucköl von einer im Kurbelgehäuse angeordneten Flügelradpumpe, die das Öl aus einer

Sammelstelle der Kurbelbilge saugt und es den einzelnen Lagerstellen, nachdem es geeignete Filter und Ölkühler passiert hat, in stetem Kreislauf zuführt.

Die Kühlung der Arbeitszylinder und Kolben erfolgt durch Seewasser; den letzteren wird das Kühlwasser durch Posaunenrohre zugeführt und frei gegen den Kolbenboden gespritzt.

Die Abb. 99 zeigt die äußere Ansicht eines der beiden im Aufbau gleichen Maschinen, wie sie auf dem von den Howaldtswerken, Kiel, erbauten Motorschiff „Monte Penedo" Aufstellung gefunden haben. Das Maschinengewicht dieser Anlage beläuft sich bei einer Leistung

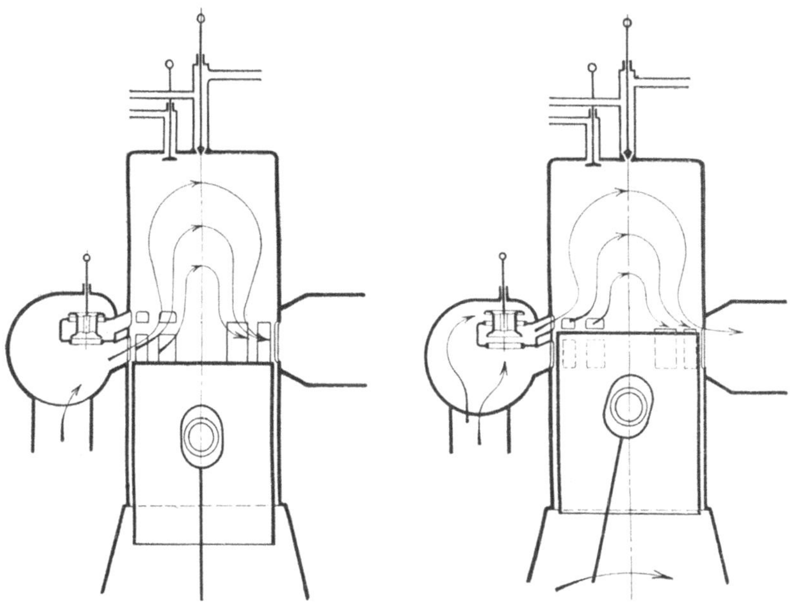

Abb. 96 und 97. Schematische Darstellung des Ladevorganges einer Sulzer-Ölmaschine.

von 1950 PSi = etwa 1600 PSe auf 150 kg pro 1 PSe = 240 t, so daß gegenüber einer gleich leistungsfähigen Schiffsmaschinenanlage von 1600 PSe unter Berücksichtigung eines Wirkungsgrades von $\eta = 0{,}92 = \frac{1600}{0{,}92} = 1740$ PSi und einem Maschinengewicht von etwa 200 kg für 1 PSi sich ein Mindergewicht der Ölmaschinenanlage von $(348-240\,\mathrm{t}) = 108\,\mathrm{t} = 31$ v. H. ergibt.

Abb. 100 stellt das Werkstattbild einer einfachwirkenden, direkt umsteuerbaren Sulzer-Schiffs-Ölmaschine neuester Konstruktion von 1600–2000 PS dar, bei der entgegen den bisher üblichen Ausführungen die die Zylinderdeckel mit der Fundamentplatte verbindenden Anker in Wegfall gekommen sind. Infolge besonders kräftiger Ausführung der Motorständer konnte sich hier die Verankerung auf kurze Stahlsäulen zwischen den Zylinderdeckeln und den Füßen der Arbeitszylinder beschränken. Die Abbildung zeigt besonders deutlich die Einführung

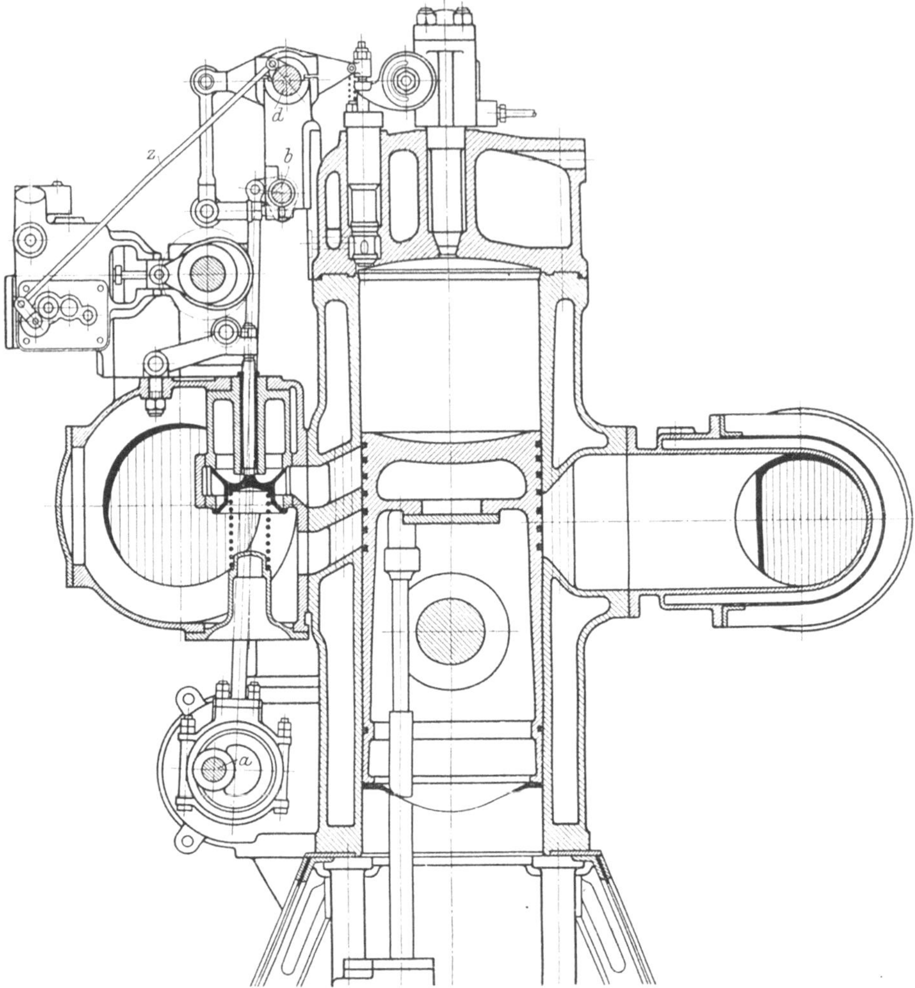

Abb. 98. Arbeitszylinder mit Zusatz-Spülluftventil.

der Spülluftkanäle in die Arbeitszylinder sowie die oberhalb derselben angeordneten Gehäuse für die gesteuerten Spülluftventile.

Eine Vorstellung von der rastlosen Arbeit, die auf dem gesamten Gebiete des Ölmaschinenbaues erfreulicherweise herrscht, gibt die

Abb. 99. Haupt-Ölmaschine M. S. „Monte Penedo“.

Abb. 100. Vierzylinder-Zweitakt-Ölmaschine.

Abb. 101, die eine einzylindrige Versuchsmaschine auf dem Prüfstand von Gebr. Sulzer zeigt. Bei den unter Leitung von Prof. Stodola ausgeführten Versuchen konnte eine größte effektive Leistung des

Abb. 101. Einzylindriger Versuchsmotor von 2000 PSe; Bauart: Sulzer.

Zylinders von 2058,6 PS erzielt werden. Im Dauerbetrieb ergab sich bei diesem Motor bei einer mittleren Zylinderleistung von 500 bis 1800 PS ein Brennstoffverbrauch von 197—199 g/PSe/st.

Die in der Abb. 102 dargestellten Zweitaktmaschinen von 1600 PSe

Abb. 102. Ölmaschine von 1600 PSe.

bei 110 Umdrehungen in der Minute stellt die neueste Schöpfung der Firma Salzer auf dem Gebiet des Groß-Ölmaschinenbaues dar, die bereits zu wiederholten Malen mit bestem Erfolg an Bord zum Einbau gelangt ist.

b) Bauart: Maschinenfabrik Augsburg-Nürnberg.

Das Nürnberger Werk hat den Ölmotor ausschließlich in der Art der Zweitaktmaschine ausgebildet, und zwar in einer leichteren Ausführung für Kriegsschiffszwecke und einer schwereren Bauart für die Handelsmarine.

Abb. 103 zeigt einen Motor der ersten Art in Achtzylinderausführung von 900 PSe bei 450 Umdrehungen pro min, für ein Unterseeboot bestimmt. Die Zylinderdurchmesser betragen 310 mm, die der Spülpumpen 475 mm, der Hub 340 mm; vorhanden sind 2 zweistufige Kompressoren von 300 und 100 mm Zylinderdurchmesser und 250 mm Hub. Infolge der großen Zylinderzahl kommt man bei diesen Motoren ganz ohne Schwungrad aus.

Abb. 103. Achtzylindrige Unterseeboots-Ölmaschine.

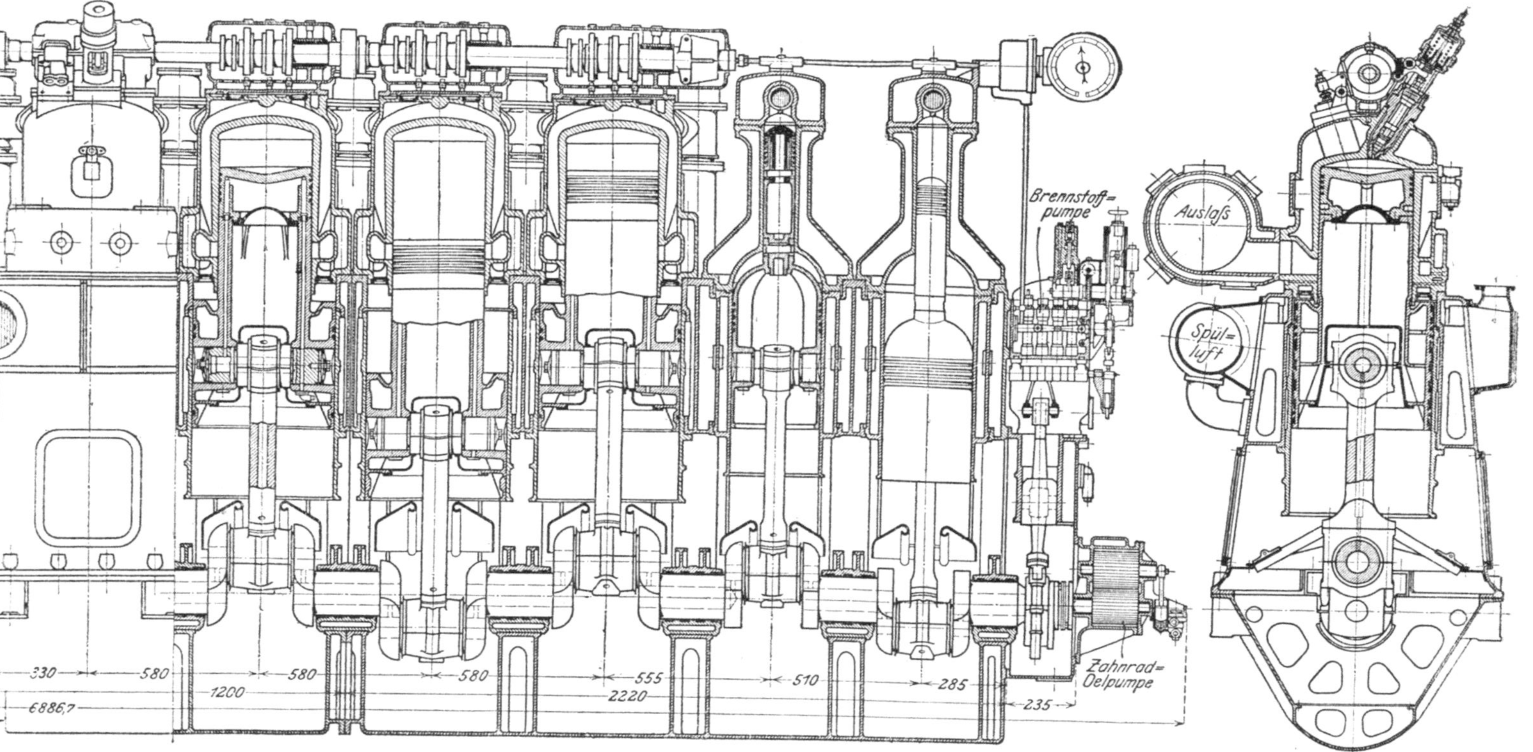

Abb. 104 und 105. Achtzylindrige Unterseeboots-Ölmaschine, 900 PSe.

Die Beschaffung der für die Durchführung des Zweitaktverfahrens erforderlichen Spülluft erfolgt im vorliegenden Falle nicht durch besondere, durch Kurbel oder Schwinghebel angetriebene Spülluftpumpen, sondern durch Stufenkolben, die unmittelbar unter den Arbeitskolben angeordnet und mit diesen fest verbunden sind (Abb. 104—107).

Der Spülpumpenkolben dient dabei gleichzeitig als Geradführung für den Arbeitskolben. Diese Anordnung hat den Vorteil, daß gegenüber den Ausführungen, bei denen der Kolbenbolzen direkt im Arbeitszylinder sitzt, jener reichlich bemessen werden kann und daß infolgedessen die spezifischen Beanspruchungen, vor allen Dingen des Kolben-

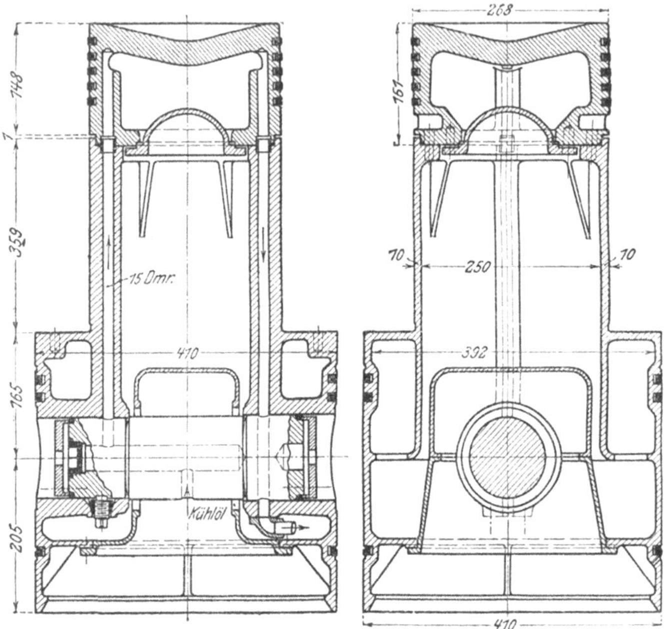

Abb. 106 und 107. Gemeinsamer Arbeits- und Spülpumpenkolben.

bolzenlagers, wesentlich geringere sind. Außerdem wird damit der Kolbenbolzen aus der heißen Zone des Arbeitszylinders heraus in die beträchtlich kühlere Spülpumpe verlegt. Da der Spülpumpenkolben größeren Durchmesser hat als der Arbeitskolben, ist natürlich auch bei Lagerung des Kolbenbolzens im Spülpumpenkolben der spezifische Gleitbahndruck in der Geradführung beträchtlich geringer. Ein großer Vorteil dieser Anordnung ist noch der, daß bei etwaigen Undichtheiten des Arbeitskolbens die verbrannten Gase nicht in den Maschinenraum austreten können, sondern von der Spülpumpe angesaugt und unschädlich gemacht werden.

Die selbsttätigen Spülluftventile bestehen aus dünnen Stahlplatten mit sehr geringem, durch Klappenfänger begrenztem Hub. Die Spülluftleitungen sämtlicher Zylinder sind untereinander verbunden, um überall den gleichen Spülluftdruck zu haben. Um etwaige Schmierölexplosionen unschädlich zu machen, sind an verschiedenen Stellen Sicherheitsklappen eingebaut. Die Verwendung von Stufenkolben für die Spülluftbeschaffung hat den Vorzug eines sehr gedrängten Aufbaues der Maschine, da weder Höhe, Breite noch Länge des Motors gegenüber dem Pumpenantrieb durch Kurbel oder Schwinghebel erheblich vergrößert wird.

Bei reichlicher Bemessung der Spülpumpenzylinder mit Stufenkolben ist für diese etwa der 1,5fache Durchmesser der Arbeitszylinder erforderlich.

Eine Vergrößerung der Baulänge der Maschine tritt durch die größeren Stufenkolben, wie ausgeführte Ölmaschinen gezeigt haben, im allgemeinen nicht ein, da die Länge der Maschine in der Regel nur von den Abmessungen der Kurbeln und der Baulänge der Grundlager bestimmt wird.

Wohl aber wird durch die Verwendung der Stufenkolben die Bauhöhe des Motors etwas vergrößert, gleichgültig ob der Kolbenzapfen im Arbeitskolben oder im Stufenkolben angeordnet wird. Im ersten Falle muß die Pleuelstange über das normale Maß verlängert werden, im anderen Falle baut sich der Stufenkolben erheblich länger auf; allerdings ist damit der Vorteil verknüpft, daß der Stufenkolben eine sehr gute Kreuzkopfführung für den Arbeitskolben abgibt.

Das Herausnehmen eines derartigen kombinierten Arbeits- und Stufenkolbens gestaltet sich dagegen weniger einfach als bei einem glatten Kolben mit angehängten Spülpumpen. Da für die Überholung dieser Teile der Zylinder abgenommen werden muß, gießt man zur Vereinfachung bei Maschinen dieser Bauart Laufbüchse und Zylinder gewöhnlich in einem Stück (Abb. 104).

Nachteilig kann bei undichten Arbeitskolben ein Eindringen der Verbrennungsgase in die Spüllufträume werden; dafür verhindert aber die eventl. durch die Kolben schlagende Zündflamme Schmierölexplosionen im Kurbelgehäuse.

Die Kolbenkühlung erfolgt mittelst Kühlöl, um jeder Vermischung von Kühlwasser und Schmieröl vorzubeugen. Die Arbeits- und Kompressorzylinder werden mit Wasser gekühlt. Für die Kolbenkühlung und Lagerschmierung wird das gleiche Öl verwandt. Es wird von einer Ölpumpe angesaugt und unter einem Überdruck von 2,5 bis 5 at den Kolben und Lagerstellen zugeführt.

Die zum Einblasen des Brennstoffes dienende Luft wird durch einen mit der Maschine direkt gekuppelten zwei- oder dreistufigen Kompressor erzeugt. Der Kompressor ist so reichlich bemessen, daß er auch bei langsamer Fahrt noch genügend Einblaseluft fördert.

Zylinder und Kolben sind aus Spezialgußeisen hergestellt. Bei Maschinen leichter Bauart sind die Gestelle aus Stahlguß oder Manganbronze von hoher Festigkeit und Dehnung, bei Maschinen schwerer Bauart aus Gußeisen. Die Kurbelwelle besteht bei allen Maschinen aus Siemens-Martin-Spezialstahl und ist in ihrer ganzen Länge hohlgebohrt.

Das Schmieröl wird den Grundlagern zugeführt, tritt von diesen in die ausgebohrte Kurbelwelle und steigt weiter durch die Pleuelstangen nach den Kolbenzapfen. Auch fast alle übrigen Teile werden durch Preßöl geschmiert. Das Schmieröl sammelt sich in der Kurbelwanne und wird von dort aus durch die mit der Maschine direkt gekuppelte Hilfspumpe angesaugt und von ihr nach Passieren eines Reinigers und Kühlers wieder an die Verwendungsstellen gedrückt. Für die Schmierung der Arbeitszylinder und Kompressoren sind besondere Zylinderschmierpumpen vorgesehen.

An der der Propellerwelle abgekehrten Seite der Maschine, noch vor den Einblaseluftpumpen liegend, befinden sich die von einer Stirnkurbel angetriebenen Wasser-, Öl- und Brennstoffpumpen. Und zwar fördert von zwei vorhandenen Kolbenpumpen die eine Wasser, die andere Öl für Schmierung und Kühlung. Bisweilen wird auch die Ölförderung durch eine angehängte Zahnradpumpe besorgt.

Die Zahl der Brennstoffpumpen stimmt mit der Zahl der Arbeitszylinder überein. Die Pumpenstempel sind durch ein gemeinsames Querhaupt verbunden, das von einem Exzenter oder auch von dem Pumpenantrieb betätigt wird. Die Reglung der Brennstoffpumpen erfolgt in der üblichen Weise durch zeitweiliges Offenhalten der Saugventile; jedes Saugventil ist für sich regelbar, um die Leistung der einzelnen Arbeitszylinder ausgleichen zu können. Die Maschine ist außerdem mit einem Sicherheitsregler ausgerüstet, der das Durchgehen der Maschine selbsttätig verhindert.

Im Deckel des Arbeitszylinders angeordnet sind außer dem Brennstoffventil ein bis zwei Spülventile, ein Anlaßventil und ein Entlüftungsventil. Das letztere dient auch als Sicherheitsventil und zum Anschluß des Indikators. Auf den Zweck des Entlüftungsventils wird in dem Abschnitt „Umsteuerungen“ näher eingegangen.

c) Bauart: Blohm & Voß, Hamburg.

Die erste größere, von der Firma Blohm & Voß entwickelte Schiffs-Ölmaschinenanlage ist in gemeinsamer Arbeit mit der Maschinenfabrik Augsburg-Nürnberg entstanden. Es ist eine einfachwirkende Zweitakt-Zweiwellenanlage, die auf dem für die Hamburg-Amerika-Linie erbauten Motorschiff „Secundus“ Aufstellung gefunden hat.

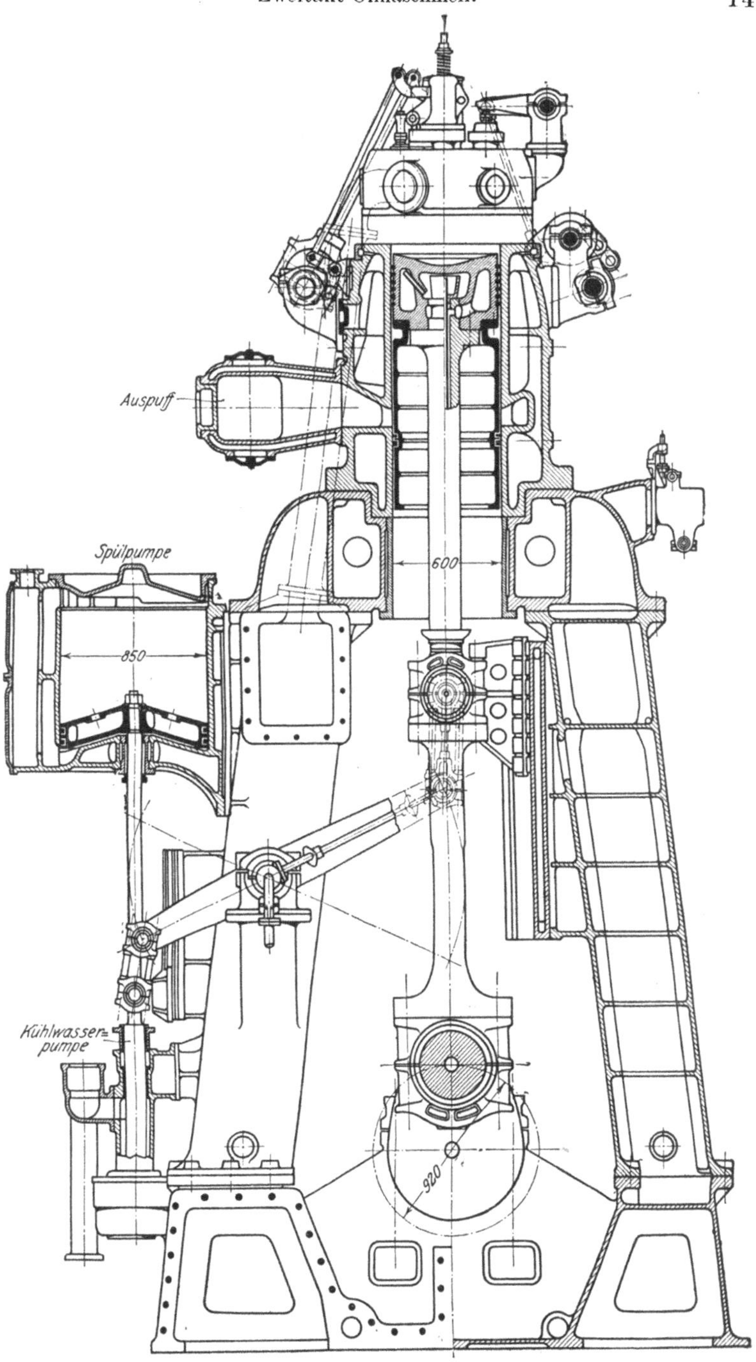

Abb. 108. Zweitakt-Ölmaschine; Bauart: Blohm & Voß.

Jeder Motor hat vier Zylinder von 600 mm Zylinderdurchmesser, 920 mm Kolbenhub und leistet bei 120 Umdrehungen pro min 1850 PSi = rund 1200 PSe.

Abb. 108 zeigt einen Schnitt durch Arbeitszylinder und Spülpumpe. Der Aufbau des mit einseitiger Kreuzkopfbahn ausgeführten Motors lehnt sich eng an die übliche Ausführung großer Handelsschiffsmaschinen an. Die mit Seewasser gekühlten Zylinder und Zylinderdeckel sind in Grauguß ausgeführt; die Arbeitskolben werden von Frischwasser durchströmt, das in geeigneten Anlagen rückgekühlt wird. In dem Zylinderdeckel sind das Brennstoff-, Anlaß-, zwei Spülluft- und das Sicherheitsventil untergebracht. Die Kurbelwelle ist zweiteilig mit unter 90° versetzten Kurbeln ausgeführt.

Der Antrieb der an der Rückseite der beiden mittleren Zylinder sitzenden doppeltwirkenden Spülpumpen von 850 mm Durchm. und 650 mm Hub, mit einem Leistungsbedarf von je etwa 200 PSe, wird durch Balancier und Lenkstangen von den Kreuzköpfen aus bewirkt. Die Luftzufuhr für die Spülpumpen erfolgt durch besondere Kanäle unmittelbar vom freien Deck aus; vor dem Eintritt in die Arbeitszylinder wird sie durch Kühlvorrichtungen auf etwa 35° C heruntergekühlt.

Jeder Hauptmotor ist an der Stirnseite mit einem dreistufigen Kompressor, Fabrikat: Pokorny & Wittekind, Frankfurt, unmittelbar gekuppelt; der Leistungsbedarf jedes derselben beläuft sich auf etwa 160 PSe. Für geeignete Einrichtungen zur weitgehenden Kühlung, Entwässerung und Entölung der erzeugten Druckluft ist gesorgt.

Das von einer an der Maschine angehängten Kolbenkühlpumpe beschaffte Frischwasser wird den Kolben mittels Gelenkrohren durch die ausgebohrten Kreuzkopfzapfen und Kolbenstangen zugeführt.

Auch das zum Kühlen der Zylinder und Deckel benötigte Seewasser wird durch angehängte Pumpen gefördert und durchströmt vor dem Eintritt in diese zunächst die Frischwasserrückkühler.

Grund- und Kurbellager werden durch Preßöl geschmiert; für die Arbeits-, Spülpumpen- und Kompressorzylinder sind besondere Schmierpressen vorgesehen. Die Preßölpumpe wird vom Balanzier angetrieben, saugt aus einem Reinöltank und drückt nach Passieren zweier Filter in die Kurbelwellenlager und die ausgebohrte Kurbelwelle. Das sich in der Kurbelbilge ansammelnde Schmieröl fließt zunächst einer Zisterne zu, wird hier von einer Pumpe angesaugt, nach einem Filter und schließlich zum Reinöltank gedrückt.

Das Anlassen und Umsteuern der Motoren erfolgt durch Preßluft von etwa 30 at, die in 31, an den Wänden des Motorraumes angeordneten Flaschen von je 755 l Inhalt aufgespeichert wird.

d) Bauart: Germaniawerft, Kiel.

Die 1911 von der Deutsch-Amerikanischen Petroleumgesellschaft der Fried. Krupp A-G.., Germaniawerft, Kiel, in Bau gegebenen drei Motortankschiffe stellen die ersten Großschiffs-Dieselmotoranlagen rein deutschen Systems dar. Die beiden ersten Anlagen waren für Schwesterschiffe von 8350 t Tragfähigkeit bestimmt; ihre Leistung betrug für die Zweiwellenanlagen je 2300 PSe. Das dritte Schiff wird bei einer Ladefähigkeit von 15 000 t eine Gesamtmotorleistung von etwa 3750 PSe = etwa 4400 PSi aufweisen. Eine Infahrtstellung dieser größten, bisher auf einer deutschen Werft gebauten Handelsschiffsanlage ist bis zum Augenblick noch nicht erfolgt.

Die Hauptmaschinen dieser von der Germaniawerft entwickelten Maschinentype sind einfachwirkende, im Zweitakt arbeitende Dieselmotoren mit je 6 Arbeitszylindern in Gruppen von 2 mal 3 Stück.

Auf einer kräftigen, gußeisernen Fundamentplatte erheben sich auf der Vorderseite acht, auf der Hinterseite sechs Ständer, von denen die letzteren die Gleisbahnführungen tragen. Durch versetzte Anordnung der vorderen und hinteren Ständer wird eine bequeme Zugänglichkeit der Kreuzkopf- und Kurbellager, sowie eine leichte Demontage der Kolben, die bei den Germaniamotoren nach unten herausgenommen werden müssen, erreicht. Zwischen der Oberkante der Ständer und den Arbeitszylindern ist eine durchlaufende, niedrige, mehrfach geteilte Zylindergrundplatte eingebaut, auf der die Arbeitszylinder montiert sind. Die letzteren sind aus Gußeisen und mit den Deckeln aus einem Stück hergestellt, eine Konstruktion, die von allen bekannt gewordenen Großschiffsmotoren allein bei der Bauart der Germaniawerft vorkommt. Den Arbeitszylinder umschließt ein Wassermantel, der in seinem unteren Teil gegen die Laufbüchse durch Stopfbüchse abgedichtet ist, so daß letzterer sich frei ausdehnen kann.

Die sechs wassergekühlten Auspuffrohre einer jeden Maschine führen in ein gemeinschaftliches, ebenfalls wassergekühltes Hauptrohr, das in einen Schalldämpfer mündet.

Die gußeißernen Kolbenträger tragen sechs Kolbenringe. Nach unten gehen die Kolben in dünne Stahlzylinder über, die gegenüber den Arbeitszylindern am unteren Ende derselben durch eine Stopfbüchse abgedichtet sind, um ein Durchschlagen der Verbrennungsgase zu verhindern.

Da die Kolben nur nach unten herausgenommen werden können, mußten die Kolbenstangen zweiteilig ausgeführt werden. Die Kolben sind, wie üblich, wassergekühlt, und zwar wird das Kühlwasser gruppenweise für drei hintereinander geschaltete Zylinder durch Gelenkrohre zunächst den Kreuzkopfzapfen zugeführt. Von hier tritt es in die hohle Kolbenstange über, innerhalb der es durch zwei Rohre aufwärts nach dem Kolben geführt wird. Die Rückleitung des Kühlwassers vom Kolben erfolgt durch ein drittes, gleichfalls in der hohlen Kolbenstange liegendes Rohr, um nach Passieren eines weiteren Gelenkrohrs schließlich frei in einen Trichter auszufließen. Der Druck des Kolben-

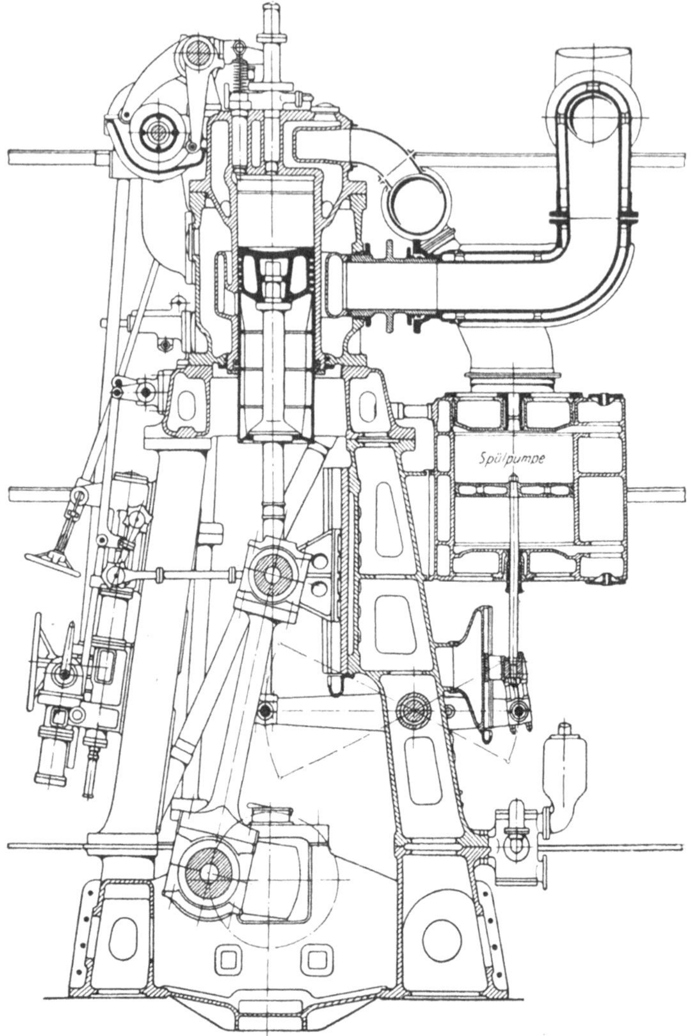

Abb. 109. Zweitakt-Ölmaschine; Bauart: Germaniawerft.

kühlwassers ist auf 6 at festgelegt; die mittlere Austrittstemperatur des Kühlwassers beträgt etwa 45° C. Eine besondere Kühlleitung ist für die Zylindermäntel und -Deckel, die Gleitbahnen und Auspuffrohre vorgesehen, die unter einem Überdruck von nur 0,75 at steht.

Der Kopf eines jeden Arbeitszylinders enthält fünf Ventile, und zwar außer dem Brennstoffventil und dem Anlaßventil je zwei Spülventile und ein Sicherheitsventil. Das Brennstoffventil eröffnet nach oben, Anlaß- und Spülventile nach unten. Die Anlaßventile werden von einer gemeinsamen Leitung gespeist, an der sechs Haupt- und vier Reserveanlaßflaschen angeschlossen sind.

Jeder Arbeitszylinder ist mit einer besonderen Brennstoffpumpe ausgerüstet, die, wie die Arbeitszylinder, in zwei Gruppen zu je drei Stück untergeteilt sind. Die Regulierung der Brennstoffpumpen und der Leistung der Maschine erfolgt auch hier, wie allgemein üblich, durch Regulieren des Hubs der Saugventile. Diese eröffnen sich aber nicht selbsttätig durch die Saugwirkung des Pumpenkolbens, sondern werden mechanisch durch Arme angelüftet, die auf einer Welle sitzen und die ihre Bewegung vom Kolbentrieb erhalten. Die Hubbewegung dieser Arme kann vom Maschinistenstande aus durch einen Hebel mit Federklinke, der innerhalb eines Winkels von 90° bewegt werden kann, eingestellt werden. Ähnlich wirkt die Regulierung eines außerdem auf der Antriebswelle angebrachten Achsenreglers.

Die Kurbeln einer jeden Zylindergruppe sind um 120°, die der beiden mittleren Zylinder um 60° gegeneinander versetzt.

Die beiden Spülpumpen eines jeden Hauptmotors werden durch Schwinghebel von den mittleren Arbeitszylindern angetrieben. Die Kästen für die Unterbringung der in gleicher Zahl angeordneten Saug- und Druckventile liegen auf der Rückseite der Pumpen; die Ventile bestehen aus Metallplatten.

Von jedem Schwinghebel der Spülpumpen werden zwei einfachwirkende Wasserpumpen betätigt, und zwar zwei zur Beschaffung des Kühlwassers für die Zylindermäntel, Zylinderdeckel, Gleitbahnen und Auspuffrohre, eine für die Versorgung der Arbeitskolben, während die vierte als Lenz- und Klosettpumpe dient.

Ein weiterer Schwinghebel betreibt einen zweistufigen Kompressor zur Erzeugung der für die Rudermaschine auf See gebrauchten Druckluft. Der Kompressionsdruck beläuft sich auf 15 at, der für den Betrieb auf 7 at reduziert wird. An diesem Schwinghebel hängen außerdem eine einfachwirkende Brennstoffpumpe, die aus dem Meßtank saugt und nach einem Filtertank drückt und eine Öllenzpumpe gleicher Konstruktion, die aus der Kurbelbilge saugt und nach einem Reinigungsapparat drückt.

Die Beschaffung der zum Betriebe der Hauptmaschinen gebrauchten Einblase- und Anlaßluft erfolgt nicht durch unmittelbar mit der Hauptkurbelwelle gekuppelte Kompressoren, sondern durch zwei querschiffs stehende, an der Stirnseite der Hauptmaschinen aufgestellte Reavellkompressoren, die durch je eine dreizylindrige, einfachwirkende Ölmaschine angetrieben werden.

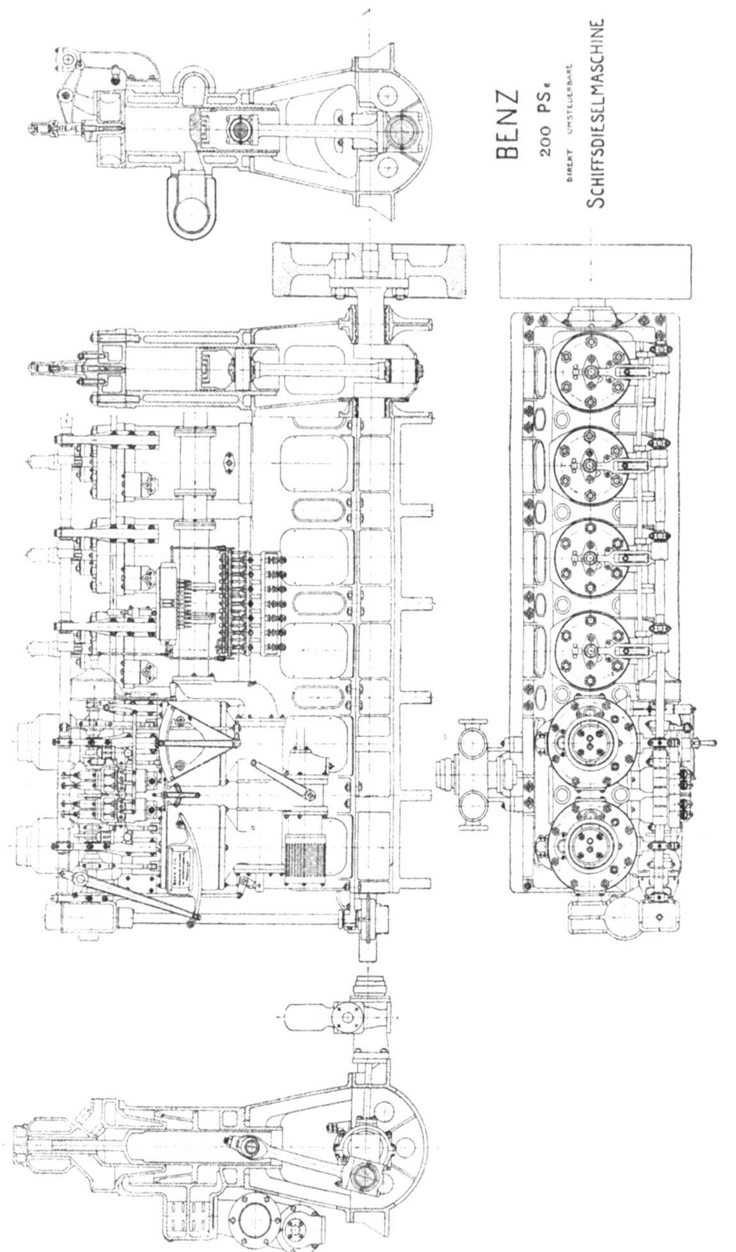

Abb. 110—113.

Ein durch einen Swiderski-Glühhaubenmotor angetriebener zweistufiger Notkompressor dient zur Herstellung der ersten Druckluft.

Für die auf See gebrauchten Pumpen ist durchweg elektrischer Antrieb eingerichtet. Vorhanden sind:

2 Kreiselpumpen von 30 und 40 t Stundenleistung zum Lenzen, Deckwaschen, Feuerlöschen und für Ballastzwecke.

1 Reservepumpe für die Zylinder- und Kolbenkühlung und

1 Brennstoffplungerpumpe von 20 t Leistung.

Alle anderen Schiffshilfsmaschinen, insbesondere die großen 250 t Förderpumpen zur Abgabe der Tankinhalte, Wasserballastpumpen, die Ölübernahmepumpe sowie die Motordrehmaschinen, desgleichen Ankerspill und Ladewinden, haben in diesen Fällen noch Dampfantrieb erhalten.

e) Bauart: Benz & Co., Mannheim.

Die von Benz & Co., Mannheim, gebauten Ölmaschinen sind einfachwirkende, nach dem Zweitaktsystem arbeitende Maschinen, die für Leistungen bis etwa 550 PS in der Bauart nach Abb. 110—113 ausgeführt werden, während die größeren Maschinen bis etwa 2800 PS durchweg Kreuzkopfführungen erhalten. Der in der Abbildung dargestellte Motor, eine Schiffsmaschine von 200 PSe, zeigt von rechts nach links vier Arbeitszylinder, in denen sich der Verbrennungsvorgang in der dem Zweitaktverfahren eigenen Weise abspielt und an die sich nach links zwei Spülluftpumpenzylinder anschließen. Vor den Arbeitszylindern

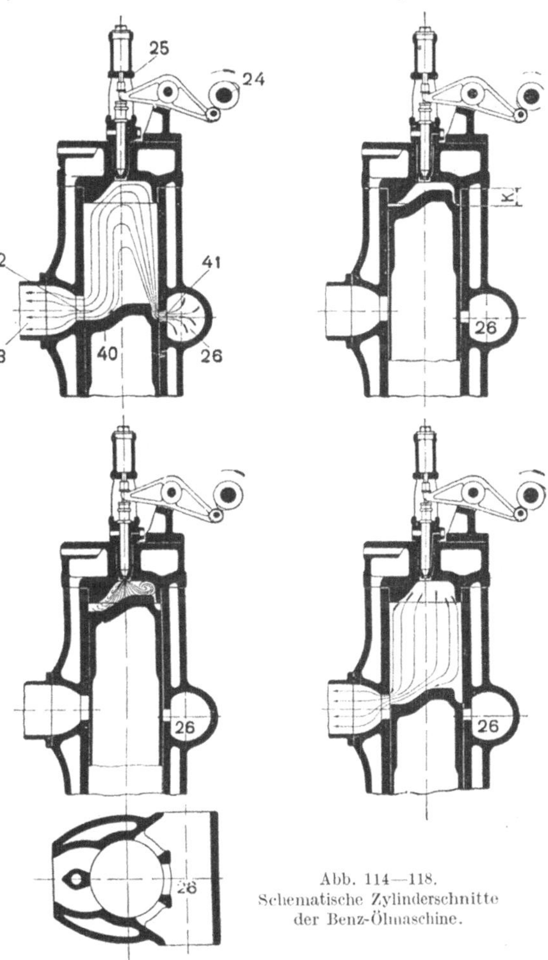

Abb. 114—118. Schematische Zylinderschnitte der Benz-Ölmaschine.

liegt die Spülluftleitung, die an die Luftpumpenzylinder anschließt. Die Bedeutung dieser letzteren für das Umsteuern des Motors ist in dem Abschnitt „Umsteuerungen" auseinandergesetzt. Einen Schnitt durch einen der Umsteuerluftpumpenzylinder zeigt die Abb. 108. In jedem dieser Luftpumpenzylinder sind drei Kolben angeordnet, von denen der unterste die für die Durchführung des Zweitaktverfahrens erforderliche Spülluft für die Arbeitszylinder liefert, während die beiden darüber liegenden Stufenkolben die angesaugte atmosphärische Luft auf 14 bezw. 50—70 at für Anlaß- und Einblasezwecke komprimieren.

Da nur die Luftpumpenzylinder umgesteuert werden, gestaltet sich der konstruktive Aufbau des Motors und im besonderen die Zylinderdeckel, die nunmehr nur das Brennstoffventil aufzunehmen brauchen, überaus einfach. Da jedes Einblasen kalter Luft in die Arbeitszylinder für Anlaßzwecke unterbleibt, sind Spannungsrisse in den Zylinderdeckeln als Folge von Temperaturdifferenzen nicht zu befürchten.

Aus den schematischen Zylinderschnitten der Abb. 114—118 ist die Ausbildung der Zylinderdeckel, der Kolben (40), sowie die Lage der Spülluftschlitze (41) und Auspuffkanäle (42) zu ersehen. Durch besondere Formgebung des Kolbenbodens wird eine möglichst sorgfältige Ausspülung des Zylinderinneren von den Verbrennungsgasen erstrebt.

f) Bauart: Prof. Junkers, Aachen.

Der Junkersmotor ist eine Zweitaktmaschine besonderer Bauart. Er benutzt das von der Öchelhäuser-Gasmaschine her bekannte Prinzip eines beiderseits offenen Arbeitszylinders, in dem sich zwei Kolben in stets zueinander entgegengesetzter Richtung bewegen. An dem einen Ende des Zylinders befinden sich die Auspuffschlitze, an dem anderen Ende die Spülschlitze; beide werden von den zugehörigen Kolben gesteuert. Der Ausspülvorgang vollzieht sich in der Weise, daß zunächst der Auspuffkanalkranz durch den einen Kolben freigelegt wird und durch diesen die Verbrennungsgase austreten, bis nach Freilegung des zweiten Kanalkranzes durch den anderen Kolben Spülluft in den Arbeitszylinder tritt und die Verbrennungsgase vor sich her schiebt. Da die Spülluft den Arbeitszylinder ohne Richtungsänderung durchstreicht, findet eine sehr gute Ausspülung desselben statt. Da der ganze Zylinderumfang für die Spülluft-Einlaß- und die Auspuffkanäle zur Verfügung steht, können die Kanalquerschnitte reichlich bemessen und damit auch hierdurch eine gründliche Zylinderspülung sicher gestellt werden.

Die Junkersmaschine ist bisher in zwei Bauarten, als einfache und doppelte Gegenkolbenmaschine, zur Ausführung gekommen. Schematische Darstellungen dieser beiden Zylinderanordnungen zeigen die

Abb. 119 und 120. Eine größere Anlage der ersten Art ist auf dem von Frerichs & Co., Osterholz-Scharmbeck, erbauten Tankschiff „Arthur v. Gwinner", Abb. 121 und 122, zur Aufstellung gekommen, eine Zweiwellenanlage in Tandemanordnung war für das von der Hamburg-Amerika-Linie der Aktien-Gesellschaft „Weser", Bremen, in Auftrag gegebene Ölmaschinenschiff „Primus" bestimmt.

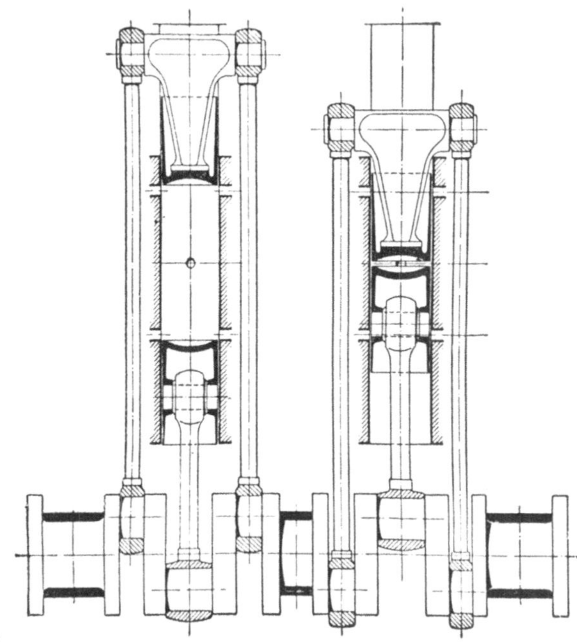

Abb. 119. Schematische Darstellung einer einfachen Gegenkolbenmaschine.

Für jeden Arbeitszylinder der Junkersmaschinen sind an der Kurbelwelle drei Kurbeln vorzusehen, von denen die erste und dritte gleichartig stehen, während die mittlere, dritte, gegenüber den beiden anderen um 180° versetzt ist. Die Zugstange der mittleren Kurbel (Abb. 119) greift an dem unteren Kolben an, während der obere Kolben vermittelst einer Traverse durch beiderseits am Zylinder entlang gehende Führungsstangen auf die beiden äußeren Kurbeln wirkt. Beide Arbeitskolben führen damit dauernd die gleiche Bewegung aus, laufen aber stets in entgegengesetzter Richtung. Sobald die mittlere Kurbel nach oben steht, befinden sich beide Kolben in der Mitte des Zylinders, dagegen am anderen Zylinderende, sobald die mittlere Kurbel durch den unteren Totpunkt geht (Abb. 119 und 120).

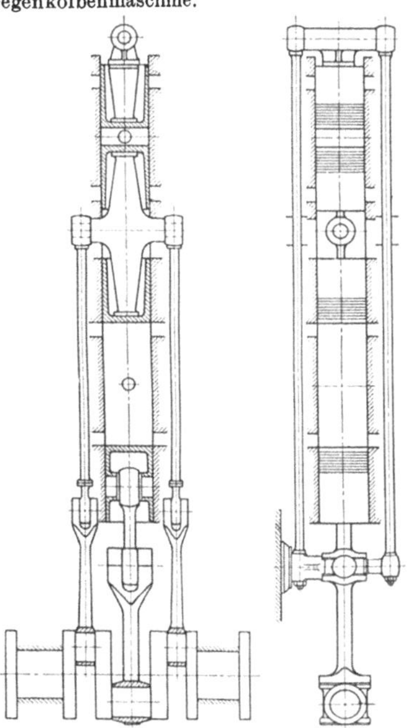

Abb. 120. Schematische Darstellung einer doppelten Gegenkolbenmaschine.

Die Arbeitszylinder weisen außer dem Brennstoffventil und dem Anlaß-

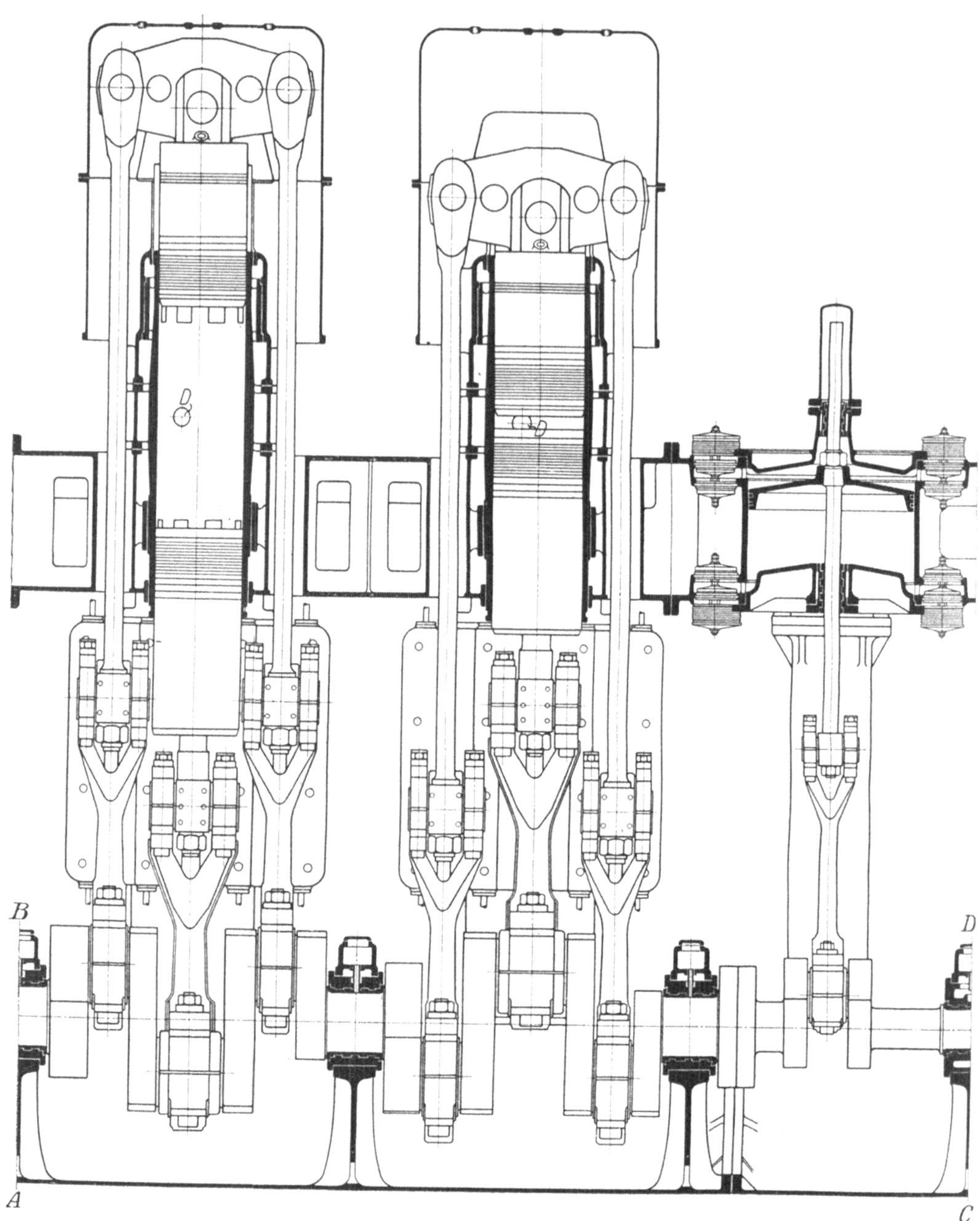

Abb. 121. Schnitt durch Arbeitszylinder und Spülpumpe einer Junkers-Ölmaschine.

ventil nur noch ein Sicherheitsventil auf, die sämtlich in der mittleren Zone der Zylinder im Kompressions- und Verbrennungsraum liegen, die bei der innersten Stellung der Arbeitskolben von diesen gebildet wird.

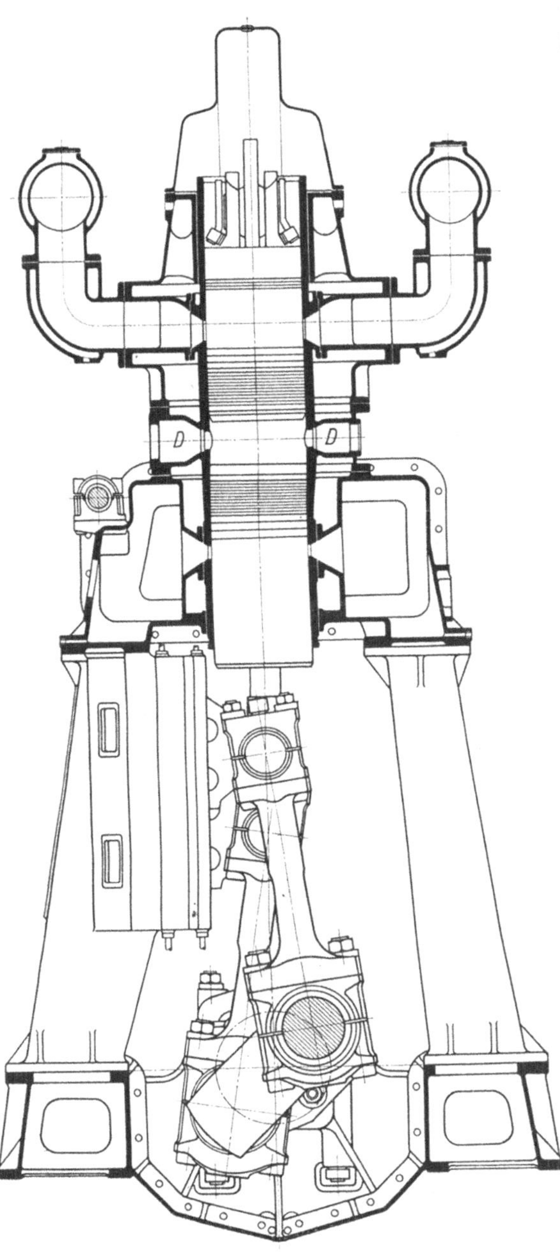

Abb. 122. Schnitt durch Arbeitszylinder, Auspuffleitungen und Spülluftaufnehmer einer Junkers-Ölmaschine.

Die Vorteile der Junkersschen Bauart bestehen in dem großen wirksamen Kolbenhub, der sich aus den Hüben der beiden Arbeitskolben zusammensetzt und damit bei geringer Kolbengeschwindigkeit eine kürzere Bauhöhe ergibt, als unter sonst gleichen Verhältnissen mit nur einem Arbeitskolben zu erzielen ist. Da die einen Arbeitsverlust darstellende Reibungsarbeit einer Maschine und damit der mechanische Wirkungsgrad um so günstiger ausfällt, je größer das Verhältnis Hub : Zylinderdurchmesser ist, so folgt ohne weiteres, daß für Ölmaschinen von gleichem Zylinderdurchmesser und gleichem Kurbelradius die Doppelkolbenmaschine Junkersscher Bauart mit dreifach gekröpfter Welle, bei der sich die Hübe der beiden Kolben addieren, wesentlich geringere Reibungsarbeiten ausweisen muß als eine Einkolben-Ölmaschine mit nur einfach gekröpfter Welle.

Durch das gänzliche Fehlen der Zylinderdeckel werden mancherlei Betriebsstörungen beseitigt, dafür ist aber die konstruktive Durchbildung des wasserumspülten Verbrennungsraumes, der gleichzeitig die Ventildurchdringungen aufnehmen muß, nicht ganz einfach. Auch hier sind vom Brennstoff- und Anlaßventil ausgehende Rißbildungen, in ähnlicher Weise wie sie bei den Zylinderdeckelkonstruktionen besprochen worden sind, festzustellen gewesen.

Bedeutend günstiger als bei den Dieselmaschinen normaler Bauart ist die Beanspruchung der Kurbelwelle, da sich durch die Verwendung zweier Kolben für den Arbeitszylinder und der beschriebenen Anordnung der Getriebeteile ein nahezu vollständiger Massenausgleich und damit auch eine weitgehende Entlastung der Grundlager erreichen läßt, da die Kolbenkräfte unmittelbar durch die Treibstangen auf die Kurbelwelle und nicht durch das Maschinengestell aufgenommen werden.

Das gleiche gilt für die Beanspruchung des Gußmaterials der Zylinder, die durch das Nichtvorhandensein der Deckel auch keine Kräfte nach dem Rahmen der Maschine übertragen können und damit in Richtung der Maschinenachse wesentlich entlastet sind.

Erwähnung verdient auch das Prof. Junkers patentierte Verfahren einer wirksamen Leistungserhöhung seiner Maschine durch Vermehrung des Luftgewichts im Arbeitszylinder und der dadurch herbeigeführten Druckerhöhung vor Beginn der Kompressionsperiode.

Die Herbeiführung eines Überdruckes der Spül- bzw. Ladeluft wird durch eine Droßlung der Auspuffgase hinter dem Auspuffbehälter mittelst eines einfachen Drosselorgans herbeigeführt. So wird sich bei einer Erhöhung des Gegendrucks auf 0,5 at Überdruck eine Leistungserhöhung der Ölmaschine von 50 v. H. einstellen, vorausgesetzt, daß die Spülluftpumpen das Mehr an Ladeluft zu liefern in der Lage sind und auch die Brennstoffpumpen die erforderliche Treibölmenge liefern können. Zu bemerken ist dabei, daß das Kompressions- und Expansionsverhältnis und damit auch der thermische Wirkungsgrad und die Temperaturen die gleichen bleiben, wenn dieselbe Kompressionsanfangstemperatur vorhanden war.

Die Arbeitsdrucke und die Leistung wachsen proportional dem Ladegewicht; das Arbeitsdiagramm wird lediglich im Kräftemaßstab vergrößert.

In der Abb. 123 ist an einem theoretischen Diagramm einer Gleichdruck-Ölmaschine das Leistungserhöhungsverfahren zur Darstellung gebracht, und zwar umschreibt der Linienzug $a\,b\,c\,d$ das Diagramm für normalen Betrieb, *a' b' c' d'* das für Leistungserhöhung. In den Punkten *d* und *d'* beginnt in beiden Fällen der Auslaß der verbrannten Gase. Während aber für den Linienzug *a b c d* möglichst vollkommener Druckausgleich zwischen Zylinder und Atmosphäre herbeigeführt wird, ist dieser Druckausgleich für den Linienzug *a' b' c' d'* durch Droßlung der Auspuffgase künstlich verhindert. Die Spannung im Arbeitszylinder sinkt in diesem Falle nicht bis auf die Atmosphäre, sondern stellt sich dem jeweils künstlich erzeugten Widerstande entsprechend höher ein, so daß durch die Ladepumpen ein größeres Luftgewicht eingeführt und damit auch eine entsprechend größere Treibölmenge verbrannt werden kann. Eine schematische Darstellung einer Junkersmaschine mit Einrichtung für Leistungserhöhung zeigt die Abb. 124, aus der das im Auspuffkanal liegende Drosselorgan sowie die Steuerung der Einsaugeöffnung der Spülluftpumpe, die zwangsläufig miteinander gekuppelt sind, deutlich zu ersehen sind.

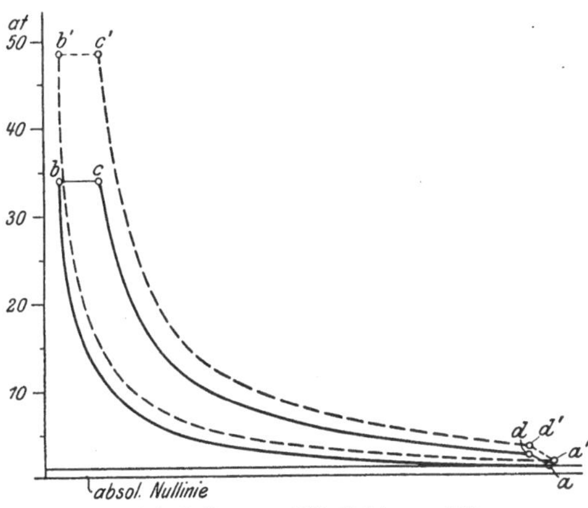

Abb. 123. Arbeitsdiagramm für Leistungserhöhung.

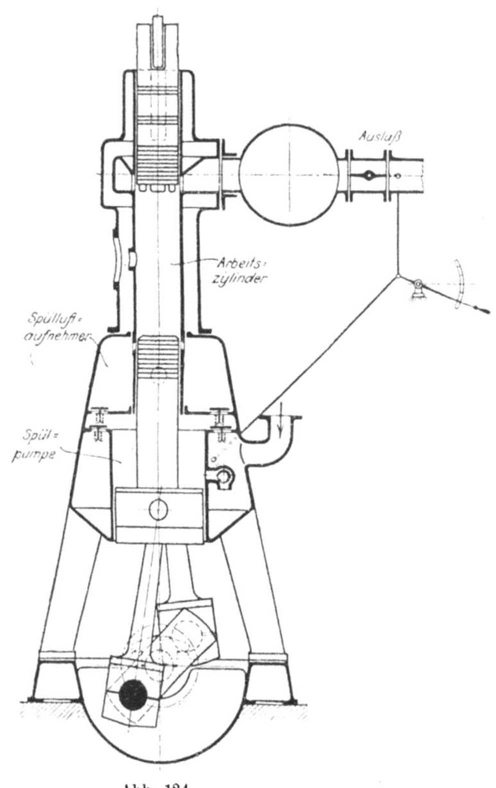

Abb. 124.

Entsprechend dem höheren Kompressionsanfangsdruck verlaufen

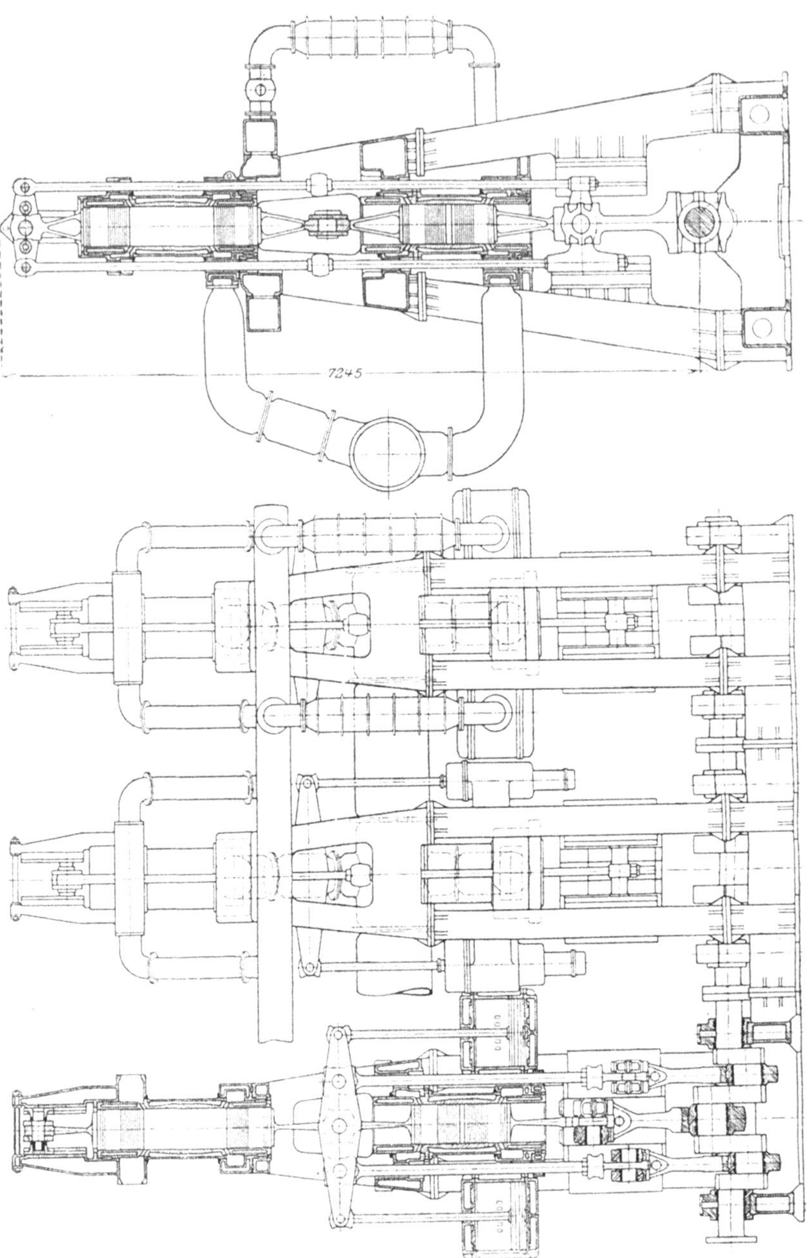

Abb. 125 und 126. Tandem-Ölmaschine; Bauart: Junkers.

auch die Kompressions-, Verbrennungs- und Expansionslinie entsprechend höher; die Diagrammfläche wächst im gleichen Verhältnis und die Leistung der Maschine steigt damit proportional dem Kompressionsanfangsdruck.

Neben diesem Vorzug einer wirksamen Leistungserhöhung der Junkersmaschine, die allerdings bis zu einem gewissen Grade auch bei anderen Zweitaktmaschinen anwendbar ist, wären als Nachteile der Bauart anzuführen die Vermehrung der Zahl der Triebwerksteile und damit der Zahl der Schmierstellen, die noch dazu für die mittlere Kurbel nicht sonderlich bequem liegen, außerdem aber auch große Baulänge sowie die Kraftübertragung des oberen Kolbens durch Traverse und lange Führungsstangen nach der Kurbelwelle, die infolge ihrer dreifachen Kröpfung zudem sehr saubere Werkstattarbeit und sorgfältige Montage erfordert. Bei der Tandembauart kommt hinzu, daß auch die Überholung der unteren Kolben erheblich zeitraubender als bei Ölmaschinen normaler Bauart ist.

Die doppeltwirkende Tandemanordnung weist im übrigen keine wesentlichen Abweichungen von der vorstehend für den einfachwirkenden Motor gegebenen Beschreibung auf. Auch hier erhält jeder Zylinder wieder zwei Arbeitskolben, von denen die beiden mittleren an eine gemeinsame Traverse angeschlossen sind, deren Führungsstangen auf das äußere Kurbelpaar wirken, während der obere und untere Kolben durch um 90° versetzte Stangen die innere Kurbel treiben.

Die Abb. 125 und 126 zeigen die von der A.-G. „Weser“, Bremen, für die Hamburg-Amerika-Linie für ein Zweischrauben-Motorschiff erbaute Maschine, eine Tandemmaschine von 400 mm Zylinderdurchmesser 2×400 mm Hub und 120 Umdrehungen in der Minute.

Die mittleren Kurbeln der drei nebeneinander liegenden Tandemeinheiten sind um 120° versetzt.

Grundplatten und Ständer der Motoren sind in Anlehnung an die Schiffsdampfmaschinen ausgeführt. Auf den Ständern sitzt ein kräftiges Laternenstück, in dessen unterem Teil der eine Arbeitszylinder hängt, während der andere Zylinder auf der Laterne befestigt ist. Die Gleitbahnen der äußeren Kreuzköpfe sitzen der besseren Zugänglichkeit halber denen der mittleren Kreuzköpfe gegenüber.

Der Antrieb der Spülpumpen ist von den Traversen der mittleren Kolben der beiden äußeren Tandemeinheiten abgeleitet, während zu beiden Seiten der Mittelzylinder eine vierstufige Luftpumpe angeordnet ist. Von den Spülpumpen führen die Luftleitungen nach den als Luftbehälter ausgebildeten Laternenstücken, die mit den einzelnen Arbeitszylindern in Verbindung stehen.

Die auf der entgegengesetzten Seite der Maschine angeordneten wassergekühlten Auspuffleitungen führen nach den an der Vorderkante des Maschinenschachtes angeordneten Auspuffbehältern.

Als wesentlichster Mangel der Tandemanordnung hat sich die Unzugänglichkeit der unteren Kolben und der Brennstoffventile sowie der Antrieb der Steuerhebel der Brennstoff- und Anlaßventile von einer gemeinsamen Antriebswelle aus erwiesen, die einen sicheren Bordbetrieb nicht ermöglichten.

VIII. Steuerung und Umsteuerung der Ölmaschinen.

Als grundlegende Forderungen einer konstruktiv einwandfreien Steuerung und Umsteuereinrichtung einer Schiffsölmaschinenanlage sind in baulicher Hinsicht anzuführen:

Zweckentsprechende Gestaltung des Verbrennungsraums,
gut dichtender Abschluß des Verbrennungsraums durch die Steuerorgane,
gute Regulierung der Steuerung sowie eine allgemeine Betriebssicherheit derselben.

Die Gestaltung des Verbrennungsraums ist bei den stehenden Schiffsölmaschinen gegeben durch die Form des Zylinderdeckels und des Kolbenbodens. Je nach der Ausbildung des letzteren wird der Verbrennungsraum eine scheibenförmige oder der Kugelform genäherte Gestalt aufweisen. Während vielfach dem halbkugelförmig ausgehöhlten Kolbenboden neben größerer Festigkeit der Vorteil einer besseren Einleitung der Verbrennung zugesprochen wird, sind bezüglich des letzten Punktes die Meinungen der Praxis neuerdings wieder geteilt. Besonders bei größeren Zylinderdurchmessern glaubt man bei Anwendung von flachen Kolbenböden eine raschere Fortpflanzung der Zündung in der Richtung zum Umfang des Verbrennungsraums infolge der geringeren Höhe desselben haben feststellen zu können.

Wesentlich bleibt für die Formgebung des Verbrennungsraums, daß tote Ecken, in denen sich Reste von Auspuffgasen sammeln können, und in denen die Verbrennung nur langsam fortschreiten kann, unbedingt vermieden werden.

Der notwendige dichte Abschluß des Verbrennungsraums, der durch die Steuerorgane erfolgt, wird erschwert durch die hohen Temperaturen, denen besonders die Auspuff- und Einsaugventile ausgesetzt sind, von denen namentlich die ersteren durch Verziehen und Ausbrennen der Sitzflächen als Folge der hohen Gastemperaturen und -geschwindigkeiten, die 800—900 m/sec erreichen, in Mitleidenschaft gezogen sind.

Um diesen Schwierigkeiten zu begegnen, werden diese Steuerorgane ausschließlich als Einsitzventile und nicht als Doppelsitzventile oder

Schieber ausgeführt. Die Anordnung dieser Ventile muß grundsätzlich derart erfolgen, daß dieselben durch den inneren Verbrennungsdruck im Arbeitszylinder auf ihren Sitz gedrückt und nicht auf Abheben beansprucht werden.

Eine Ausnahme bilden nur die Brennstoffnadeln, die man zwecks leichterer Auswechslung vielfach nach außen eröffnen läßt, da deren Abschluß infolge des kleinen Nadeldurchmessers hinreichend sicher durch äußeren Federdruck zu erreichen ist.

Die Regulierungsorgane der Steuerung umfassen diejenigen Einrichtungen, die die Reglung der Umdrehungszahlen der Maschine entsprechend der jeweiligen Maschinenleistung herbeiführen.

Aus der Natur des Gleichdruckverfahrens, das darin besteht, daß eine Mindesttemperatur der Kompressionsluft als Folge eines Mindestdrucks erforderlich ist, durch die die Verbrennung des eingespritzten, zerstäubten Brennstoffs ohne besonderes Zündmittel eingeleitet wird, folgt, daß eine Füllungsregulierung mit verschiedenen Endspannungen und Endtemperaturen nicht in Frage kommen kann.

Die Reglung der Ölmaschinen wird vielmehr ausschließlich durch Gemischreglung vorgenommen, indem je nach der Belastung der Maschine die Menge des für den Arbeitshub eingespritzten Treiböls geregelt wird.

Diese Reglung wird bei den Schiffsölmaschinen fast allgemein vorgenommen durch die Beeinflussung der Fördermenge der Treibölpumpe, deren Saugventil je nach der zu fördernden Menge während einer kürzeren oder längeren Zeit des Saughubes zwangsläufig angelüftet wird (vgl. S. 71).

Der hauptsächlichsten Forderung einer unbedingten Betriebssicherheit der Steuerung wird neben der Verwendung geeigneter Baustoffe, ausreichender Bemessung der Materialquerschnitte und guter Zugänglichkeit vor allem auch durch die Ausführung hinreichender Steuerquerschnitte entsprochen.

Zu enge Auslaßquerschnitte bei Viertakt-Ölmaschinen bedeuten Verlust an Diagrammfläche durch zu hohen Gegendruck. Hierdurch im Arbeitszylinder zurückbleibende Abgasreste verschlechtern das Luftgemisch des folgenden Arbeitshubs und erhöhen die Verbrennungstemperatur. Droßlung in den Einlaßorganen und den Luftaufnehmern führt bei Zweitaktmaschinen zu einer erheblichen Vermehrung der Spülpumpenarbeit. Einfache Gestaltung der Strömungsquerschnitte bei hinreichender Weite, möglichst frei von Querschnittsveränderungen, scharfen Knicken und toten Ecken muß daher stets angestrebt werden.

Zu den Grundlagen der Umsteuerung übergehend, bleibt zu bemerken, daß der Frage der Einführung von Ölmaschinen als Antriebsmittel seegehender Schiffe nicht eher näher getreten werden konnte, bis neben der Überwindung der Schwierigkeiten, die sich der Durchbildung größerer Zylindereinheiten entgegenstellten, vor allem auch die Einrichtungen, eine Verbrennungskraftmaschine in allen Kurbelstellungen sicher umzusteuern, eine einwandfreie Lösung gefunden hatten.

Umsteuerbare Schrauben und Wendegetriebe können ihrer Natur nach nur für kleine, höchstens mittelgroße Anlagen zur Verwendung kommen. Wenn letztere auch bis zu 1000 PS für Fluß-, Küstenfahrzeuge und besondere Zwecke gebaut oder projektiert sind, so wird für das Hochseeschiff, mit seinen bei schlechtem Wetter oft frei schlagenden Schrauben und hierdurch verursachten großen Beanspruchungen der Kurbelwelle, nur die unmittelbare Umsteuerung der Maschine mittelst Druckluft durch die Arbeitszylinder oder die Anwendung eines hydraulischen Umsteuerungstriebes in Betracht kommen können.

Die letztere Umsteuerungsart benutzt den von Prof. Foettinger konstruierten hydraulischen Transformator[1]), der zwischen den Antriebsmotor und die Schraubenwelle geschaltet wird. Seinem Aufbau nach stellt der Transformator eine hydraulische Kupplung dar, bei der ein auf der Motorwelle sitzendes Kreiselrad eine Arbeitsflüssigkeit, etwa Wasser, beschleunigt und auf höheren Druck bringt, die bei ihrem Austritt aus dem Kreiselrad unmittelbar auf ein auf der Schraubenwelle angeordnetes zweites Kreiselrad trifft und an dieses den größten Teil ihrer Energie abgibt. Ein ähnliches Räderpaar ist für den Rückwärtsgang vorgesehen. Zwischen Maschinen- und Schraubenwelle besteht also keine weitere Verbindung als die des rotierenden Wasserstroms. Auf diese Weise kann die Ölmaschine, da im Ruhezustande derselben keine Kupplung der Hauptmaschinenwelle mit der Schraubenwelle besteht, lastfrei angelassen werden. Erst nachdem die Maschine auf Umdrehungen gekommen ist, wird das Transformatorgetriebe stoßfrei eingelegt und damit die Propellerwelle mit der gewünschten Umdrehungszahl auf Vorwärts- oder Rückwärtsgang mitgenommen.

Der Wirkungsgrad eines derartigen Getriebes hängt von dem Übersetzungsverhältnis zwischen Motor- und Propellerwelle ab. Da für größere Ölmaschinenanlagen Umdrehungszahlen von 400—600 pro Minute die obere Grenze darstellen, würde mit einem Übersetzungsverhältnis von 1 : 4 bis 1 : 6 gerechnet werden müssen, so daß sich eine Schraubenumdrehungszahl von 100 pro min ergeben würde. Der hierbei zu erreichende Wirkungsgrad des hydraulischen Getriebes hat sich nach praktischen Erfahrungen auf 86—90 v. H. gestellt.

Eine erste Schiffsmotoranlage in Verbindung mit Transformatoren ist von der belgischen Firma Cockerill & Co. für zwei Dieselmaschinen

[1]) Eine eingehende Abhandlung über den Foettinger-Transformator enthält das Jahrb. d. Schiffbautechn. Gesellschaft, Jahrg. 1910, 11. Bd. S. 157 u. ff.

von je 550 PS Leistung für ein für den Kongodienst bestimmtes Fahrzeug ausgeführt worden. Betriebsresultate über diese erste Bauausführung liegen zur Zeit noch nicht vor. Die ausgezeichneten Erfahrungen, die mit hydraulischen Getrieben dieser Art in Verbindung mit Schiffsturbinenanlagen und für umsteuerbare Walzenzugmaschinen gemacht worden sind, lassen erhoffen, daß ihrer Verwendung an Bord von Ölmaschinenschiffen noch eine aussichtsreiche Zukunft bevorsteht.

Führend ist im Augenblick noch die Umsteuerung der Schiffsölmaschinen mittelst Druckluft. Der Umsteuervorgang ist im Grunde genommen der gleiche wie für das Anlassen der Maschine mittelst Luft, nur daß durch geeignete Einrichtungen die einzelnen Punkte des Vorwärtssteuerganges auch für den Rückwärtsgang verwirklicht werden.

Die in den letzten Jahren von fast allen Gleichdruckmaschinen bauenden Firmen geschaffenen Sonderkonstruktionen stehen den Umsteuereinrichtungen von Schiffsdampfmaschinen an Betriebssicherheit kaum nach, in der Schnelligkeit der Herbeiführung der Bewegungsumkehr sind sie diesen sogar vielfach noch überlegen. Da zur Betätigung dieser Umsteuereinrichtungen infolge des Fehlens einer Spannungsenergie beim Stillstand der Maschine ein besonderes Kraftmittel, gewöhnlich Druckluft, notwendigerweise gebraucht wird, so bedeuten die zur Erzeugung derselben erforderlichen Luftpumpen und Druckluftgefäße eine nicht gerade angenehme Zugabe des Ölmaschinenbetriebes.

Die Zahl brauchbarer Ölmaschinenumsteuerungen ist heute schon recht beträchtlich, und andauernd werden an den bekannten noch Änderungen vorgenommen. Es wird daher genügen, im nachstehenden einige der am bekanntesten gewordenen Umsteuereinrichtungen ausgeführter Zweitakt- und Viertakt-Handelsschiffsanlagen eingehender zu besprechen.

Bei den Zweitaktmotoren ist die Umsteuerung konstruktiv einfacher durchzubilden als bei den Viertaktmotoren, da im Hinblick auf gewisse Beziehungen zwischen den einzelnen Steuerperioden meist eine Verdrehung der Steuerwelle um einen gewissen Winkel und Benutzung des gleichen Nockensatzes ausreicht.

Die einfachsten Verhältnisse ergeben sich für Zweitaktmaschinen mit Spülung durch vom Kolben gesteuerte Schlitze, da die vom Kolben gesteuerten Eröffnungs- und Abschlußpunkte des Steuerdiagramms für Vorwärts- und Rückwärtsgang der Maschine stets bei der gleichen Kolbenstellung eintreten und damit ihre Rolle ohne weiteres vertauschen können.

Bei den Viertaktmaschinen werden gewöhnlich besondere Vorwärts-, Rückwärts- oder auch schräge Nocken auf der Steuerwelle angeordnet, die, um mit einem Satz Ventilhebel auszukommen, ein Verschieben der Steuerwelle und außerdem noch wie zuvor ein Verdrehen derselben erforderlich machen.

Eine weitere Möglichkeit, Verbrennungsmaschinen umzusteuern, besteht darin, durch teilweises Vertauschen von Steuerungsorganen deren Wirkungsweise zu ändern. (Patent Hesselmann, Bauart Benz & Co.; vgl. S. 173).

Einige Beispiele der angedeuteten Umsteuerungsarten sollen in den folgenden Abschnitten an Hand ausgeführter Schiffsanlagen besprochen werden.

Ausgeführte Umsteuerungen.

a) Bauart: Burmeister & Wain, Kopenhagen.

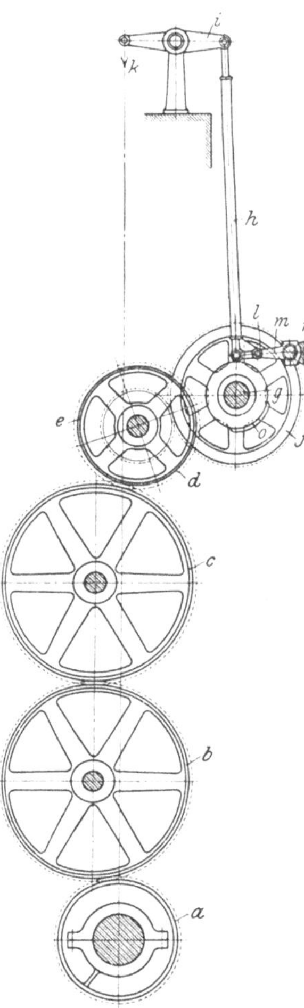

Abb. 127. Umsteuerungsantrieb; Bauart: Burmeister & Wain.

Diese von der Schiffswerft und Maschinenfabrik von Burmeister & Wain, Kopenhagen, für die von ihr hergestellten Viertakt-Schiffsölmaschinen gebaute Umsteuerung ist heute mit die älteste und ihrer Zahl nach die auf Handelsschiffen verbreitetste Einrichtung zur Einleitung der Umkehrbewegung von Dieselmaschinen.

Der Antrieb der Nockenwelle erfolgt nicht, wie bei der Mehrzahl der bekannt gewordenen übrigen Umsteuereinrichtungen, durch eine von der Kurbelwelle aus mittelst eines Schraubenräderpaars angetriebene Vertikalwelle, sondern unmittelbar durch ein auf der Kurbelwelle aufgekeiltes Stirnrad *a* (Abb. 127), das durch Vermittlung von zwei gleichgroßen Zwischenrädern *b* und *c* das dem Rade *a* im Durchmesser gleiche Stirnrad *d* treibt. Die Räder *a* und *d* haben damit die gleiche Umdrehungszahl. Mit dem Rade *d* auf gleicher Welle sitzt das Stirnrad *e*, das mit dem Rade *f* von doppeltem Durchmesser kämmt, so daß das Rad *f* nur die halbe Umdrehungszahl von *d* und damit der Kurbelwelle macht. Somit kann die Welle *g* ohne weiteres zur Steuerung der Ventile der Viertaktmaschine benutzt werden. Die Welle *g* trägt demzufolge die Nocken für die Brennstoff-, Ansaug- und Auspuffventile, und zwar je einen besonderen Satz für Vorwärts- und Rückwärtsgang, die mittelst der Stoßstangen *h* die Steuerbewegung durch die Kipphebel *i* auf die Ventile *k* übertragen.

Das untere Ende der Stoßstangen ist als Winkelhebel ausgebildet, deren Drehpunkte *l* an kurzen Steuerarmen *m* angreifen, die auf Kurbeln der Steuerwelle *n* sitzen, so daß durch Verdrehen der Steuerwelle *n* die Stoßstangen *h* von den Nocken abgehoben werden können.

Um die Bewegungsänderung der Maschine von Vorwärts- auf Rückwärtsgang oder umgekehrt herbeizuführen und zu diesem Zwecke die auf der Welle *g* sitzenden Vorwärts- und Rückwärtsnocken *o* mit den nur einmal ausgeführten Stoßstangen für jedes Steuerventil in Eingriff zu bringen, muß demnach

1. eine Verdrehung der Nockenwelle *g* um den entsprechenden Kurbelwinkel vorgenommen werden,
2. ein Anheben der Stoßstangen erfolgen und
3. eine Verschiebung der Nockenwelle *g* um die Strecke von Mitte Vorwärts- bis Mitte Rückwärtsnocke vorgenommen werden.

Die Drehung der Steuerwelle *n* und die Verschiebung der Nockenwelle *g* wird durch eine der aus dem Schiffsmaschinenbau her bekannten Brownschen Umsteuermaschinen nachgebildeten Druckluftmaschine ausgeführt, deren nach oben verlängerte Kolbenstange auf der der Steuerwelle zugekehrten Seite als Zahnstange ausgebildet ist, auf der der Nockenwelle zugewandten Seite dagegen einen schrägen Zahnschnitt trägt. Durch Auf- und Niederbewegen der Zahnstange wird damit die Steuerwelle verdreht, dagegen die Nockenwelle in der Längsachse verschoben und damit die für die Gangänderung der Maschine erforderlichen Bewegungen der Steuerungselemente herbeigeführt.

b) Bauart: Maschinenfabrik Augsburg-Nürnberg (Viertaktmaschinen).

Die von der M. A.-N. für Viertaktmaschinen gebaute Umsteuerungseinrichtung benutzt zwei Nockensätze, einen Steuerhebelsatz und zwei Sätze von Zwischenhebeln, wobei durch Verdrehen der letzteren um die Steuerwelle die Einstellung der Steuerwelle herbeigeführt wird. Die schematische Anordnung einer derartigen Umsteuereinrichtung für das Saugventil zeigen die Abb. 128 und 129.

Auf der in Höhe der Zylinderdeckel laufenden Umsteuerwelle sind für das Saug-, Auspuff-, Brennstoff- und Anlaßventil je eine breitere Nocke und eine schmalere für Vorwärts- und Rückwärtsgang vorgesehen. Beide Nocken liegen unmittelbar nebeneinander. Zwei drehbar gelagerte Zwischenrollen und sind an dem Umfang der die Steuerwelle umschließenden Steuertrommel aufgehängt. Die letztere ist in den Steuerwellenböcken drehbar gelagert und kann durch den gezeichneten Handhebel, der auch als Handrad mit Schneckentrieb bei größeren Motoren ausgebildet wird, in die Vorwärts- und Rückwärtslage gebracht werden. Der Hebel des Luftansaugventils trägt an seinem linken Ende eine Rolle A, die je nach der Stellung der Steuertrommel mit der Vorwärts- oder Rückwärtszwischenrolle V und R zusammenarbeitet, und die so breit ist wie die Vorwärts- und Rückwärtsrolle zusammengenommen, die in ihren Ebenen, wie aus dem Grundriß der Abb. 129 ersichtlich, zueinander versetzt sind.

Die Rückwärtsrolle ist im Hinblick auf die geringere Benutzung dieser Gangart und den sich daraus ergebenden geringeren Verschleiß entsprechend schmaler gewählt.

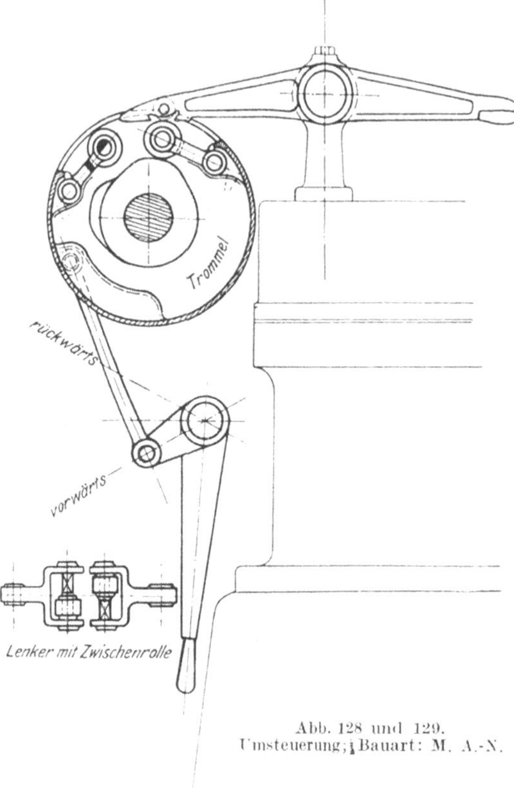

Abb. 128 und 129. Umsteuerung; Bauart: M. A.-N.

Die nicht gerade eingerückten Zwischenhebelrollen, im vorliegenden Falle die linke Rolle, werden durch kleine, an den Steuertrommeln angebrachte Federn gegen die Trommeln gepreßt, damit nicht unnötigerweise eine dauernde Berührung der Zwischenrollen mit den Nockenscheiben stattfindet.

Die Abb. 128 zeigt die Steuerung auf Vorwärtsgang eingerückt. Die Zwischenrolle überträgt damit die Bewegung der Vorwärtsnocke auf die Hebelrolle und damit auf das Saugventil. Soll umgesteuert werden, so wird durch Verdrehen der Steuertrommel die linke Zwischenrolle mit der Hebelrolle in Eingriff gebracht, und damit überträgt die Rückwärtsnockenscheibe die entsprechend veränderte Bewegung auf den Ventilhebel.

In der gleichen Weise, wie vorstehend beschrieben, werden auch die übrigen Ventile umgesteuert.

c) Bauart: Maschinenfabrik Augsburg-Nürnberg (Zweitaktmaschinen).

Die Steuerwelle der Motoren liegt in der Mittelebene der Maschine, horizontal, unmittelbar über den Arbeitszylindern (Abb. 130). Der Antrieb der Steuerwelle erfolgt von der Kurbelwelle aus durch eine senkrechte Zwischenwelle mittelst eines Schraubenräderpaares.

In dieser vertikalen Zwischenwelle liegt die Umsteuereinrichtung für die Spülluftventile, die darin besteht, daß die zweiteilige Zwischenwelle durch eine Klauenkupplung verbunden ist, deren Zahnlücken so groß sind, daß sich die beiden Wellenstücke um 30° gegeneinander verdrehen können, ehe die Zahnflanken der Kupplungshälften zur

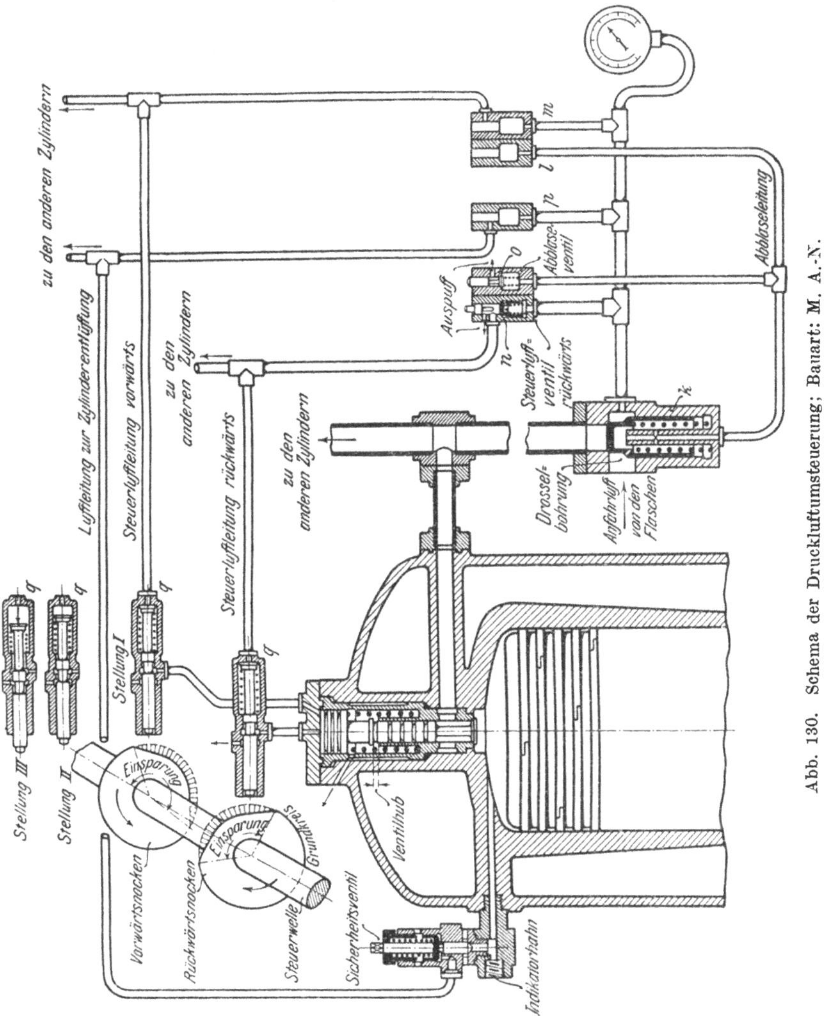

Abb. 130. Schema der Druckluftumsteuerung; Bauart: M. A.-N.

Anlage kommen. Wird der Motor im umgekehrten Drehsinn angelassen, so läuft die Kurbelwelle erst 30° voraus, ehe die Steuerwelle mitgenommen wird. Der Brennstoffnocken schließt, wie aus Abb. 131 ersichtlich, einen Winkel von 35° ein, bei einer Voreilung von 2,5°. Der Nocken für das Spülluftventil umfaßt 100°, und zwar eröffnet das Ventil 35°

vor dem unteren Totpunkt und schließt 65° nach demselben. Bei Umkehr der Bewegungsrichtung des Motors und Berücksichtigung der 30° Verschiebung infolge der Lose in der Klauenkupplung der Zwischenwelle stellen sich, wie aus der Abb. 131 ersichtlich, die gleichen Voreil- und Eröffnungswinkel ein.

Um ein Klappern der Kupplung zu vermeiden, sind die Kupplungshälften durch Federdruck hart aneinandergepreßt, so daß erst unter dem Widerstand der Nocken beim Anheben der Ventile die Verdrehung der Kupplung erfolgt.

Die Umsteuerung der Anlaßventile in gleicher Weise vorzunehmen ist nicht möglich, da die in Frage kommenden Winkel nicht passen. Für diesen Zweck sind vielmehr auf der Steuerwelle für jeden Arbeitszylinder je eine Vorwärts- und Rückwärtsnockenscheibe vorgesehen, deren schematische Darstellung aus der Abb. 130 zu ersehen ist, und die in Verbindung mit dem in Abb. 132 wiedergegebenen Anfahrventil das Anlassen und Umsteuern der Ölmaschine bewirken.

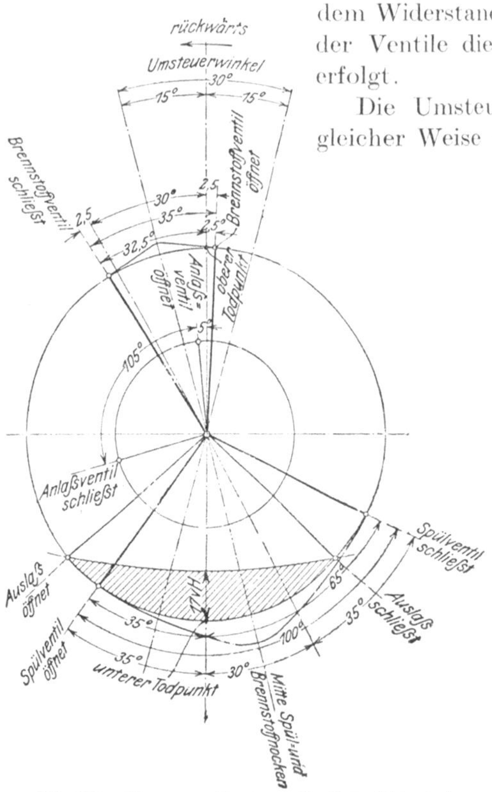

Abb. 131. Steuerungsdiagramm für Vorwärts- und Rückwärtsgang.

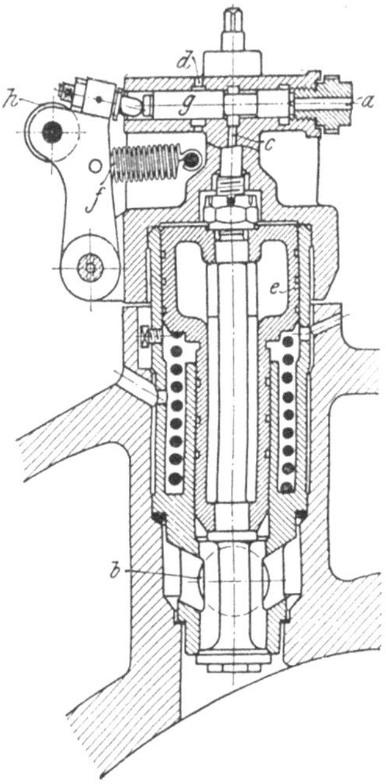

Abb. 132. Anfahrventil.

Die Ventilspindel des Anlaßventils ist mit einem federbelasteten Führungskolben *e* fest verbunden, der durch Druckluft, sogenannte Steuerluft, die durch die Bohrung *a* dem Ventil zugeführt wird, beaufschlagt werden kann und damit das Ventil öffnet, so daß die Anlaßluft durch die oberhalb des Ventiltellers ersichtliche Bohrung *b* in den Arbeitszylinder eintritt.

Die Regulierung der durch die Bohrung *a* eintretenden Steuerluft erfolgt durch den Kolben *g*, der unter der Einwirkung der Feder *f* nach rechts gedrückt wird. Sobald durch die Leitung *a* auf den Kolben *g* Steuerluft drückt, wandert dieser nach links, bis die Rolle *h* die nicht gezeichnete Nockenscheibe berührt. Diese bereits oben erwähnten Vorwärts- und Rückwärtsnockenscheiben sind nicht ganz rund, sondern, wie aus der Abb. 130 ersichtlich, mit Aussparungen versehen entsprechend der Öffnungsdauer des Anlaßventils.

Legt sich die Rolle gegen den runden Teil der Scheiben, so nimmt der Kolben *g* die in der Abb. 130 dargestellte Stellung *II* ein, der Raum über dem Kolben *e* ist in diesem Falle durch einen Kanal mit der Außenluft verbunden, das Anfahrventil ist demnach geschlossen.

Liegt die Rolle *h* dagegen in der Aussparung der Nockenscheibe, so befindet sich der Steuerkolben in der in Abb. 130 mit Stellung *III* bezeichneten Lage, der Verbindungskanal mit der Außenluft ist abgesperrt, und die durch *a* eintretende Druckluft öffnet das Anfahrventil.

Von den beschriebenen Steuerkolben *g* sind für jedes Anfahrventil zwei Stück für die Vorwärts- und Rückwärtsnockenscheibe vorhanden, und je nachdem vom Maschinistenstande aus dem einen oder anderen Steuerluft zugeführt wird, kommt die Vorwärts- oder Rückwärtsscheibe zur Wirkung.

Die Zuführung der Steuerluft nach den Steuerkolben *g* erfolgt mittelst eines Handrades, auf dessen Welle Nocken zum Öffnen kleiner Ventile angebracht sind, die die Steuerluft in die Leitungen *a* eintreten lassen. In der Abb. 130 sind je zwei dieser Vorwärts- (*l* und *m*) und Rückwärtsventile (*n* und *o*) für die Zuführung der Steuerluft nach den Anfahrventilen *q* angedeutet.

In der Mittelstellung des vorerwähnten Handrades wird das Hilfsventil *p* geöffnet, so daß Druckluft nach den kombinierten Entlüftungs- und Sicherheitsventilen (Abb. 130) strömt und diese anhebt, so daß beim Wiederansetzen der Maschine alle Arbeitszylinder entlüftet sind.

Soll angefahren werden, so wird das gleiche Handrad aus der Mittellage bis zur äußersten Stellung nach rechts oder links gedreht, je nachdem die Ölmaschine auf Vorwärts- oder Rückwärtsgang gebracht werden soll. Damit treten alle Anfahrventile gleichzeitig in Tätigkeit, während die Brennstoffventile während dieser Zeit ganz außer Wirkung gesetzt sind.

Beim Zurückdrehen in die Betriebsstellung treten bei der Hälfte der Arbeitszylinder die Brennstoffventile wieder in Tätigkeit, aber erst in der Betriebsstellung selbst wird allen Arbeitszylindern Treiböl zugeführt.

d) Bauart: Gebr. Sulzer, Winterthur.

Die Sulzersche Umsteuerung arbeitet nur mit einem auf der Nockenwelle (Abb. 133 und 134) sitzenden Nockensatz, während die Zwischenhebel und Zwischengestänge zur Betätigung der Ventile schwingbar gelagert sind. Das jeweilige Einstellen der Nockenwelle für Vorwärts- und Rückwärtsgang erfolgt durch einen auf der Umsteuerwelle a sitzenden Handhebel, der vom Maschinistenstand aus zu bedienen ist. Ein

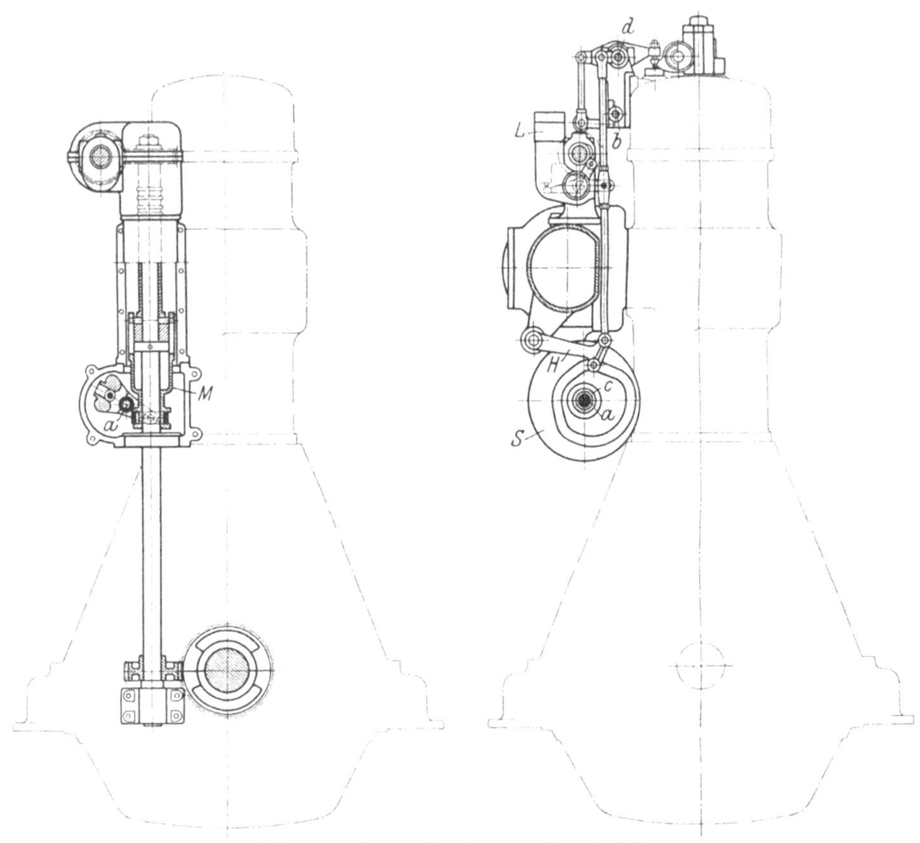

Abb. 133 und 134. Umsteuerung; Bauart: Sulzer.

gleichfalls von hier einzustellendes Steuerrad ermöglicht, die verschiedenen Verteilvorrichtungen für Brennstoff- und Anlaßluft nacheinander in oder außer Tätigkeit zu setzen, je nachdem es für den Stillstand, das Anlassen oder den Betrieb des Motors erforderlich ist. Eine Verriegelung sorgt dafür, daß der Umsteuerhebel nur bewegt werden kann, wenn das Steuerrad auf „Halt" steht.

Der Antrieb der Nockenwelle, durch die die Nadeln der Brennstoffventile und die Spülventile gesteuert werden, erfolgt durch die aus der

Abb. 133 ersichtliche Vertikalwelle. Diese Welle ist zweiteilig; durch Auf- und Niederschieben der Hülse *M*, die mit entsprechenden schrägen Schlitzen versehen ist, können die beiden Wellenteile gegeneinander verdreht werden, um die auf der Steuerwelle sitzenden Nocken in die Vorwärts- bzw. Rückwärtsstellung zu bringen. Das Verschieben der Hülse *M* erfolgt mittelst eines auf der horizontalen Welle *a* sitzenden Handhebels; der größte zu erreichende Verdrehungswinkel der Nockenwelle ist auf 48° bemessen, der für die Umsteuerung der Spülluftventile benötigt wird. Für die Steuerung der Brennstoffventile ist dieser Winkel zu groß. Diese verlangen bei einem Öffnungswinkel von $39\,^1/_2{}^\circ$ und einem Voreilwinkel von $7\,^1/_2{}^\circ$ eine Verdrehung der Umsteuerung von nur 25°, die durch Anwendung eines besonderen Hilfsmittels, der schwingbaren Lagerung der Brennstoffventilhebel, erreicht wird.

Ein auf der Welle *a* sitzender Exzenter ist zu diesem Zwecke durch eine Zugstange mit einem Hebel auf der Welle *b* verbunden, und durch einen weiteren Hebel und eine zweite Verbindungsstange wird bei einer Drehung der Welle *a* die Rolle, die den Brennstoffeinlaß bewegt, um so viel verschoben, daß der sonst zu große Verdrehungswinkel von 48° dadurch ausgeglichen wird.

Die Anlaßventile eröffnen bei einer Voreröffnung von 12° über einen Zentriwinkel von 98°, entsprechend einem Kolbenweg von 62 v. H. Damit ist die Möglichkeit gegeben, die Maschine in jeder Kolbenstellung anspringen zu lassen. Für Vor- und Rückwärtsgang sind besondere Nocken vorgesehen. Diese acht Nockenscheiben für die vier Arbeitszylinder sind in einem Stück vereinigt und wirken auf die vier Ventile eines Luftdruckverteilers, der zwischen den beiden mittleren Zylindern angeordnet ist.

Soll die Maschine angelassen werden, so werden zunächst sämtliche vier Zylinder auf Brennstoff geschaltet, dann geht man auf zwei Zylinder Brennstoff und zwei Zylinder Druckluft über, um schließlich alle vier Zylinder auf Brennstoff zu schalten.

Die Ausführung dieses Schaltungsvorganges erfolgt durch eine aus der Abb. 134 ersichtliche Scheibe *S*, die auf einer die Welle *a* umgebenden Hohlwelle angeordnet ist. Diese Scheibe trägt auf beiden Seiten verschiedene Nuten, die zum Umschalten der Anlaß- und Brennstoffhebel des einen und anderen Zylinderpaares dienen.

e) Bauart: Benz & Co., Mannheim (Patent Hesselmann).

Die Eigenart der Hesselmannschen Umsteuerung beruht darin, daß der Umsteuervorgang nicht in den Arbeits-, sondern in den Luftpumpenzylindern vorgenommen wird.

Zu diesem Zweck ist die Ölmaschine mit zwei doppeltwirkenden Spülpumpen ausgerüstet, die von der verlängerten Kurbelwelle aus durch zwei um 90° versetzte Kurbeln angetrieben werden. Läuft die Maschine, so erzeugen die Pumpen die für den normalen Betrieb gebrauchte Spülluft; soll dagegen mit Druckluft angelassen oder umgesteuert werden, wozu keine Spülluft erforderlich ist, so werden die beiden Spülpumpen durch die Druckluft aus den Vorratsbehältern gespeist, die damit als Druckluftmaschinen arbeiten und den eigentlichen Ölmotor im gewünschten Sinne antreiben.

Abb. 135 zeigt in schematischer Darstellung eine derartige Anordnung samt den für den Umsteuerungsvorgang in Frage kommenden Rohrleitungen. Ziffer *1* bezeichnet die vier Arbeitszylinder, Ziffer *2* die beiden Luftpumpenzylinder. Während des normalen Arbeitens der Maschine saugen die Luftpumpenzylinder atmosphärische Luft durch die Leitung *5* und den Umstellhahn *18*, komprimieren diese auf den geringen Überdruck von 0,2—0,3 at und geben sie durch die Leitung *6*

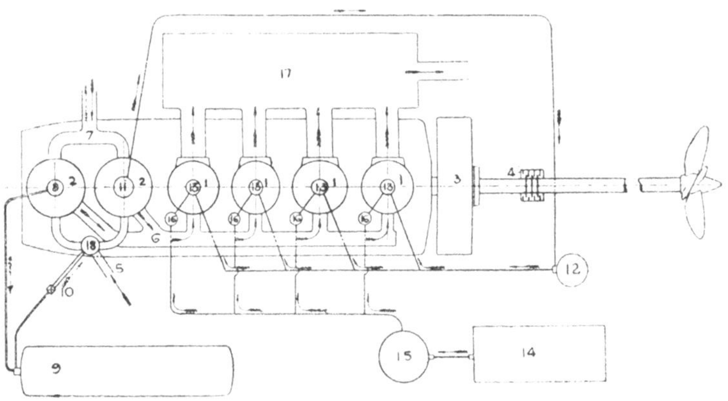

Abb. 135. Schema der Umsteuerung; Bauart: Hesselmann.

an die Arbeitszylinder ab. Nach Ausspülung der Zylinder tritt die Spülluft zusammen mit den Verbrennungsprodukten in das Auspuffgefäß *17*.

Soll die Maschine mit Druckluft angelassen oder umgesteuert werden, so wird der Hahn *18* von der atmosphärischen Luft abgesperrt und mit dem Druckluftbehälter *9* in Verbindung gebracht, so daß nunmehr die erste, doppeltwirkende Kompressionsstufe der beiden Luftpumpenzylinder mit Druckluft als Luftmaschine betrieben wird. Die Leitung *7* dient in diesem Falle als Luftauspuff.

Es findet also nur ein Umsteuern der Luftpumpenzylinder statt, während die Arbeitszylinder während jeder Umsteuer- oder Anlaßperiode vollkommen ausgeschaltet sind. Nach Aufnahme des gewünschten Drehsinns der Ölmaschine springen die Arbeitszylinder nach Einschalten der Brennstoffpumpen ohne weiteres wieder an. Hahn *18* wird nunmehr wieder umgestellt, vom Druckluftbehälter *9* also getrennt, worauf die Zylinder *2* wieder als normale Luftpumpenzylinder arbeiten.

Die Umsteuerung hat sich im praktischen Bordbetriebe als recht sparsam erwiesen; ohne übermäßige Dimensionen der Luftgefäße und ohne Nachfüllen der Druckluftbehälter konnte ein 15–20maliges Umsteuern des Motors vorgenommen werden.

f) Bauart: Blohm & Voß, Hamburg.

Die auf dem Motorschiff „Secundus" eingebaute Anfahrsteuerung benutzt nach Art der Dampfmaschinenumsteuerungen zum Umsteuern die allmähliche Veränderung der Bahn eines Exzentergetriebes, ist also eine rein mechanische Anfahreinrichtung.

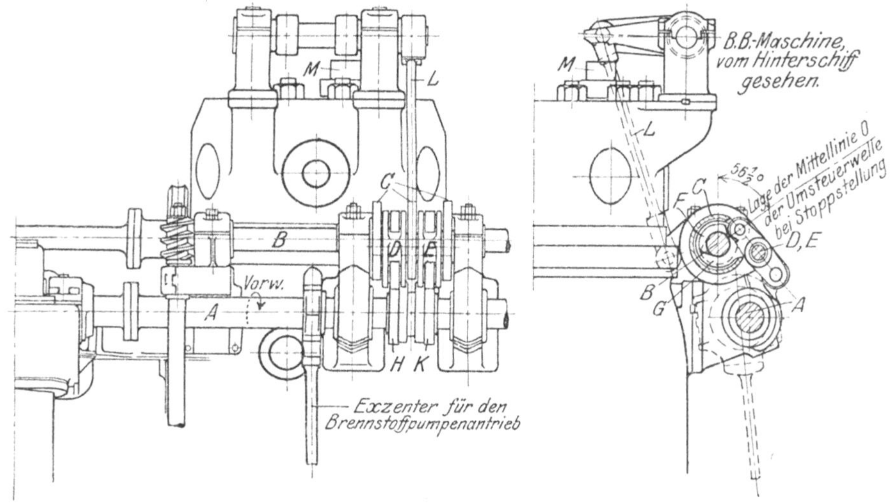

Abb. 136 und 137.

Die Abb. 136 und 137 geben eine Darstellung des Anfahrsteuergetriebes. Auf der von der Hauptkurbelwelle durch Schraubenräder angetriebenen Steuerwelle *A* sitzen Vorwärts- und Rückwärtsnocken *H* und *K* zur Betätigung des Anfahrventils *M*. Oberhalb der Steuerwelle *A* liegt die Regelwelle *B*, die sich während des normalen Betriebes nicht bewegt, vielmehr nur beim Anlassen und Umsteuern der Maschine um rund 150° aus der Mittellage nach rechts oder links gedreht wird.

Auf dieser Regelwelle sitzt lose drehbar für jedes Anfahrventil eine Trommel *C*, die für Vorwärts- und Rückwärtsgang je einen Hebel *D* und *E* trägt. Fest auf der Regelwelle aufgekeilt sitzen außerdem zwei Nocken *F* und *G*, die bei einer Drehung der Regelwelle *B* die in der Trommel *C* gelagerten Hebel *D* und *E* von den Vorwärts- bzw. Rückwärtsnocken *H* und *K* der Steuerwelle *A* abheben oder auf diesen zur Anlage bringen. Eine an der Trommel *C* angreifende Zugstange *L* überträgt die dem Vorwärts- oder Rückwärtsgang entsprechenden Bewegungen auf das Anlaßventil *M*. Die Nocken *F* und *G* der Regelwelle *B* sind so gegeneinander versetzt, daß bei einem Drehen der Regelwelle aus der Mittellage nach rechts oder links die Anfahrventile auf Vorwärts- oder Rückwärtsgang eingeschaltet werden. Die Nocken *F* und *G* sind außerdem an den einzelnen Zylindern derart versetzt, daß die Anfahrventile der einzelnen Zylinder nacheinander ausgeschaltet werden können.

Die Betätigung der Regelwelle *B* erfolgt vom Maschinistenstand aus mittelst eines Handrades und einer aus der Abb. 136 ersichtlichen vertikalen Vorlagewelle mit Schnecke und Schneckenrad.

Sobald die Regelwelle für Vorwärts- oder Rückwärtsgang eingestellt ist, wird selbsttätig die Anfahrleitung nach den Arbeitszylindern geöffnet, und der Motor springt in der gewünschten Drehrichtung an.

Ist die normale Umdrehungszahl erreicht, so werden, nachdem durch ein besonderes Handrad am Maschinistenstand die erforderliche Brennstoffmenge für die Treibölpumpen eingestellt ist, durch Zurückdrehen der Regelwelle *B* in die Mittellage zunächst der Zylinder *4*, dann *3* und schließlich auch die Zylinder *2* und *1* des Motors von der Anfahrleitung abgeschaltet. Gleichzeitig tritt damit Brennstoff in die Brennstoffventile, und die Zylinder arbeiten mit Zündung weiter.

Durch eine besondere Vorrichtung ist dafür gesorgt, daß der Zutritt des Brennstoffs zu den Zylindern erst freigegeben wird, wenn das Anfahrventil des betreffenden Zylinders abgeschaltet ist.

Zum Antrieb der Brennstoff- und Spülventile ist eine zweite, auf der anderen Seite der Zylinder liegende Steuerwelle vorgesehen. Die Brennstoffventile werden durch Nocken, die Spülventile durch Exzenter und Wälzhebel betätigt. Die Umsteuerung für die letztgenannten Ventile wird durch eine Umschalt-Klauenkupplung, die zwischen den Klauen ein Spiel von 30° hat, und die in der vertikalen Antriebswelle der Steuerwelle liegt, herbeigeführt.

IX. Ölmaschinen für Schiffshilfszwecke.

1. Allgemeines.

Gelegentlich der Besprechung ausgeführter Schiffsölmaschinenanlagen ist auf die heute noch vorliegende Mannigfaltigkeit in der Wahl des Antriebs der Schiffs- und Maschinenhilfsmaschinen hingewiesen und die Notwendigkeit einer Vereinheitlichung der Antriebsart betont worden.

Es steht wohl schon heute außer allem Zweifel, daß die endgültige Lösung dieser Aufgabe in der Aufstellung eines oder mehrerer Öldynamos gesucht werden muß, die in der Lage sind, alle an Bord aufzustellenden Hilfsmaschinen einschließlich der Lade- und Verholwinden, der Ankerwinde und Rudermaschine mit elektrischer Energie zu versorgen.

In der Ausbildung derartiger, durch schnellaufende Dieselmaschinen angetriebener Borddynamos ist vor allem die Kriegsmarine[1]) vorbildlich vorgegangen, auf deren Veranlassung nach festgelegten Konstruktionsgrundsätzen eine größere Reihe Ölmaschinen bauender Firmen Ausführungen geschaffen haben, die sich nunmehr schon in längerem Betriebe an Bord der Linienschiffe sowie Großen und Kleinen Kreuzer gut bewährt haben.

Die Bedingungen, die an Öldynamos für Handelsschiffe gestellt werden müssen, können in die nachstehenden Forderungen zusammengefaßt werden:

1. Die festgesetzte Leistung der Ölmaschine muß in ununterbrochenem Dauerbetriebe mit Sicherheit abgegeben werden können.
2. Die Ölmaschine muß eine Überlastung von 20 v. H. ihrer Leistung für kurze Zeit aushalten können, ohne hierbei zum Stillstand zu kommen.
3. Die im Schiffsbetriebe vorkommenden Schlinger- und Stampfbewegungen, auch dauernden Schräglagen des Schiffes, dürfen keinen Einfluß auf die Regulierung oder die Umdrehungszahl der Maschine haben.
4. Auch bei zeitweiser geringer Belastung oder Leerlauf muß eine möglichst vollkommene Verbrennung stattfinden.

Die jüngst gebauten und im Bau befindlichen Motorschiffe suchen daher die gesamten Hilfsbetriebsanlagen ausschließlich elektrisch anzutreiben. Zwei bis drei Öldynamos von 150—250 KW Leistung, von denen eine dauernd auf See, die beiden anderen für den Lösch- und Ladebetrieb im Hafen laufen, erzeugen den Primärstrom, der die unmittelbar durch Elektromotore angetriebenen Pumpen, Kühlmaschinen und Umformer für den Lichtbetrieb und die drahtlosen Bordstationen speist.

a) Bauart: Gebr. Körting, Körtingsdorf.

Die in den Abb. 138—140 dargestellte, sechszylindrige, unmittelbar mit der Dynamomaschine gekuppelte Ölmaschine arbeitet nach dem Viertaktsystem. Zwischen zwei Grundlagern der Dynamoseite ist der Steuerungsantrieb angebracht, während die Einblaseluftpumpe am anderen Ende der Maschine unmittelbar von der Kurbelwelle ange-

[1]) Vgl. Laudahn, Dieselmaschinen zum Antrieb von Borddynamos in der deutschen Kriegsmarine; Zeitschrift „Der Ölmotor" Jahrgang II, Nr. 3 und 4.

trieben wird. An der Luftpumpenseite sitzen ferner die Zirkulationsölpumpe, der Ölfilter und die Kühlwasserpumpe. Das Motorunterteil ist geschlossen und dient zum Auffangen des von den Triebwerksteilen abspritzenden Schmieröls.

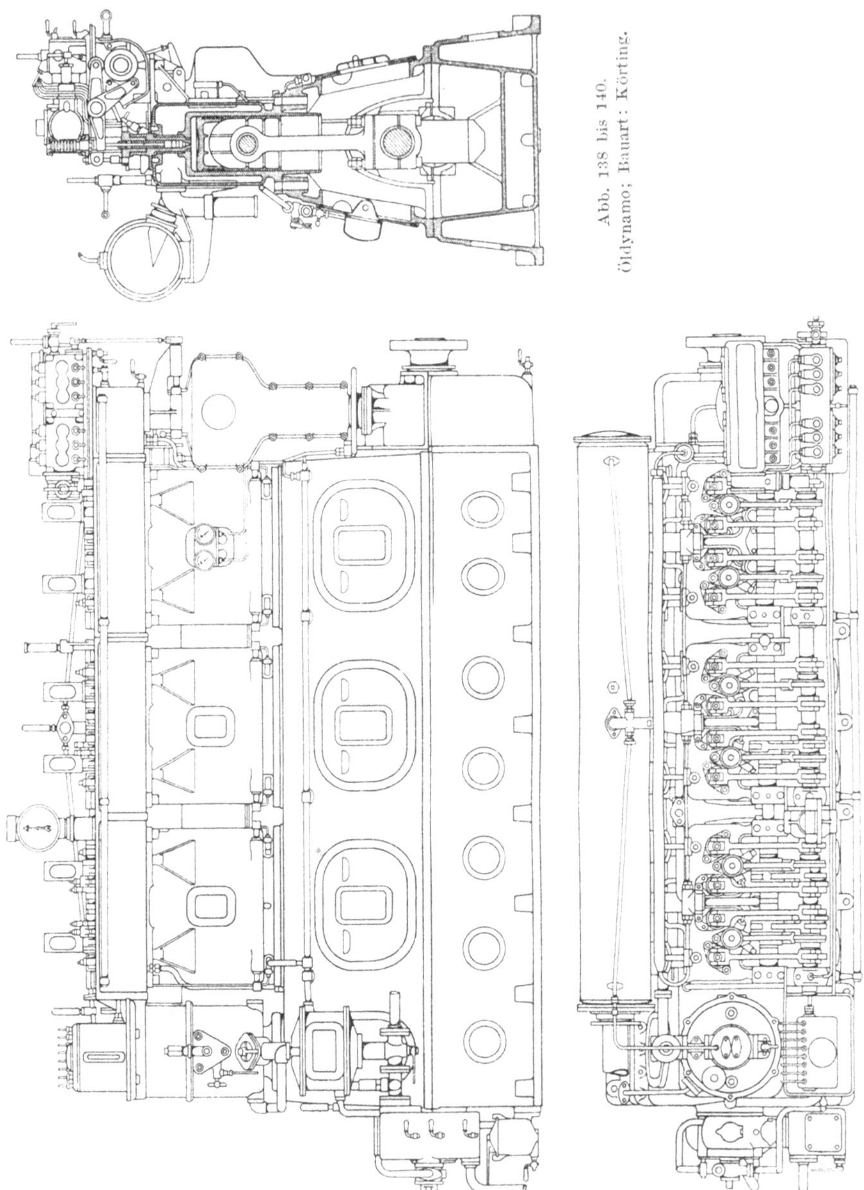

Abb. 138 bis 140. Öldynamo; Bauart: Körting.

Der Oberteil trägt die sechs Arbeitszylinder und die Luftpumpe. Große Verschlußdeckel in dem Gußgehäuse ermöglichen eine leichte Zugänglichkeit aller Triebwerksteile und Lager. Die Kurbeln der sechsfach gekröpften Motorwelle sind um je 120° zueinander versetzt. Die Zündung erfolgt in der Reihenfolge 1—5—3—6—2—4.

Die Kurbelwelle besitzt Bohrungen, durch die das Öl von den Lagern her den weiteren Schmierstellen zugeführt wird. Die Unterschalen der Grundlager sind für Wasserkühlung eingerichtet.

Laufbüchse, Wassermantel und Ventilkopf der aus Spezialgußeisen hergestellten Arbeitszylinder bestehen aus einem Stück (Abb. 139). Von den sechs Zylindern besitzen nur drei Anlaßventile. Die Maschine kann infolgedessen nicht in jeder beliebigen Kurbelstellung angelassen werden, sondern muß in eine Betriebsstellung gebracht werden, wozu ein zwischen Ölmaschine und Dynamo angeordnetes Schaltwerk vorgesehen ist. Die Beschränkung der Anlaßvorrichtung auf drei Arbeitszylinder hat den Vorzug, daß die übrigen drei Zylinder sofort mit Brennstoffeinspritzung gefahren werden können, somit ein Abkühlen dieser durch die Expansion der einströmenden Anlaßluft nicht eintritt und damit die Gefahr der Rißbildung in den Zylinderwandungen entfällt.

Die gußeisernen Arbeitskolben sind als Tauchkolben mit fünf selbstdichtenden Kolbenringen ausgeführt; eine besondere Kreuzkopfführung fehlt an der Maschine.

Der Steuerantrieb erfolgt durch ein Schraubenräderpaar und eine anschließende Vertikalwelle, unmittelbar von der Kurbelwelle aus.

Für die mit Preßluft anzulassenden Zylinder 4—5—6 sind zur Betätigung der Lufteinlaß-, Luftauslaß-, Brennstoff- und Anlaßventile für jeden Arbeitszylinder je vier Nocken vorgesehen, von denen aus die Betätigung der Ventile in der üblichen Weise durch Kipphebel erfolgt.

Die Steuerhebel der Anlaß- und Brennstoffventile dieser Zylinder sitzen auf einer drehbaren, exzentrischen Büchse, um je nach Bedarf das eine oder andere Ventil ausschalten zu können. Die Verdrehung dieser Büchsen erfolgt von einer unterhalb der Steuerwelle angeordneten Zwischenwelle durch Vermittlung eines Zwischengestänges.

Das Einlaßventil ist ein federbelastetes Tellerventil üblicher Bauart. Von ähnlicher Konstruktion ist das Auspuffventil, jedoch findet bei diesem eine Kühlung des Ventileinsatzes statt.

Auch das mit Zerstäuberplatten arbeitende Brennstoffventil zeigt die gleiche Bauart, wie sie in dem Abschnitt über das Brennstoffventil auf Seite 54 beschrieben worden ist.

Das Anlaßventil ist als Kegelventil ausgebildet mit langer eingeschliffener, federbelasteter Spindel.

Für jeden Arbeitszylinder ist eine Brennstoffpumpe vorgesehen, die in zwei Gruppen zu je drei Pumpen zusammengefaßt sind. Ihr

Antrieb erfolgt durch Exzenter von der horizontalen Steuerwelle aus. Es sind Plungerpumpen, die außer mit einem Saugventil und je zwei Druckventilen, noch mit einem Rückstromventil ausgerüstet sind. Die Regulierung wird in der Weise vorgenommen, daß durch das Rückstromventil, dessen Öffnungsdauer vom Regulator beeinflußt wird, je nach der Belastung des Motors mehr oder weniger Brennstoff in den Pumpensaugraum zurückgeleitet wird. In den Treiböldruckleitungen sind außer den Entlüftungseinrichtungen Rückschlagventile eingebaut, um bei etwa hängengebliebener Brennstoffnadel ein Eindringen hochkomprimierter, heißer Verbrennungsluft in die Ölleitungen zu verhindern und der dadurch gegebenen Explosionsgefahr zu begegnen.

Die Einblaseluftpumpe ist zweistufig und ausreichend bemessen, um außer der für den laufenden Betrieb erforderlichen Einblaseluft auch noch die zur Inbetriebnahme der Ölmaschine benötigte Anlaßluft zu liefern.

Die als Kolbenpumpe ausgebildete Kühlwasserpumpe drückt durch die Luft- und Ölkühler nach einer Verteilungsleitung, von der Zweigrohre nach dem Kompressor, den Arbeitszylindern und den Grundlagern führen. Das von letzteren abströmende Kühlwasser tritt in die Wassermäntel der Arbeitszylinder und von dort nach dem Kühlmantel des Auspufftopfes.

Die Schmierölpumpe ist als Zahnradpumpe ausgebildet, die durch einen Reiniger aus der Kurbelbilge saugt und durch einen Ölkühler nach den einzelnen Schmierstellen drückt. Um die im Kurbelgehäuse sich etwa bildenden Öldämpfe zu beseitigen, ist in einer an das Kurbelgehäuse anschließenden Leitung ein Strahlapparat eingebaut, der die Dämpfe in die Auspuffleitung drückt.

b) Bauart: A. E. G., Berlin.

Die A.-E.-G.-Ölmaschine ist bis heute nur für kleinere und mittelgroße Einheiten bis etwa 500 PS entwickelt worden, und zwar in nicht umsteuerbarer Form. Der Umstand, daß Maschinen dieser Bauart in einer ganzen Reihe von Fällen auf Schiffen zum Antrieb von Notdynamos, Kompressoren, Lichtmaschinen und Umformeranlagen, namentlich auch im Hinblick auf ihren außerordentlich ruhigen Gang Verwendung gefunden haben, läßt es angebracht erscheinen, die in mancher Hinsicht bemerkenswerte Konstruktion eingehender zu besprechen.

Der Ausgangspunkt für die Bauart war die seit Jahren bekannte Öchelhäuser-Großgasmaschine mit gegenläufigen Kolben, wie sie in ähnlicher Weise von Prof. Junkers für die von ihm entwickelte Ölmaschine zugrunde gelegt worden ist.

In den Abb. 141 und 142 ist der konstruktive Aufbau einer derartigen, unmittelbar mit einer Dynamomaschine gekuppelten, gegenläufigen Zweitakt-Dieselmaschine wiedergegeben.

In jedem Zylinder laufen zwei gegenläufige Kolben, von denen der untere mit seiner Schubstange an einem mittleren Kurbelzapfen angreift, während der obere Kolben mittelst eines in Gleitbahnen geführten Querhauptes und zweier an diesem angreifenden Zugstangen auf zwei seitliche, gegen die mittlere um annähernd 180° versetzte Kurbeln arbeitet. Zu jedem Arbeitszylinder gehören demnach drei Kurbeln mit zugehörigen Schubstangen. Bemerkenswert ist die sehr starke Ausbildung der Grundlagerzapfen der Kurbelwelle, da die Wellen gegenläufiger Maschinen erfahrungsgemäß beim Fehlen dieser Versteifung leicht eine gewisse Weichheit in der Kurbelwelle zeigen.

In der inneren Totpunktlage der Kolben schließen diese den Verbrennungsraum ein (vgl. Zylinder *B* in Abb. 142), in der äußeren Totpunktlage geben die Kolben den Austritt für die Verbrennungsprodukte *G* und die Schlitze für den Einlaß der Spülluft *H* frei.

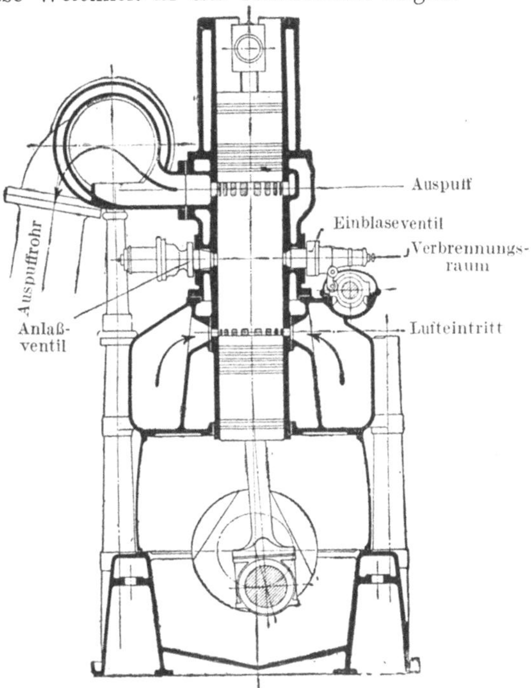

Abb. 141. Querschnitt durch einen der Arbeitszylinder.

Die Arbeitszylinder sitzen mit der an der einen Stirnseite der Ölmaschine übereinander angeordneten Spülluft- und Einblaseluftpumpe in einem gemeinsamen Spülluftkasten, der mit dem Gestell der Ölmaschine ein vollkommen geschlossenes Gehäuse bildet, das auf einer durchgehenden, im Boden abgeschlossenen Grundplatte sitzt.

Durch Türen in der Front des Gehäuses ist eine bequeme Zugänglichkeit der Kurbelbilge, der Grund- und Kurbellager sowie der in der Bilge eingebauten Zahnradpumpe zum Schmieren der vorgenannten Lager sichergestellt.

Die Arbeitszylinder sind beiderseits offene, doppelwandige Gußzylinder, deren Laufflächen nur durch die über den ganzen Umfang verteilten, bereits erwähnten Auspuff- und Spülluftschlitze *G* und *H* sowie die Öffnungen für die Anlaß- und Brennstoffventile in der Mitte der Zylinderbüchsen unterbrochen sind. Bemerkenswert an der Zylinderausführung ist, daß der innere Laufzylinder nicht wie üblich als Büchse eingezogen ist, sondern mit der oberen Hälfte des umschließenden Wassermantels aus einem Stück gegossen ist. Die untere Hälfte des Wassermantels ist mit dem freien Ende des Laufzylinders fest verschraubt, gegen die andere Wassermantelhälfte aber mittelst Stopfbüchse

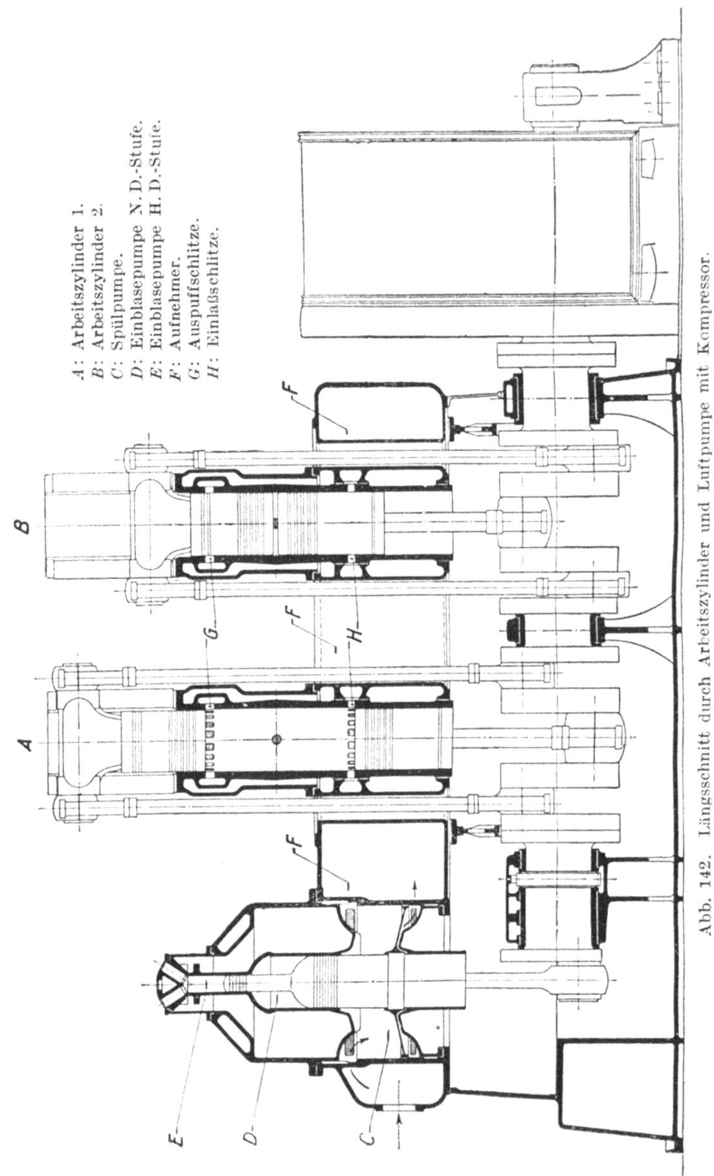

Abb. 142. Längsschnitt durch Arbeitszylinder und Luftpumpe mit Kompressor.

abgedichtet. Auf diese Weise kann sich der innere hoch erhitzte Laufzylinder in der Zylinderachse beliebig dehnen, ohne daß die hierdurch hervorgerufenen Zugspannungen auf den Wassermantel übertragen werden können.

Die dem Ölmaschinenbau so vielfache Schwierigkeiten bietenden Zylinderdeckel kommen hier ganz in Fortfall.

Da bei der vorstehend beschriebenen Bauart die beiden Kolben mit ihren zugehörigen drei Triebstangen und dem eingeschlossenen Kurbelwellenstück ein geschlossenes Ganzes bilden, werden die Kolbenkräfte nahezu ganz von dem Gestänge aufgenommen. Zu bemerken ist hierbei, daß nur die mittlere Schubstange Druckkräfte, die seitlichen Schubstangen dagegen nur Zugkräfte aufzunehmen haben und daher wesentlich leichter ausgebildet werden können.

Die gegenläufigen Bewegungen der Kolben und die Kurbelversetzung um annähernd 180° bewirken, daß die Massenwirkungen des Triebwerks nahezu vollkommen ausgeglichen sind. Der weitere Umstand, daß die Geschwindigkeit eines jeden Kolbens nur halb so groß ist wie bei einer Maschine mit nur einem Kolben bei gleicher Umdrehungszahl und gleichem Kolbenhub, bewirkt, daß die Massenwirkung schon an und für sich erheblich kleiner ausfällt als bei Ölmaschinen mit Einzelkolben.

Diese günstige Verteilung der Massenkräfte im Verein mit der eindeutig bestimmten Spülung der Arbeitszylinder und den kleinen Kolbengeschwindigkeiten macht diese Bauart auch noch für hohe Umdrehungszahlen von 375—500 Umdrehungen in der Minute bei Leistungen von 500—200 PSe, wie sie gerade zum unmittelbaren Antrieb elektrischer Maschinen im Bordbetriebe vielfach gebraucht werden, sehr geeignet.

Spülluftpumpe *C* und Einblaseluftpumpe *D*, *E* (Abb. 142) sind übereinander angeordnet und werden durch eine Stirnkurbel der Hauptkurbelwelle angetrieben. Die erstere ist einstufig, doppeltwirkend; die Steuerung derselben erfolgt durch umlaufende Drehschieber, die von der Hauptkurbelwelle mittels Schraubenräder und einer zwischengeschalteten Vertikalwelle angetrieben werden.

Aus der Spülluftpumpe tritt die Luft mit geringem Überdruck von 150—200 mm Quecksilbersäule in den oben erwähnten, Spülluftpumpe und Zylinder umschließenden Kasten *F*, der gleichzeitig als Druckwindkessel dient, und von da in die Arbeitszylinder. Der benötigte Spülluftdruck kann bei der A.-E.-G.-Maschine sehr gering sein, da die Spülluft am ganzen Umfang des Zylinders eintritt und diesen ohne Richtungswechsel von unten nach oben durchströmt, wobei die Spülluft die vom vorhergegangenen Hube in dem Zylinder noch enthaltenen Verbrennungsgase kolbenartig vor sich herschiebt.

Die Einblaseluftpumpe ist zweistufig, einfachwirkend. Zwischen Niederdruck und Hochdruck sowie hinter der letzteren ist je ein Luftkühler eingeschaltet.

An zu steuernden Ventilen sind für jeden Arbeitszylinder nur ein Brennstoff- und ein Anlaßventil vorhanden, die sich diametral in der Zylindermitte gegenübersitzen. Die Betätigung dieser Ventile erfolgt durch Nocken, die auf einer horizontalen, auf dem Spülluftkasten liegenden, vollständig eingekapselten Steuerwelle sitzen.

Die Brennstoffzufuhr erfolgt wie üblich für jeden Zylinder durch eine besondere, durch Exzenter von der Steuerwelle angetriebene Kolbenpumpe, deren Regulierung durch Veränderung des Saughubes bewirkt wird, der durch einen auf der Steuerwelle sitzenden Gewichtsregulator und eine Handstellvorrichtung eingestellt wird.

Sämtliche Lager und Laufflächen werden durch Drucköl geschmiert, und zwar die Wellen- und Zugstangenlager durch die erwähnte, in der Kurbelbilge sitzende Zahnradpumpe, die Arbeitskolben und die oberen Zugstangenlager durch einen Druckschmierapparat Bauart „Bosch“. Das sich in der Kurbelbilge sammelnde Schmieröl wird automatisch gefiltert und in stetem Kreislauf durch die Wellenlager gepumpt.

Bemerkenswert ist die Versetzung der mittleren Kurbel der Arbeitszylinder gegenüber den Seitenkurbeln, die nicht 180°, sondern 160° bzw. 200° für den Gegenwinkel beträgt. Mit anderen Worten: die seitlichen Kurbeln haben 20° Voreilung, die mittlere Kurbel hat 20° Nacheilung. Auf diese Weise erreicht man, daß infolge der gegenläufigen Kolben für den Kurbelbereich von 20° vor der inneren Totpunktlage bis zu 20° hinter derselben das Volumen des Verbrennungsraums dauernd konstant bleibt, da der obere Arbeitskolben infolge der Voreilung innerhalb des genannten Kurbelbereiches sich um den gleichen Betrag aus der innersten Kolbenlage entfernt, um den der untere Kolben sich dieser Lage nähert.

Das konstante Volumen des Verbrennungsraums hat sich für die schnellaufenden Maschinen als besonders vorteilhaft erwiesen, da damit geringe Vor- oder Nachzündungen infolge des gleichfalls konstanten Verbrennungsdrucks ohne jeden nachteiligen Einfluß auf den Gang der Ölmaschine bleiben.

c) Bauart: Maschinenfabrik Augsburg-Nürnberg, Werk Augsburg.

Die M. A.-N., Werk Augsburg, hat neben umsteuerbaren Schiffs-Dieselmaschinen auch Motortypen konstruiert und gebaut, die speziell zum Antrieb von Dynamomaschinen an Bord von Schiffen dienen sollen.

Je nach dem diese Maschinen auf Kriegs- oder Handelsschiffen Verwendung finden sollen, kommen sie in einer leichteren oder schwereren Bauart zur Ausführung. Bei den normalen Handelsschiffstypen werden

Grundplatten, Zylindergestelle und Zylindermäntel aus Gußeisen hergestellt. Das Gewicht derartiger Anlagen einschließlich sämtlicher Rohrleitungen an der Maschine beträgt etwa 100 kg PSe bei 300 Umdrehungen pro min.

Im Gegensatz zu diesen Lichtmotoren für Handelsschiffe sind die Dieseldynamos, welche die M. A.-N. für Kriegsschiffe der deutschen Marine gebaut hat, wesentlich leichter und beanspruchen auch entsprechend weniger Raum. Eine sechszylindrige Maschine, wie sie an Bord deutscher Kriegsschiffe aufgestellt worden sind, leistet normal 450 PSe bei 400 Umdrehungen pro Minute. Dabei wird für den Motor bei einer Grundfläche von $0{,}95 \times 3{,}85$ m nur eine Mindestraumhöhe von 2,8 m beansprucht, wobei der über den Zylindern zum Ausbau der Kolben nötige Platz schon berücksichtigt ist. Um diese Ölmaschinentype möglichst übersichtlich zu gestalten, sind die Brennstoffpumpen zentralisiert und werden von der vertikalen Antriebswelle aus in Bewegung gesetzt. Auch ist Vorsorge getroffen, daß für den Fall eines Bruches am Reglergestänge der Motor nicht durchgehen kann, sondern selbsttätig abgestellt wird.

Bei den durch eine Abnahmekommission der Deutschen Marine im Jahre 1913 angestellten Erprobungen einer derartigen Maschine hat sich diese in jeder Hinsicht gut bewährt. Der einwöchige Tag-und-Nacht-Dauerlauf verlief ohne jede Störung; der Motor arbeitete bei allen Belastungen anstandslos, ruhig und stoßfrei. Eingehende Belastungs- und Regulierversuche sowie Brennstoff-, Kühlwasser-, Schmierölverbrauchsmessungen fielen, wie die nachstehenden Versuchsdaten zeigen, überaus befriedigend aus.

Der Motor leistete normal 304 KW bei 403 Umdrehungen pro min und war vorübergehend bis zu etwa 20 v. H. überlastbar. Der Brennstoffverbrauch an galizischem Gasöl von mindestens 10 000 WE für 1 kg betrug bei normal belastetem Motor etwa 188 g/PSe. Der Gesamtverbrauch an Schmieröl belief sich bei Normalleistung auf etwa 1,4 g für die PSe/std. Die verbrauchte Kühlwassermenge betrug bei etwa 13° Eintrittstemperatur und bei etwa 32° Austrittstemperatur, am gekühlten Auspufftopf gemessen, stündlich etwa 23 cbm oder 54 l pro PSe/std. Der Auspuff war bei allen Belastungen vollständig unsichtbar, nur bei 22 v. H. Überlast konnte er in ganz schwachem Maße wahrgenommen werden. Die Dämpfung des Auspuffgeräusches war durch einen am Motor angebauten gekühlten Auspufftopf vollkommen gelungen. An der Mündung des Auspuffrohres war nichts mehr zu hören. Die Regulierung des Motors hat in jeder Weise befriedigt. Der Sicherheitsregulator wurde öfters dreimal nacheinander probiert und löste jedesmal bei etwa 500 Touren aus. Die Lagertemperaturen stiegen selbst nach mehrtägigem Dauerlauf nicht höher als auf etwa 45° C. Hervorzuheben ist noch, daß an der

Maschine weder Herumspritzen noch Abtropfen von Schmieröl festgestellt werden konnte. Das Äußere der Maschine blieb vollständig rein, obwohl sämtliche Lager und Zapfen mit Preßschmierung, die unter einem Druck von 1,2—1,5 at stand, versehen waren. Während eines ausgedehnten Probelaufes brauchte das Äußere der Maschine nicht geputzt zu werden. Die Besichtigung der einzelnen Teile nach tagelangem ununterbrochenen Betrieb ergab kein von einer normalen Maschine abweichendes Aussehen. Verkrustungen waren nirgends zu bemerken. Auch erwies sich das Material an keiner Stelle angegriffen. Die Kolbenringe waren sämtlich unbeschädigt und lose, auch alle Ventile und Ventilfedern waren vollständig in Ordnung.

Bemerkenswert ist, daß bei Maschinen dieser Bauart ein besonderes Schwungrad fehlt, das erforderliche Schwungmoment vielmehr vollkommen im Dynamoanker untergebracht werden konnte.

Die ölgekühlten Arbeitskolben arbeiten auf die aus einem Stück bestehende Kurbelwelle, deren Kurbeln um 120° gegeneinander versetzt sind. Die beiden Luftpumpenkurbeln, die an dem dem Dynamoflansch entgegengesetzten Ende des Motors angeordnet sind, arbeiten gegenläufig, so daß die von den Luftpumpen und den übrigen Triebwerksteilen des Motors erzeugten Beschleunigungskräfte ausgeglichen sind bis auf geringe, freie Massenkräfte, die von der endlichen Länge der Pleuelstangen herrühren.

Die Grundplatte und das kastenförmige Untergestell bestehen aus Stahlguß. Große, öldicht schließende Öffnungen in letzterem ermöglichen ein leichtes Überholen aller Lagerstellen und Triebwerksteile. Das sich in der Kurbelbilge sammelnde Tropföl wird an vier Stellen abgeleitet und einem Ölsammelbehälter zugeführt, um nach erfolgter Rückkühlung und Reinigung wieder verwandt zu werden.

Die Schalen der Kurbelwellenlager sind von Stahlguß, wassergekühlt und mit Weißmetall gefüttert.

Die Arbeitszylinder bestehen aus einer aus Spezialgußeisen gefertigten Laufbüchse, die von einem mit dem Untergestell des Motors verschraubten Stahlgußmantel umgeben ist. Der zwischen beiden befindliche Kühlwasserraum ist nach unten durch eine Stopfbüchse abgedichtet. Die Zylinderbüchsen besitzen seitliche Aussparungen, um die nach dem Zylinderinnern sich öffnenden Ventile aufzunehmen.

In den mit Seewasser gekühlten Zylinderdeckeln sind die für die Durchführung des Arbeitsprozesses erforderlichen Brennstoff-, Anlaß-, Lufteinsauge- und Auspuffventile untergebracht.

Die Steuerung der Ventile erfolgt in üblicher Weise durch zweiarmige Hebel, die von unrunden, auf einer horizontalen Steuerwelle sitzenden Scheiben betätigt werden. Die Scheiben zur Betätigung der Brennstoffventile haben aufgeschraubte, verschiebbare Nocken.

Das Anlassen der Maschine mit Druckluft sowie das Umschalten auf Treiböl erfolgt mittelst zweier Handhebel, die auf einer über die Hebelachse geschobenen exzentrischen Büchse sitzen. Durch Verdrehen der Büchse wird bewirkt, daß während der Anlaßzeit die Anfahrhebelrolle sich im Bereich der zugehörigen Steuerscheibe befindet, die Brennstoffhebelrolle von der zugehörigen Steuerscheibe dagegen nicht berührt werden kann. Dadurch ist das Anlaßventil ein-, das Brennstoffventil ausgeschaltet. Wird die exzentrische Büchse in der anderen Richtung verdreht, so wird die Anlaßluft abgestellt, und das Treiböl kann durch das Brennstoffventil in den Arbeitszylinder gelangen, so daß der Motor damit in den normalen Betriebszustand kommt.

Die horizontale Steuerwelle ist in Böcken gelagert, die an den Arbeitszylindern angebracht sind. Ihr Antrieb erfolgt durch eine Vertikalwelle mit Schraubenräderpaaren an jedem Ende unmittelbar von der Kurbelwelle aus.

Die Auspuffventile werden hier, abweichend von sonst üblichen Konstruktionen, mit Wasser gekühlt, das diesen durch Schläuche, die der Ventilbewegung folgen, zugeführt wird.

Die Einsaugventile nehmen die atmosphärische Luft aus einer gemeinsamen Saugleitung. Diese wie die Auspuffventile haben auswechselbare Ventilsitze.

Das Brennstoffventil besitzt einen der M. A.-N. gesetzlich geschützten Zerstäuber; die Brennstoffnadel öffnet nach außen.

Das Anlaßventil besteht aus einem Ventilkegel mit Spindel, die sich in einer in den Zylinderdeckel eingesetzten Büchse bewegt. Die Spindel ist mit Rücksicht auf Wärmeausdehnungen mit Spiel in der Büchse eingesetzt und zur Abdichtung mit Liderungsringen versehen.

Jeder Arbeitszylinder hat seine besondere Brennstoffpumpe, die der Einfachheit und Übersichtlichkeit halber in einem gemeinsamen Gehäuse zusammengefaßt ist. Der Antrieb der Pumpen erfolgt durch Exzenter von der Regulatorwelle aus. Charakteristisch für die Konstruktion der M. A.-N.-Brennstoffpumpen ist, daß diese das Treiböl nicht ansaugen, dieses vielmehr aus einem höher gelegenen Vorratsbehälter unter geringem Überdruck einem mit den Pumpen in Verbindung stehenden Gefäß zufließt, dessen Ölstand durch einen Schwimmer dauernd konstant gehalten wird.

Die Kühlwasserbeschaffung erfolgt durch Pumpen mit zwei parallelen, gegenläufig arbeitenden Plungern, die mittelst Gestänge von den Luftpumpenkolben aus angetrieben werden. Von dem geförderten Kühlwasser wird ein Teil für die Lagerkühlung verwandt; von hier aus geht es nach den einzelnen Zylindern, tritt dann in die Zylinderdeckel über, um schließlich zum Teil in die Gehäuse und Ventilkegel der Auspuffventile, zum anderen Teil nach den Luftpumpen sowie den Luft- und Ölkühlern und dann über Bord geführt zu werden.

Die Schmierölpumpen zur Erzeugung des notwendigen Öldrucks und zur Förderung des Schmieröls nach den einzelnen Verbrauchsstellen zeigen die gleiche Konstruktion wie die Wasserpumpen in entsprechend verkleinerter Ausführung.

Sämtliche Grundlager sind mit Preßschmierung ausgerüstet. Von diesen gelangt das Preßöl durch die hohle Kurbelwelle nach den Kurbelzapfen und weiter durch die gleichfalls hohlen Pleuelstangen nach den Kolbenzapfen.

Für die Schmierung der Laufflächen der Arbeitszylinder sind besondere Schmierpressen vorgesehen.

Je nachdem diese vorstehend beschriebenen einfachwirkenden Viertaktmotoren auf Kriegs- oder Handelsschiffen Aufstellung finden sollen, wird eine leichtere oder schwerere Bauart gewählt.

Während Motoren der letzteren Art, wie sie unter anderen auf dem Motorschiff „Secundus" der Hamburg-Amerika-Linie als Hilfsmotoren Aufstellung gefunden haben, bei n = 300 Umdrehungen pro min noch ein Gewicht von 100 kg/PSe für den kompletten Motor einschließlich aller zugehörigen Leitungen am Motor aufweisen, ist das Gewicht bei den für die deutsche Marine gebauten Motoren bei n = 400 Umdrehungen pro min und 450 PSe Leistung auf etwa 26,5 kg/PSe herabgedrückt worden einschließlich sämtlicher Luft-, Öl- und Wasserleitungen an der Maschine mit Wasser und Öl in den Leitungen sowie einschließlich der Luft- und Ölkühler, Wasserabscheider, Einblase- und Anlaßgefäße, der gekühlten Auspuffleitung am Motor und des Auspufftopfes. Dieser bedeutende Fortschritt in der Verringerung des Motorgewichts konnte neben zweckmäßigster Formgebung aller Maschinenteile nur durch gleichzeitige Verwendung der hochwertigsten Konstruktionsmaterialien, wie sie die moderne Eisenhüttentechnik bietet, erreicht werden.

X. Wirtschaftlichkeit der Ölschiffe.

Wirtschaftlichkeitsberechnungen, besonders wenn sie sich den Nachweis der Überlegenheit einer Neuerung gegenüber dem Althergebrachten zum Ziel gesetzt haben, begegnet man in der Praxis meist, und leider bisweilen nicht ganz mit Unrecht, mit großem Mißtrauen. Daß der Verfechter einer neuen Idee dieser einen Platz und ein Heimatsrecht im praktischen Wirtschaftsleben erstreiten will und daher möglichst die Vorzüge und nicht die Schattenseiten, die jeder Sache anhaften, unterstreicht, ist nur zu menschlich. Nicht übersehen werden darf außerdem, daß selbst bei objektiver, vergleichender Untersuchung zweier Betriebe immer unsichere Faktoren in der Rechnung enthalten sein werden, da fast durchweg nicht alle das Betriebsergebnis beeinflussenden Größen, die Schwankungen infolge veränderter Wirtschaftslage und den dauernd veränderlichen Preisbildungen des freien Marktes unterworfen sind, genau faßbar und ihrem Werte nach ein für allemal bestimmbar sind.

In besonderem Maße trifft dies bei dem anzustellenden Vergleich der Wirtschaftlichkeit von Dampfer und Motorschiff zu, da gerade die Preise der Kohle und des Treiböls, die Hauptfaktoren bei der Aufstellung der Vergleichszahlen, in hohem Grade von der jeweiligen Lage des Weltmarktes und dem Ort der Beschaffung der Bunkermaterialien abhängen. Es ist daher auch ohne besondere Annahmen, wie im nachfolgenden gezeigt werden wird, nicht ohne weiteres möglich, ein festes Zahlenverhältnis für die Überlegenheit der einen Antriebsart gegenüber der anderen anzugeben.

Ausschlaggebend für die Bestimmung der Verhältniszahl werden neben den Linien, auf denen das Schiff in Dienst gestellt werden soll, vor allem auch die Plätze sein, die für die Bebunkerung des Fahrzeuges in Aussicht genommen sind.

Es soll daher im nachstehenden von vornherein darauf verzichtet werden, Wirtschaftlichkeitsberechnungen von Motorschiffen wiederzugeben, die lediglich am Schreibtisch gemacht sind, und die neben einem gewöhnlich berechneten Gewinn an Tragfähigkeit von 15—20 v. H. mit einer Tonne Treiböl die gleiche Leistung wie mit $4^1/_2$—5 t Kohle zu erzielen hoffen.

Diese rein theoretischen Untersuchungen gehen davon aus, daß bei einem mittleren Heizwerte der zur Verwendung kommenden Treiböle von 10 000 WE/kg und einem möglichen thermischen Wirkungsgrad bis zu 41 v. H. des Dieselmotors eine Wärmeausnutzung des im Motor zur Verbrennung gelangten Treiböls von 4100 WE pro kg Treiböl zu erreichen ist.

Der mittlere Wärmeinhalt der Steinkohle beträgt etwa 7600 WE/kg. Wird der Kohlenverbrauch einer Schiffsdampfmaschine mit etwa 0,65 kg PSi/st bei einem thermischen Wirkungsgrad der Anlage von 14 v. H. angenommen, so sind rund 4 kg Kohle aufzuwenden, um den gleichen Arbeitseffekt zu erzielen, der mit 1 kg Öl erreicht werden kann, denn

$$\frac{41}{100} \cdot 10\,000 \text{ WE} = \text{rd. } \frac{4 \cdot 14}{100} \cdot 7600 \text{ WE},$$

$$4100 \text{ WE} \doteq \text{rd. } 4260 \text{ WE},$$

d. h. Öl und Kohle verhalten sich zur Erzielung gleicher Arbeitsleistungen hinsichtlich des Gewichtsaufwandes wie 1 : 4.

Wie weit diese Zahlen von den in der Praxis an Hand ausgeführter Reisen erzielten Werten abweichen, soll im nachstehenden für das

D.-S. „Saltburn“ und das M.-S. „Eavestone“ nachgewiesen werden. Beides sind Schiffe der Furneß-Linie, die unter gleichen Bedingungen in Fahrt gesetzt und mit dem ausgesprochenen Zweck gebaut wurden, unbedingt einwandfreie, vergleichbare Betriebsergebnisse zu erhalten.

Es sind zwei verhältnismäßig kleine Schiffe. Sie gleichen sich vollkommen nach Länge, Breite, Seitenhöhe und Tiefgang.

Auch Völligkeitsgrad und Wasserverdrängung beider Schiffe sind, wie die nachstehende Zahlentafel 2 zeigt, einander gleich.

Zahlentafel 2[1]).

		D.-S. „Saltburn“	M.-S. „Eavestone“
Länge zwischen den Loten	m	90,7	90,7
Breite	„	12,34	12,34
Seitenhöhe	„	6,25	6,25
Tiefgang	„	5,47	5,47
Netto Reg.-Tons		1097	1105
Brutto Reg.-Tons		1768	1780
Völligkeitsgrad		0,76	0,76
Wasserverdrängung	t	4360	4360
Gewicht von Schiff und Maschinen	„	1280	1260
Tragfähigkeit	„	3080	3100
Laderaum-Inhalt	cbm	4330	4520
Inhalt der Kohlenbunker	t	380	—
Inhalt der Ölbunker	„	—	156
Zyl.-Dmr. Dreif.-Expans.-Masch.	mm	520/838/1371	—
Zyl.-Dmr. Vierzylindermotor	„	—	508
Uml./min		62	95
Anzahl und Abmessungen der Hilfskessel		einer von 2133/4267 mm	zwei von 2133/4267 mm

Reise	durchschn. Geschwindigkeit	Brennstoffverbrauch
D.-S. Pt. Talbot—Algier	8,7 Knoten	12 t Kohlen
M.-S. Hartlepool—Barcelona	8,66 „	3,95 t Öl

M.-S. : D.-S. = 3,95 : 12 = 1 : 3,04.
Kohlenverbrauch des einen Hilfskessels des Motorschiffes:
0,65 t Kohle = rd. 0,21 t Öl,
demnach: M.-S. : D.-S. = 4,16 : 12 = 1 : 2,88.

Das Gewicht von Schiff und Maschine betrug beim Dampfer 1280 t, beim Motorschiff 1260 t. Die Tragfähigkeit der auf gleichen Tiefgang gebrachten Schiffe war für den Dampfer 3080, für das Motorschiff

[1]) Zahlentafel 2 ist dem Aufsatz des Verfassers: „Die Großdieselmotorschiffe, ihre Wirtschaftlichkeit und ihre Zukunft“ in der Zeitschrift d. Vereins Deutscher Ingenieure, Jahrg. 1915, Nr. 5, S. 8 ff. entnommen.

3100 t. Der Überschuß in den Laderäumen betrug gegenüber dem Dampfer beim Motorschiff 190 cbm. Beide Schiffe wurden auf die gleiche Reise geschickt. Der Dampfer fuhr mit einer Geschwindigkeit von 8,7 kn und verbrauchte 12 t Kohle innerhalb 24 st; das Motorschiff hatte bei einer Geschwindigkeit von 8,66 kn einen Ölverbrauch von 3,95 t in 24 st. Dies ergibt ein Verhältnis des Ölverbrauches zum Kohlenverbrauch von 1 : 3,04 und unter Berücksichtigung des Verbrauches für den Hilfskessel, der zum Betrieb der Rudermaschine diente, von 1 : 2,88. Man sieht also, daß der im vorangegangenen rein rechnerisch ermittelte Wert, daß 1 t Öl imstande sei, die gleiche Arbeit wie 4 t Kohle zu leisten, durch diesen praktisch durchgeführten Dauerversuch nicht erwiesen wurde. Der in der Fachliteratur immer wiederkehrende Verhältniswert 1 : 4 bis 1 : 5 läßt sich eben, wie vorstehend gezeigt und noch weiter nachgewiesen werden wird, nur begründen durch den rein theoretisch durchgeführten Vergleich der thermischen Wirkungsgrade von Dieselmaschine und Dampfkraftanlage.

Es ist zu Beginn dieses Abschnittes bereits darauf hingewiesen worden, welchen ausschlaggebenden Einfluß der jeweilige Preis des Treiböls auf die Wirtschaftlichkeit des Ölmaschinenbetriebes ausübt. Die Untersuchung würde unvollständig sein, wollte man nicht auch die Änderungen, die die Gehalts-, Schmierstoff- und Tilgungskonten bei einem Motorschiff gegenüber einem Dampfer aufweisen, in den Kreis der Betrachtungen ziehen. Die in der Fachliteratur vielfach vertretene Meinung, daß durch Fortfall der Heizer und Trimmer die Stärke der Maschinenbesatzung bis um die Hälfte vermindert werden könnte, ist nur sehr bedingt richtig. Wohl werden durch den Fortfall des Kesselbetriebs die zur Bedienung dieser Anlage erforderlichen Leute erübrigt, dafür hat die Zahl der Maschinisten und Schmierer, die der letzteren besonders im Hinblick auf die erheblich umfangreicheren Überholungsarbeiten als in einem gleich großen Dampfkraftbetrieb, durchweg vermehrt werden müssen.

Die Ausgabeposten für Schmierstoffe erreichen beim Motorschiff ebenfalls meist Beträge von mehrfacher Höhe derjenigen entsprechender Schiffsmaschinenanlagen. Der Grund liegt in der stets größeren Zahl der Arbeitszylinder und der damit verbundenen erheblichen Vergrößerung der gleitenden Flächen, der beträchtlich höheren Temperatur, mit der die Arbeitskolben auf diesen Flächen gleiten, der großen Zahl der Gelenke zur Betätigung der gesteuerten Brennstoff-, Anlaß-, Saug-, Auspuff- und Spülluftventile sowie in den größeren Drucken, denen die Grund-, Kurbel- und namentlich auch die Kreuzkopfzapfenlager zu Beginn einer jeden Verbrennungsperiode ausgesetzt sind.

In der Zahlentafel 3 sind die vorstehend erörterten Gesichtspunkte rechnerisch an drei nahezu gleichgroßen Schiffen, und zwar einem

Zweischrauben - Zweitaktmotorschiff, einem Zweischrauben - Viertaktmotorschiff und einem Einschraubendampfer mit Dreifach - Expansions-Heißdampfanlage, eingehend untersucht worden.

Für die Aufstellung der Zahlentafel sind eine größere Zahl auf nahezu gleicher Route und von ungefähr gleicher Zeitdauer ausgeführter Reisen benutzt worden. Die Treibölpreise für die Motorschiffe beliefen sich frei Bunker auf 26,50 ℳ pro t, der mittlere Kohlenpreis auf 20 ℳ für 1 t frei Bunker.

Als wesentlichstes Ergebnis dieser Untersuchung ist festzuhalten, daß heute

1. der mittlere Treibölverbrauch großer Handelsschiffs - Ölmaschinen für die PSi/st zwischen Zweitakt- und Viertaktmotoren kaum nennenswerte Unterschiede zeigt;
2. der mittlere Treibölverbrauch für die PS/st — also der Wert, der für die Wirtschaftlichkeit der Gesamtanlage in erster Linie in Frage kommt — bei Zweitaktmotoren höher ist als bei Viertaktmotoren. Der Grund dieses Mehrverbrauchs liegt in dem Arbeitsaufwand zum Antrieb der Spülluftpumpen

Zahlentafel 3.

Laufende Nr.	Bauart des Schiffes	Baukosten, bezogen auf den Dampfer	Schiffsabmessungen: Länge in m	Breite in m	Seitenhöhe in m	Tiefgang beladen	Deplacement in t	Tragfähigkeit in t	Maschinenangaben: Anzahl d. Zylinder pro Maschine	Maschinenleistung PSi	Maschinenleistung PSe	Umdrehungen pro min	Schiffsgeschwindigkeit sm/st	Brennstoffverbrauch: Hauptmaschine t in 24 st	Hilfsmaschine t in 24 st	Gesamt	Hauptmaschine PSi in g pro st	Hauptmaschine PSe in g pro st	Hauptmasch. einschl. Hilfsmasch. PSi in g pro st	Hauptmasch. einschl. Hilfsmasch. PSe in g pro st
1	Zweischrauben-Zweitaktmotorschiff	1,31	121,4	16,0	10,67	24′	11 120	7 515	4	3 800	2 660	114	10,4	13,3	0,4	13,7	146	208	150	215
2	Zweischrauben-Viertaktmotorschiff	1,09	112,5	16,22	9,14	24′	10 650	7 340	8	2 500	2 100	133	11,0	8,6	0,8	9,4	143	171	157	186
3	Einschraubendampfer, Dreifach-Expansionsmaschine	1,0	121,4	16,0	10,67	24′	11 200	8 010	3	2 500	2 300	68	11,5	32,4	3,6	36	540	587	600	652

Zahlentafel 3 (Fortsetzung).

Hauptbetriebskosten für eine Durchschnittsreise Hamburg—New York—Newport-News—Philadelphia—Hamburg. Gesamtreisedauer 2 Monate, davon $27^1/_2$ Reisetage auf See, 28 Hafentage.

Lauf. Nr.	Treiböl- bzw. Kohlenverbrauch in t		Gehälter in M.	Schmierstoffe in kg		10 v. H. Tilgung	Gesamtbetriebskosten (ausschl. Versich.) für eine Reisedauer von 2 Mon.	Gesamt-Betriebskosten für einen Tag	Ges.-Betriebskosten f. 1 t Tragfähigkeit pro Tag	Ges.-Betriebskosten f. 1 t Tragfähigkeit u. 1000 Sm
	t	M.	M.	kg	M.	M.	M.	M.	M.	M.
1	430	12 281	10 148	6 882	2 408	24 800	49 637	827	0,110	0,592
2	735	9 568	8 852	2 575	940	20 634	39 994	667	0,090	0,448
3	1210	24 200	9 408	1 016	269	18 900	52 777	880	0,110	0,542

Treiböl- bzw. Kohlenverbrauch in t:

Lauf. Nr.	1	2	3
Seereise	377	259	990
Revier	26	20	80
Hafen	25	30	98
Hilfskessel	2	26	32

Gehälter in M.:

Lauf. Nr.	1	2	3
Deck	4628	4618	4708
Maschine	5010	3820	4700
Zulagen für Maschinisten	510	414	—

Schmierstoffe in kg:

Lauf. Nr.	1	2	3
Maschin.-Öl	5500	1210	261
Zylinder-Öl	880	880	41
Kompr.-Öl	137	50	—
Talg	15	35	18
Petroleum	350	400	651
Vaclit	—	—	45

Besatzung:

Dienstgrad	Lauf. Nr. 1	2	3
Deck:			
Kapitän	1	1	1
Offiziere	3	3	3
Mannschaft (einschl. Koch, Steward, Jungen)	19	18	19
	23	22	23
Maschine:			
I. Ingenieur	1	1	1
II. „	1	1	1
III. „	2	2	1
IV. „	2	—	1
Ingenieur-Assistenten	4	4	3
Elektriker	1	1	—
Schmierer	3	—	—
Putzer	3	3	—
Heizer	—	—	7
Trimmer	—	—	6
Storekeeper	1	1	1
	18	13	21

des Zweitaktmotors, sowie in der mangelhafteren Beschaffenheit der Verbrennungsluft, die nie ganz frei von Verbrennungsrückständen sein wird;

3. eine Verminderung des Gehaltskontos auf Ölschiffen durch den Fortfall der Heizer und Trimmer infolge des Mehrbedarfs an Ingenieurpersonal, Gewährung von Funktionszulagen usw. kaum nachweisbar ist;
4. der Verbrauch an Schmierstoffen gegenüber dem einer gleichgroßen Heißdampfmaschinenanlage vorläufig noch ein erheblich größerer ist;
5. der Baupreis der Ölmaschinen, besonders der Zweitaktanlagen, ein höherer als der entsprechender Schiffsdampfmaschinenanlagen ist, so daß auch die den Betriebsunkosten anzugliedernde Tilgungsquote für das Ölschiff größer ausfällt als für den Dampfer;
6. trotz des im vorliegenden Falle sehr günstigen Treibölpreises von 26,56 ℳ für 1 t sich nur für das Viertaktmotorschiff ein wirtschaftlich günstigeres Ergebnis als für den Dampfer hat erzielen lassen.

Nicht berücksichtigt sind in der vorstehenden Zahlentafel 2 die aufzuwendenden Kosten für Reparaturen, Instandhaltung der Ölmaschinen sowie unvorhergesehene Ausgaben. Viele der in Fahrt befindlichen Motorschiffe haben nach dieser Richtung hin sehr erhebliche Betriebsunkosten verursacht.

Diese für die Mitte des Jahres 1914 aufgestellte Wirtschaftlichkeitsberechnung ist während der verflossenen Kriegsjahre völlig zugunsten der Motorschiffe umgeschlagen. Während die Kohle in nahezu allen neutralen und kriegführenden Ländern im Zusammenhang mit dem Mangel an greifbaren Kohlenvorräten als Folge der stetig gewachsenen Knappheit an Welttonnage in den meisten Schiffahrtsplätzen eine ungeahnte Preissteigerung erfahren hat, konnten die Ölhäfen, da vielfach nicht genügender Tankschiffsraum zur Verfügung stand, die Ölproduktion zu verschiffen, den Motorschiffen, besonders in den amerikanischen Häfen, genügende und preiswerte Treibölmengen zur Verfügung stellen. Ganz besonderen Nutzen haben aus dieser Wirtschaftslage die nordischen Schiffahrtsgesellschaften, allen voran die Ostasiatische Kompagnie in Kopenhagen gezogen, die heute durch Um- und Neubauten über eine ausschließlich aus Motorschiffen bestehende Flotte verfügt.

Zahlentafel 4.

Baujahr	Maschinenanlage	PSi	Maschinenöl für Haupt- und Hilfsmaschine in 24 st	Desgleichen für PSi/st	Zylinderöl in 24 st	Kompressoröl in 24 st	Gesamt-Schmieröl-verbrauch in 24 st	Desgleichen für PSi/st
			kg	g	kg	kg	kg	g
1912	Zweiwellen-Viertaktmotoranlage	2500	44	0,733	32	1,0	77	1,29
1913	Zweiwellen-Zweitaktmotoranlage	2400	56,0	0,972	7,2	3,0	66,2	1,150
1914	Zweiwellen-Zweitaktmotoranlage	3800	200	2,193	32	5,0	237	2,60
1914	Zweiwellen-Viertaktmotoranlage	3910	24,67	0,630	24,64	7,25	56,56	0,605
1911	Einschrauben-Heißdampfanlage	2500	9,5	0,160	1,4	—	10,9	0,181

Abgesehen von Kinderkrankheiten, die mehr oder weniger alle Ölmaschinenkonstruktionen haben durchmachen müssen und teilweise noch durchzumachen haben, wie Verbrennen der Brennstoffdüsen, Reißen der Zylinder, Zylinderdeckel, Wassermäntel, Versagen der Kühlwassereinrichtungen und Kompressoren, kommt hinzu, daß den einzelnen Konstruktionselementen einer Ölmaschinenanlage im Betriebe dauernd eine viel größere Aufmerksamkeit gewidmet werden muß, als man sie bisher bei den bis in die letzten Einzelheiten den Bordansprüchen gerecht werdenden Dampfkraftanlagen zu üben gewohnt war.

Über den Mehrbedarf an Schmieröl der Motorschiffe, der durch die größere Zahl von Kurbel- und Grundlagern, Gleitflächen, Kreuzkopfzapfenlagern zu erklären ist, gibt die vorstehende Zahlentafel 4 einer Reihe in längerem Betriebe befindlicher Ölmaschinenanlagen, denen eine moderne Heißdampfmaschine gegenübergestellt ist, nähere Auskunft.

Eine ungünstige Beeinflussung der Wirtschaftlichkeit der Motoranlagen hat man vielfach in den infolge der höheren Umdrehungszahlen der Ölmaschinen notwendigerweise kleiner werdenden Schrauben zu sehen geglaubt. Die Praxis hat jedoch ergeben, daß die für große Ölmaschinen gebräuchlichen Umdrehungen von 100—140 pro min den Wirkungsgrad der Propeller, die infolge der fast durchweg ausgeführten Zweiwellenanordnungen schon an und für sich kleiner ausfallen, nicht erheblich zu beeinflussen vermögen. Mehrfach ausgeführte Vergleichsfahrten zwischen Motorschiffen und Dampfern[1]) haben den Beweis erbracht, daß bei annähernd formgleichen, gleichgroßen Schiffen die zur Erzielung gleicher Schiffsgeschwindigkeiten aufzuwendenden Pferdestärken ebenfalls nahezu gleich sind. Im Gegenteil hat sich für lange Reisen sogar herausgestellt, daß die von dem Motorschiff erreichte mittlere Reisegeschwindigkeit eine höhere als die des Dampfers war. Der Grund liegt in der dauernd gleichen indizierten Leistung der Arbeitszylinder des Motorschiffes, während der mittlere Dampfdruck je nach der Qualität der Kohlen, Reinheit der Feuer und der Kessel, der Geschicklichkeit der Heizer u. a. m. fortdauernden Schwankungen, die die mittlere Schiffsgeschwindigkeit ungünstig beeinflussen, unterworfen ist. Hinzukommt, daß bei schlechtem Wetter die kleinen, tiefer unter der Wasserlinie liegenden Schrauben des Motorschiffs viel weniger Gelegenheit zum Austauchen aus dem Wasser finden. Sollte dieses dennoch eintreten, so wird durch Verminderung oder gänzliche Unterbrechung der Brennstoffzufuhr eine augenblickliche Einstellung jedes einzelnen Arbeitszylinders, entsprechend dem erforderlichen Drehmoment, stattfinden. Sperrt hingegen der Regler einer Schiffsdampfmaschine beim Austauchen der Schrauben die Hauptdampfleitung ab, so werden die in den Receivern und Überströmrohren enthaltenen Dampfmengen die Maschine trotz erfolgter Dampfabsper-

[1]) Vgl. Knudsen, Performance on service of the motorship „Suecia"; Institution of Naval Architects, London 1913.

rung mit wesentlich erhöhter Umdrehungszahl arbeiten lassen. Taucht das Hinterschiff erneut ein, und wird der Dampfweg wieder frei gegeben, so vergeht erst einige Zeit, bis die Schieberkästen und Überströmrohre von neuem mit Dampf angefüllt sind und damit die normale Umdrehungszahl und Arbeitsleistung der Maschine eintritt. Die notwendige Folge ist, daß das Schiff beträchtlich an Fahrt verliert, ganz abgesehen davon, daß die Gesamtanlage durch die stark wechselnden Belastungen großen Beanspruchungen, namentlich in den Wellenleitungen und Triebwerken, unterworfen ist. Die oft recht schwerwiegenden Einflüsse, denen das Wirtschaftsergebnis des Einschraubendampfers durch Zahlen hoher Schlepplöhne oder Bergungskosten beim Bruch der Schraubenwelle ausgesetzt ist, fallen für das Zweischraubenmotorschiff so gut wie ganz weg.

XI. Inbetriebsetzung, Wartung und Instandhaltung von Ölmaschinen.

1. Vorbereitungen zur Inbetriebsetzung.

Vor jeder Inbetriebsetzung einer Ölmaschine nach längerer Ruhepause sind sämtliche Brennstoff-, Anlaß-, Spülluft-, Lufteinlaß- und Auspuffventile auf richtiges Arbeiten zu untersuchen. Zu diesem Zwecke wird die Maschine bei geöffneten Indikatorhähnen durch die Maschinendrehvorrichtung gedreht. Von der Zylinderplattform sind hierbei die Bewegungen der Ventilnadeln, Ventilhebel, Rollen usw. sorgfältig zu beobachten, um ein eventuelles Hängen der Nadeln oder Festklemmen der Rollen sofort beseitigen zu können.

Bei neu eingesetzten oder neu verpackten Brennstoffventilen ist besonders darauf zu achten, daß das zwischen den Nockenscheiben der Steuerwellen und den Rollen der Ventilhebel vorgeschriebene Spiel genau gewahrt ist, da ein dauerndes Aufliegen der Rollen ein Nichtschließen der Ventile zur Folge hat.

Für die angehängten Einblaseluftpumpen ist der nach der Bedienungsvorschrift der Anlage festgelegte Totraum zwischen den einzelnen Zylinderdeckeln und den Luftpumpenkolben zu kontrollieren.

Alle Schmierlöcher an den Ventilhebeln und Steuerrollen sind abzuschmieren, Staufferdosen an Steuerhebeln und Lagern sind anzuziehen. Die zugänglichen Teile der Kolben und Zylinderlaufbüchsen sind von Hand abzuschmieren. Soweit Druckschmierung für die Grund-, Kurbel-, Kurbelzapfenlager und Schraubenräder zum Antrieb der Steuerwellen vorhanden ist, sind diese Leitungen bei geöffneten Lufthähnen gut mit Öl durchzupumpen.

Alle Ölfilter, Abstehtanks und Siebe für Treiböl sind sorgfältig zu reinigen.

Die Treibölleitungen von den Brennstoffpumpen nach den Brennstoffventilen sind nach jeder längeren Betriebspause bei geöffnetem Entlüftungsventil oder Lufthahn gründlich von Hand aufzupumpen, um sicher zu sein, daß alle Luft aus diesen Leitungen entfernt ist. Es ist so lange zu pumpen, bis ein starker, von Luftblasen freier Strahl Treiböl aus der Entlüftungsvorrichtung der Brennstoffleitung austritt. Nach erfolgtem Durchpumpen mit der Handpumpvorrichtung ist die Saugeleitung der letzteren wieder sorgfältig von der Hauptsaugeleitung der mechanisch angetriebenen Pumpen abzusperren.

Hierauf werden etwa 10 bis 15 Hübe mit der Handpumpe in die Brennstoffventile gepumpt, bis diese mit Treiböl ganz angefüllt sind. Durch übermäßiges Aufpumpen der Brennstoffleitungen kann, namentlich beim Fehlen von Rückschlagventilen in den Einblaseluftleitungen der Brennstoffventile, Treiböl in diese gelangen und dort explosive Zündungen hervorrufen.

Bohrungen und Schlitze der Düsenplatten der Brennstoffventile sind sorgfältig zu reinigen und gegebenenfalls mit einem passend geformten Draht durchzustoßen.

Die Brennstoffnadeln sind auf leichte Gangbarkeit in den Stopfbüchsenführungen zu prüfen und gut mit Zylinderöl einzuschmieren.

Alle Brennstoffnocken und Rollen sowie die Anfahrnocken und Rollen sind gut mit Zylinderöl zu schmieren.

Die Zahn-, Schrauben- und Schneckenräder sowie Schnekken zum Antriebe der Steuer-, Zwischen- und Regulatorwellen sind mit Stauferfett zu schmieren. Vorhandene Schmierpressen für die Arbeitszylinder, Gleitbahnen, Kolbenzapfen und den Kompressor sind aufzufüllen und einige Male von Hand zu drehen.

Die Schmierapparate sind auf richtiges Tropfen nach besonderer Anweisung der Baufirma einzustellen.

Sämtliche Entwässerungsventile der Spülpumpen und Kompressoren sind während des Drehens des Motors geöffnet zu halten, aber vor der Inbetriebsetzung der Maschine zu schließen mit Ausnahme der Entwässerungsventile etwa vorhandener Ölabscheider zwischen den einzelnen Kompressorstufen oder zwischen der Hochdruckstufe und den Einblase- und Anlaßflaschen oder -gefäßen, die bis zur Erreichung des normalen Betriebszustandes geöffnet zu halten sind, und zweckdienlich auch während des Dauerbetriebes in ganz geringem Maße offen gehalten werden.

Das Luftabschlußventil hinter der Hochdruckstufe der Einblaseluftpumpe ist zu öffnen.

Unter allen Umständen ist vor der Inbetriebsetzung des Motors ein Durchpumpen der Kühlwassermäntel der Zylinder, der Zylinderdeckel sowie der Arbeitskolben vorzunehmen. Bestehen die für den Dauerbetrieb des Motors vorgesehenen Kühlwassereinrichtungen aus angehängten Pumpen, so hat das Durchpumpen mit einer der unabhängigen Kühlwasserreservepumpen zu erfolgen. Alle in den Kühlmänteln und Deckeln vorgesehenen Entlüftungsvorrichtungen sind hierbei dauernd so weit zu öffnen, daß etwas Wasser austritt.

Ist bei kalter Außentemperatur ein Nichtanspringen der Ölmaschine zu befürchten, so ist das Kühlwasser anzuwärmen vermittelst besonderer durch Petroleum oder Benzin geheizter Röhrenapparate. Bisweilen ist bei vorhandenem Hilfsdampfkessel eine unmittelbare Verbindung der Dampf- und Kühlwasserleitung unter Zwischenschaltung eines Reduzier- und Rückschlagventils vorgesehen. In diesem Falle ist sorgfältig darauf zu achten, daß der Druck in der Kühlleitung nicht zu hoch steigt, da die Wassermäntel der Zylinder gewöhnlich nicht für höhere Pressungen als 4—5 at Überdruck gebaut sind.

Die regulierbare Ansaugeöffnung für die Niederdruckstufe des Kompressors ist voll geöffnet zu halten. Die gewöhnlich nicht regulierbaren Ansaugeöffnungen und Luftzuführungskanäle der Spülluftpumpen sind auf evtl. angesaugte Fremdkörper zu untersuchen. Nach längeren Betriebspausen sind auch die Luft- und Spülpumpenventile aufzunehmen und durch Reinigen leicht gangbar zu erhalten. Zeigen die Manometer der Luftgefäße nicht den für das Anlassen des Motors und Einblasen dss Brennstoffs nötigen Druck, so sind diese mit Hilfe des Not- oder Hilfskompressors zunächst aufzufüllen.

Alle Drossel-, Regulierhähne und Ventile der Kühlwasserleitungen und Rückkühler, Ölfilter und -kühler, Druckölschmierleitungen und Luftleitungen der Kompressoren nach den Einblase- und Anlaßflaschen sowie Abschlußorgane in den Auspuffleitungen von U-Boots-Motoren sind auf richtige Stellung und Dichtheit zu prüfen.

Sind von den Hauptölmaschinen abgetrennte, elektrisch angetriebene Kühlwasser- und Schmierölpumpen vorhanden, so sind diese vor der Inbetriebsetzung der Ölmaschine anzustellen, damit schon während der ersten Maschinenumdrehungen nach dem Anlassen der vorgeschriebene Kühlwasser- und Schmieröldruck vorhanden ist. Zweckmäßig wird nach längeren Betriebspausen der Druck in den Schmierölleitungen während der ersten halben Stunde etwas höher gehalten, dagegen die Belastung der Maschine während dieser Zeit nur allmählich gesteigert.

Ist aus irgendwelchen Gründen Wasser in die Arbeitszylinder der Maschine gelangt, was namentlich bei Unterseebootsmaschinen als Folge undichter Schieber oder Ventile in den Auspuffleitungen eintreten kann, so läßt man die Maschine zunächst mit Anlaßluft einige

Umdrehungen bei geöffneten Indikatorhähnen machen. Sind größere Wassermengen in die Zylinder eingedrungen, so sind die Kolben einzeln in die obere Totpunktlage zu drehen, um alsdann durch das von Hand geöffnete Brennstoffventil so lange Einblaseluft in die Zylinder zu geben, bis aus den Indikatoröffnungen völlig trockene Luft austritt.

2. Die Inbetriebsetzung.

a) Mit Druckluft.

Für das Anlassen der Ölmaschine ist ein Luftdruck notwendig, der je nach der Größe und Bauart des Motors schwankt. Er liegt für die für Handelsschiffe üblichen Bauarten von Zwei- und Viertaktmotoren meist zwischen 25 und 35 at und steigt bei kleinen Maschinen mit geringerer Zylinderzahl sowie bei Sonderkonstruktionen, wie etwa doppeltwirkenden Tandemmaschinen, auf 45 — 50 at und mehr. Maßgebend für den zu wählenden Anfahrdruck ist neben der von der Erbauerin der Ölmaschine gegebenen, in der Maschinenbiographie niederzulegenden Betriebsvorschrift die eigene Betriebserfahrung unter Berücksichtigung der jeweils im Maschinenraum herrschenden Lufttemperatur.

Auf jeden Fall soll der zum Anlassen des Motors benutzte Druck nicht höher gehalten werden, als zum sicheren Anspringen unbedingt nötig ist, um die beim Anlassen auf die Triebwerksteile kommenden Stöße so klein wie möglich zu halten. Zu verwerfen ist daher, wie vielfach in der Praxis zu beobachten, das Anlassen namentlich kleinerer Mehrzylindermotoren, nur mit einem Teil der Arbeitszylinder und dafür erhöhtem Druck der Anlaßluft, als die dann meist die Einblaseluft genommen wird.

Der Druck in der Einblaseluftflasche beträgt bei den üblichen Bauarten im normalen Betriebe etwa 50—55 at. Er soll möglichst konstant gehalten werden, um eine gleichmäßige Zerstäubung des Brennstoffs in der Düse zu erreichen. Mit Verminderung der Fahrtleistung muß auch der Einblasedruck vermindert werden.

Steht keine Druckluft zum Anlassen der Ölmaschine zur Verfügung, so können die Anlaßgefäße auch mit Kohlensäure gefüllt werden; unter keinen Umständen darf aber hierzu Sauerstoff oder Wasserstoff verwandt werden, da dies zu schweren Explosionen führen kann.

Die Absperrorgane zwischen dem Kompressor und den Einblaseluftflaschen sind ganz zu öffnen; dabei sind die Ausschläge der Manometer der einzelnen Kompressorstufen dauernd zu beobachten. Übersteigen die Manometerablesungen hierbei wesentlich die für die einzelnen Stufen vorgesehenen Betriebsdrucke, so ist der Motor sofort wieder abzustellen, auch wenn die Sicherheitsventile noch nicht blasen sollten.

Die Ursache der ungewöhnlichen Drucksteigerung kann entweder auf undichte Ventile der nächstfolgenden Druckstufe oder auf undichte Kolbenliderungen bei vorhandenen Stufenkolben zurückzuführen sein.

Das Absperrventil zwischen den Anlaßgefäßen und dem Hauptmotor ist bei der Inbetriebsetzung desselben langsam zu öffnen.

Sobald nach dem Umdrehungsanzeiger die Maschine in dem gewünschten Drehsinn angesprungen und auf Umdrehungen gekommen ist, sind je nach der vorliegenden Konstruktion die Arbeitszylinder einzeln oder gruppenweise von der Anlaßluft abzusperren und auf Brennstoff zu schalten.

Sobald diese Zylinder zünden, wird das gleiche Manöver für den Rest derselben vorgenommen.

Während dieser ganzen Periode sind Umdrehungsanzeiger sowie die Manometer für Anlaß- und Einblaseluft dauernd im Auge zu behalten. Fällt der Druck in der Einblaseluftleitung bis auf 35 at, so muß Luft aus den Reserveflaschen zugesetzt werden, um zu verhüten, daß der Verbrennungsdruck in die Einblaseleitung schlägt.

Hat die Maschine in allen Zylindern gezündet, so ist der Einblasedruck mittels der Reguliervorrichtung der Ansaugeleitung des Luftkompressors auf konstanten Druck — im Mittel etwa 55 at — einzustellen

Bei jedesmaliger Verminderung der Maschinenleistung oder Umdrehungszahl ist auch der Einblasedruck entsprechend zu erniedrigen, jedoch nie weiter als auf 38 at.

Mit steigender Belastung der Maschine ist auch der Einblasedruck zu erhöhen, um ein Verrußen der Düsen der Brennstoffventile zu verhindern.

Sinkt die Luftförderung der Einblaseluftpumpe im normalen Betrieb, so kann die Ursache in undichten Flanschen der Luftleitungen, undichten Sicherheitsventilen, undichten Kolben der Niederdruck- und Mitteldruckstufen oder endlich auch in einer Verengung der Lufteinsaugekanäle infolge Verschmutzung zu suchen sein.

Sobald die Maschine angesprungen ist, sind alle angehängten Pumpen auf ordnungsgemäßes Arbeiten zu untersuchen und in ihrem Lieferungsgrad entsprechend der jeweiligen Belastung der Ölmaschine einzustellen. Die Regulierung der Kühlwassermengen hat derart zu erfolgen, daß die Temperaturen des abfließenden Kühlwassers 20—25° C möglichst nicht unterschreiten, da andernfalls ein zu starkes Auskühlen der Zylinder und Deckel und damit ein Aussetzen der Zündungen eintritt. Kennzeichen hierfür sind unruhiger Gang der Maschine und Verschlechterung des Auspuffs. Eine Möglichkeit, das Aussetzen der Zündungen oder die Verschlechterung der Verbrennung außerdem festzustellen, bietet das Öffnen der Indikatorhähne sowie eventueller Probierhähne an den Auspuffleitungen und Schalltöpfen.

Bleiben trotz genügend hoher Kühlwassertemperaturen die Zündungen in einzelnen Arbeitszylindern aus, so liegt in der Regel eine Störung in der Förderung der Brennstoffpumpen vor. Zeigt das Brennstoffmanometer keinen Druck, so sind entweder die Saugeventile undicht, oder im Druckraum der Pumpe befinden sich Luftsäcke, die durch Entlüften zu beseitigen sind.

Sofern Preßschmierung für die Grund-, Kurbel-, Kreuzkopfzapfenlager und Schraubenräder vorhanden ist, sind auch die für diese Leitungen angeschlossenen Manometer für die erforderlichen Drucke einzuregulieren. Im allgemeinen sollte der Preßöldruck nicht mehr als 1,0—1,5 at betragen, da andernfalls, wenigstens bei offenen Ölmaschinen, größere Ölverluste infolge starken Spritzens unausbleiblich sein werden.

b) Elektrisches Anlassen.

Die Inbetriebsetzung einer Ölmaschine auf elektrischem Wege ist im allgemeinen nur bei U-Boots-Maschinen möglich, da nur hier die für die Unterwasserfahrt gebrauchten großen E-Maschinen vorhanden sind, um die Dieselmaschinen hinreichend sicher anzulassen.

Die elektrische Inbetriebsetzung gestaltet sich auf U-Booten überaus einfach und sollte daher hier, besonders nach längerem Stillstand der Maschinenanlage, immer angewandt werden. Da die Maschine elektrisch wesentlich langsamer als mit Druckluft in Gang gesetzt werden kann, wird die Maschine vor heftigen Stoßbeanspruchungen bewahrt und eine gute Beobachtung der Ventile und Steuerorgane bis zur Zündung mit Brennstoff sichergestellt.

Das Anlassen der Maschine hat so langsam als möglich mit größtem Erregerstrom stattzufinden, und erst allmählich ist durch Schwächen des Magnetfeldes die Umdrehungszahl der Maschine zu steigern.

Die Schaltung der Brennstoffventile auf Betriebsstoff darf erst erfolgen, nachdem die durch die Betriebsvorschrift festgelegte Mindestdrehzahl erreicht ist.

Sobald die Zündungen in den Arbeitszylindern der Ölmaschine eingesetzt haben, ist die Stromzuführung abzuschalten.

c) Die Maschine läuft nicht an oder bleibt stehen.

Das vielfach beim ersten Anlassen einer Ölmaschine zu beobachtende Pendeln der Kolben, ohne daß es gelingt, die Maschine in Gang zu bringen, ist meist auf starke Undichtigkeiten der Anlaßventile zurückzuführen. Haben sich diese während des Anlassens in ihren Führungen aufgehängt, so tritt ein starker Luftstrom aus den Einsaugerohren heraus.

Erreicht die Maschine beim Anlassen mit Druckluft dagegen die erforderliche Geschwindigkeit und tritt doch kein Zünden beim Umstellen von der Anlaß- auf die Betriebsstellung ein, so kann die Ursache darin bestehen, daß die Brennstoffzufuhr abgesperrt ist, das Aufpumpen der Brennstoffventile durch die an den Brennstoffpumpen sitzenden Handdruckvorrichtungen nur ungenügend erfolgt ist, die Ventile der Brennstoffpumpen undicht sind oder sich Luft in den Brennstoffpumpen befindet.

Weitere Gründe des Nichtanspringens können in starken Undichtigkeiten der Auspuff- und Einsaugventile liegen, so daß nicht der nötige Kompressionsdruck und damit die erforderliche Temperatur entsteht, das Treiböl zur Entzündung zu bringen. Die undichten Ventile sind in diesem Falle sofort durch Ersatzventile auszuwechseln.

Schließlich können sich Schwierigkeiten beim Anlassen aus zu niedriger Temperatur des Maschinenraums, des Kühlwassers und des Brennstoffs ergeben. Maschinenraum und Leitungen sind in diesem Fall durch die jeweils vorhandenen Einrichtungen zu erwärmen.

Ein völliges Stehenbleiben der Maschine im Betriebe kann auf Überlastung derselben, auf Unterbrechung der Brennstoffzufuhr, starken Gehalt des Treiböls an Wasser oder auf das Festfressen eines Kolbens oder Lagers zurückzuführen sein.

Endlich kann auch ein zu niedriger Einblasedruck die Ursache des Stehenbleibens der Maschine sein, wenn dieser unter den Kompressionsdruck im Arbeitszylinder sinkt, so daß eine weitere Einführung von Brennstoff in den Zylinder unterbunden wird.

d) Die Maschine stößt; die Sicherheitsventile blasen ab.

Zu hoher Einblasedruck, namentlich bei niederen Drehzahlen der Maschine, läßt die Kolben im Zündungstotpunkt klopfen; der Gang der Maschine wird unruhig.

Das gleiche Stoßen der Maschine tritt trotz richtigen Einblasedruckes auch ein, wenn die Brennstoffnadeln oder die Brennstoffnocken nicht richtig eingestellt sind, so daß Früh- oder Spätzündungen auftreten.

Sind die Brennstoffnadeln undicht oder bleiben diese hängen, so tritt meist ein schußartiges Stoßen bei gleichzeitigem Ablasen des Sicherheitsventils am Arbeitszylinder ein. Die Maschine ist zur Instandsetzung des Brennstoffventils in diesem Falle sofort abzustellen.

Regelmäßiges Stoßen bei jedem Hubwechsel ist auf zu große Loose in einem Lager, eines Kolbens oder auf den Beginn des Auslaufens des Lagers eines Treibwerkteils infolge ungenügender Schmierung oder erfolgter Verschmutzung zurückzuführen. In allen diesen Fällen ist die Maschine zur Feststellung der Ursache des Klopfens sofort abzustellen.

e) Die Leistung der Maschine geht bei sinkender Umdrehungszahl zurück.

Ungenügende Brennstoffzufuhr, zu niedriger Einblasedruck, starke Undichtigkeiten der Einsaug- und Auspuffventile, undichte und hängenbleibende Pumpenventile sowie ausgelaufene Lager können die Ursachen abnehmender Leistungen im Betriebe sein. Stark verschmutzte Düsenplatten der Brennstoffventile sowie verunreinigte Siebe und Dämpfungsbleche in den Ansaugerohren der Spülpumpen von Zweitaktmaschinen führen gleichfalls zu starken Leistungsminderungen.

In allen Fällen ist die Störung nach Feststellung vor Wiederinbetriebnahme der Maschine zu beseitigen.

3. Die Wartung im Betriebe.

Um jederzeit für eventuelle Maschinenmanöver bereit zu sein, ist stets dafür zu sorgen, daß sämtliche vorhandenen Anlaß- und Einblasegefäße den vorgeschriebenen vollen Luftdruck aufweisen; jeder Verbrauch ist unverzüglich zu ergänzen. Bei Fahrt in freien Gewässern wird die verbrauchte Luft der Anlaß- und Rerserveeinblasegefäße durch die den Hauptmotoren angehängten Kompressoren ersetzt werden können. Steht eine längere Manöverperiode bei Revier- und Kanalfahrten bevor, so sind unbedingt die vorhandenen Hilfskompressoren in Betrieb zu setzen. Dasselbe ist erforderlich, sofern der dem Hauptmotor angekuppelte Kompressor den erforderlichen Einblaseluftdruck nicht zu halten imstande ist.

Die Reguliereinrichtung der Luftpumpe ist derart einzustellen, daß der Druck im Einblasegefäß während des normalen Dauerbetriebs etwa 5 at mehr als der gerade erforderliche Einblasedruck beträgt.

Häufig sind Störungen an den Luftpumpen auf allzu reichliches Schmieren der Luftzylinder oder Verwendung eines ungeeigneten Kompressoröls zurückzuführen, durch das ein Verschmutzen und Festklemmen der Luftpumpenventile, Festsetzen der Kolbenringe und Verschmieren der Luftkühler und anschließenden Rohrleitungen eintritt. Bisweilen werden auch die Kühlrohrbündel undicht, so daß Wasser in die einzelnen Druckstufen dringt und die Gefahr des Wasserschlags eintritt. Undichte Kühlrohrsysteme sind sofort auszuwechseln. Hoher Feuchtigkeitsgehalt der angesaugten Luft oder ungenügende Entwässerung derselben zwischen den einzelnen Druckstufen führt leicht zu einem Festrosten der Kolbenringe und damit Undichtwerden der Kolben. Angerostete Kolbenringe sind stets durch neue zu ersetzen.

Die Drücke in den einzelnen Stufen der Einblaseluftpumpe sind laufend auf richtige Druckhöhe hin zu beobachten. Die üblichen Drücke betragen bei einer dreistufigen Luftpumpe:

I. Stufe:	3,2—3,8	at,
II. ,,	14,5—17	at,
III. ,,	45 —60	at.

Bei höheren Drucken in der Niederdruck- und Mitteldruckstufe liegt eine Undichtheit der Ventile der nächsthöheren Druckstufe vor. Plötzliche Druckerhöhungen in den einzelnen Stufen lassen auf das Hängenbleiben eines Ventils oder das Eindringen eines Fremdkörpers in das Ventil schließen. Bei Druckverminderungen in der unteren Stufen der Luftpumpe ist es notwendig, die Ventile der Niederdruckstufe nachzusehen und gegebenenfalls einzuschleifen. Laufender Kontrolle bedürfen auch die Sicherheitsventile der einzelnen Druckstufen, die abblasen sollen

für die Hochdruckstufe	bei	80 at,
,, ,, Mitteldruckstufe	,,	40 at,
,, ,, Niederdruckstufe	,,	10 at.

Lassen die Einblase- und Anlaßgefäße Luft entweichen, so liegen meist Undichtigkeiten des Überström- oder Entwässerungsventile vor, die durch Einschleifen der Ventile zu beseitigen sind.

Die gleiche Sorgfalt wie den Lufteinrichtungen ist auch der Kühlwasseranlage der Maschine entgegenzubringen. Die empfindlichsten Teile des Viertaktmotors sind hierbei die Auspuffventile mit zugehörigen Gehäusen, die stets sorgfältig zu kühlen sind, und von denen das Kühlwasser nie kälter als handwarm abfließen sollte, da andernfalls leicht Ausscheidungen aus dem Kühlwasser eintreten, so daß infolge ungenügender Kühlung des Ventiltellers infolge Verschmutzung leicht ein Hängenbleiben der Ventilspindel in der Gehäuseführung eintritt. Von den Luftpumpen und Luftkühlern soll das Kühlwasser so kalt wie möglich, jedenfalls nicht wärmer als 25—35° C ablaufen, um möglichst große Luftmengen fördern zu können. Für die Arbeitszylinder und Zylinderdeckel sind höchste Temperaturen von 35—50° C, für die Kolben von 30—45° C, für die Auspuffleitungen und Schalltöpfe von 60—70° C zulässig. Sobald durch irgendeinen Umstand die Kühlwassertemperaturen die angegebenen Werte wesentlich überschreiten, darf unter keinen Umständen durch Zuführung größerer, kalter Kühlwassermengen eine plötzliche Abkühlung der wasserumspülten Zylinderwandungen herbeigeführt werden, da Risse in den Zylinderdeckeln und Auspuffventilen, Stegrisse in den Auspuffschlitzen, Fressen der Kolben u. a. m. mit großer Wahrscheinlichkeit auftreten würden. Ist durch langsame, stetige Vermehrung der Kühlwassermenge ein Rückgang der Ausflußtemperatur nicht zu erreichen, so ist die Maschine oder wenigstens der betreffende Zylinder abzusetzen und die Störung in der Kühlung festzustellen und zu beseitigen.

Sinkt der Kühlwasserdruck unter die angegebenen Manometerdrucke, so sind die Thermometer an den Abflußstellen gut zu beobachten, daß die vorgenannten Höchsttemperaturen nicht überschritten werden. Gelingt es nicht, die Kühlwassertemperaturen in den angegebenen Grenzen zu halten, so ist die Leistung der Maschine entsprechend herabzusetzen oder die Maschine ganz abzustellen.

Die Schmierung aller Ölmaschinen erfordert weitgehende Sorgfalt, da bei der großen Zahl von Schmierstellen schon geringe Verluste an den einzelnen Lagern, Gelenken und Gleitflächen recht erhebliche Ausgaben für Schmierstoffe verursachen können. Sämtliche Schmierlöcher sind laufend auf Verstopfen zu untersuchen; Schmierpressen, Ölgefäße, Tropföler und Staufferbüchsen sind vor dem völligen Entleeren nachzufüllen.

So wichtig die Schmierung für alle Teile der Ölmaschine an sich ist, darf sie andererseits das notwendige Maß möglichst nicht überschreiten. Zu reichliche Schmierung der Arbeitszylinder verschlechtert den Auspuff und reichert die Luft im Maschinenraum mit einem für das Bedienungspersonal sehr unangenehmen Öldunst an.

Bei zu reichlicher Schmierung der Zylinderlaufflächen gelangt Öl in die Verbrennungsräume und verursacht ein Verschmutzen der Ventile und Kolben, ein Festbrennen der Kolbenringe und damit ein Undichtwerden der Kolbenliderung.

Zeigen sich Arbeitskolben und Zylinderlaufflächen bei Überholungen ziemlich trocken, so liegt eine zu geringe Schmierung vor, und damit steht ein Warmlaufen und Fressen des Kolbens zu befürchten.

Die gebräuchlichen Drucke in den Ölleitungen zum Schmieren und Kühlen schwanken im Ölmaschinenbau für Lagerzwecke zwischen 1,0 und 2,0 kg/qcm, für Zwecke der Kolbenkühlung zwischen 1,5 und 3,5 kg/qcm.

Sinken die angegebenen Öldrucke, so ist durch Ausschalten eventuell verschmutzter Filter der Öldruck wieder auf die vorgeschriebene Höhe zu bringen, falls nicht die Druckminderung auf undichte oder unklare Ventile der Schmierölpumpe zurückzuführen ist.

Gelingt es nicht, die vorgeschriebenen Schmieröldrucke aufrechtzuerhalten, so ist die Ölmaschine zur Vermeidung des Heißlaufens von Lagern und Triebwerksteilen sofort abzustellen.

Zu weitgehende Schmierung der Kompressorkolben führt zu Ölniederschlägen in den Luftzwischenkühlern und damit zu einer erheblichen Beeinträchtigung der Kühlwirkung. Die durch die Kompression der Luft auftretende Wärme kann alsdann nur unvollkommen abgeleitet werden, so daß leicht verhängnisvolle Schmierölexplosionen entstehen können. Jede zu reichliche Schmierung der Luftpumpen ist daher sorgfältig zu vermeiden. Sind die Anlaßventile längere Zeit nicht in Betrieb gewesen, so empfiehlt sich für die Ventilspindeln ein Schmieren mit einem Gemisch $^1/_3$ Öl und $^2/_3$ Petroleum. Die an den Zwischenkühlern und Ölabscheidern angebrachten Entwässerungseinrichtungen sind mindestens jede halbe Stunde zu öffnen. Das gleiche gilt für die Einblase- und Anlaßgefäße sowie die Receiverräume der Kompressoren und Spülpumpen.

Für die Schmierung der Einblaseluftpumpen ist besonderes, im Handel erhältliches Kompressoröl zu verwenden. Steht dieses nicht zur Verfügung, so kann auch bestes Mineralöl von möglichst hohem Flammpunkt verwandt werden.

Das in den Boden- und Hochtanks gelagerte Treiböl darf den Brennstoffpumpen erst zugeführt werden, nachdem es mindestens 10—12 st in den Tagesbedarftanks alle mechanischen Unreinigkeiten abgesetzt und etwa dem Treiböl beigemischtes Wasser ausgeschieden hat, da schon ganz geringer Wassergehalt zum Aussetzen der Zündung führt. Das Ablassen des Wassers erfolgt durch die am Boden der Behälter angebrachten Probierhähne. Zwischen den Tagesöltanks und den Treibölpumpen sind stets besondere Brennstoffreiniger eingeschaltet, die jede Woche zu reinigen sind. Einen Maßstab für die Verschmutzung der Brennstoffilter bildet der Druckunterschied der Manometer vor und hinter denselben, der nicht mehr als etwa 0,3 at betragen soll. Die Brennstoffpumpen sind in regelmäßigen, kürzeren Zwischenräumen in den Saugeräumen zu entlüften.

Ein Versagen der Brennstoffpumpen ist im allgemeinen selten; höchstens sind hin und wieder die Sitzflächen der Pumpenventile undicht, so daß der eine und andere Zylinder zu wenig Brennstoff bekommt. Die Einführung einer zu geringen Brennstoffmenge in den Arbeitszylinder zeigt sich in einer zu geringen Flächenbreite des Indikatordiagramms gegenüber den normalen Diagrammen. Zu große Brennstoffmenge und damit unvollkommene Verbrennung in den einzelnen Zylindern läßt sich beim Öffnen der Indikatorhähne durch Austreten eines schwärzlich-grauen Rauches nachweisen.

Der Auspuff der Ölmaschine muß immer rein sein. Schwach bläulicher Rauch läßt auf zu reichliche Schmierung der Arbeitszylinder, schwärzlicher auf unvollkommene Verbrennung infolge mangelhafter Zerstäubung oder zu großer Brennstoffzufuhr schließen. Im letzteren Fall ist der Einblaseluftdruck zu erhöhen.

Weitere Gründe eines rußenden Auspuffs können sein: Überlastung der Maschine, Undichtigkeit der Brennstoffnadel, Verschmutzung des Zerstäubers oder der Düsenplatte, des Brennstoffventils oder schließlich ungeeigneter Brennstoff.

In letzterem Falle sind die Düsenplatten häufiger durchzustoßen und die Zerstäuber zu reinigen.

Ist der beobachtete Übelstand damit auch noch nicht zu beseitigen, so sind Diagramme zu nehmen, um Aufschluß über die unzureichende Verbrennung zu erhalten.

Die Brennstoffventilnadeln sind laufend zu beobachten. Sobald sich ein träges Schließen bemerkbar macht, ist die Stopfbüchse zu lösen oder die Schließfeder nachzuspannen. Bläst die Packung der Brennstoffnadel, so muß ein Nachziehen derselben, unter keinen Umständen aber während die Maschine im Betrieb ist, erfolgen. Hält die Packung auch dann nicht mehr dicht, so ist dieselbe zu entfernen und vollständig zu erneuern. Ein Nachlegen einzelner Packungsringe auf die alte Packung oder auch ein Nachstampfen derselben ist unzulässig. Ein Hängenbleiben der Nadel hat bei zu reichlicher Brennstoffzufuhr in den Arbeitszylinder leicht den Eintritt einer explosiblen Zündung und damit meist ein Verbrennen der Ventilnadel und des umschließenden Gehäuses zur Folge.

Die Brennstoffventilnadeln müssen in der Packung so leicht gehen, daß sie im entlasteten Zustande leicht von Hand bewegt werden können. Sofern keine besondere Schmierung der Brennstoffnadeln vorgesehen ist, sind dieselben nach je 10—12 Betriebstagen auszubauen, gut zu reinigen und in der oberen Führung reichlich mit Zylinderöl zu schmieren. Zeigt sich Packung nach dem Ausbau der Nadel trocken, so ist die Schmierung derselben in entsprechend kürzeren Zeiträumen zu wiederholen.

Vor dem Ausbau der Brennstoffventilnadeln ist der Druck aus den Einblaseventilen abzulassen, was durch Ablesen des Druckes an den Einblasemanometern festzustellen ist. Zu beachten ist ferner, daß das Aufnehmen der Brennstoffnadeln nicht nach dem Aufpumpen der Brennstoffventile von Hand erfolgt, da in diesem Falle Brennstoff in größerer Menge in die Arbeitszylinder gelangt und hier beim Inbetriebsetzen der Ölmaschine heftige Zündungen hervorruft.

Die Prüfung der Dichtheit der Brennstoffnadeln wird durch Anstellen der Einblaseluftleitung bei gleichzeitigem Öffnen der Indikatorhähne an den Arbeitszylindern festgestellt.

Das Nichtzünden der Arbeitszylinder kann zurückzuführen sein auf das Versagen der Brennstoffpumpen, auf starke Undichtigkeiten einzelner Ventile in den Zylinderdeckeln, so daß der zur Erzielung der nötigen Zündungstemperatur erforderliche Kompressionsdruck nicht mehr eintritt, oder auf ein Festsitzen der Kolbenringe und damit ungenügender Abdichtung infolge Verwendung ungeeigneten Zylinderschmieröls oder auch auf zu reichliche Schmierung, öfteres Leerlaufen der Maschine oder häufige Aussetzer.

Längeres Arbeiten der Maschine mit rußigem Auspuff hat zur Folge, daß Ruß an der Ventilspindel des Auspuffventils festbrennt und das

Ventil hängenbleibt. Ein derartiges Ventil ist sofort durch ein Ersatzventil auszuwechseln. Bei normaler Beanspruchung und einwandfreier Verbrennung genügt es, die Auspuffventile alle drei bis vier Monate herauszunehmen, zu reinigen und neu einzuschleifen. Das gleiche gilt für die Luftanlaßventile.

Die Einsaugeventile sind kaum nennenswerten Abnutzungen unterworfen; es genügt, diese etwas halbjährlich nachzusehen.

Das freie Spiel der Rollen aller Ventilhebel ist während des Betriebes laufend zu prüfen, um ein ordnungsgemäßes Schließen aller Ventile sicherzustellen und ein Warmlaufen der Rollenbolzen zu verhindern.

4. Manövrieren, Umsteuern und Tauchen bei U-Boots-Maschinen.

Bei jedem Manöver, das einen anderen Drehsinn der Maschine verlangt oder dem Kommando „Halt“ ist zunächst der Brennstoff abzusetzen. Alsdann ist die Steuerung für den gewünschten Drehsinn einzustellen, die Maschine mit Luft anzulassen, und erst nachdem die Maschine angesprungen und auf Touren gekommen ist, darf nach erfolgtem Absetzen der Luft für die einzelnen Zylinder ein Umschalten auf Brennstoff erfolgen.

Unbedingt ist hierbei zu vermeiden, daß ein Einschalten der Brennstoffpumpen erfolgt, **ehe** die Ölmaschine in dem gewünschten Drehsinn angesprungen ist. Eine Nichtbeobachtung dieser Vorsichtsmaßregel kann zur Folge haben, daß bei geöffnetem Brennstoffventil durch die Einblaseluft größere Treibölmengen in den Zylinder geblasen werden und unzulässig hohe Verbrennungsdrucke entstehen, was sich durch starkes Schlagen der Sicherheitsventile bemerkbar macht. Zur Begrenzung der hierdurch auf die Triebwerksteile kommenden Stöße sollten die Sicherheitsventile an den Arbeitszylindern für keine höheren Drucke als 50—55 at eingestellt werden.

Ein weiteres Mittel, allzuhohe Verbrennungsdrucke möglichst auszuschließen, besteht darin, die Spannung der Einblaseluft während der Manöverperioden nicht höher als 40—45 at zu halten.

Als Folge zu scharfer Zündungen tritt außer dem Schlagen der Sicherheitsventile eventuell ein Anschmoren der Sicherheitsventilteller, der Brennstoffventilnadeln und bei angestellter Anlaßluft unter Umständen auch der Anlaßventile ein.

Alle Manöver sind so rasch als irgend möglich auszuführen, um mit möglichst wenig Anlaßluft auszukommen und ein Abkühlen der Zylinder- und Deckelwandungen zu verhindern.

Wird während längerer Zeiträume im Nebel oder im Revier langsam gefahren, oder liegt die Maschinenanlage für kürzere Zeit, wie z. B.

beim Lotsenübernehmen, ganz still, so sind bei angehängten Kühlwasserpumpen die unabhängig angetriebenen Reserve-Kühlwasserpumpen zum Nachkühlen der Zylinder, Deckel und Kolben in Betrieb zu setzen, um die in den Wandungen aufgespeicherten Wärmemengen abzuführen.

Das gleiche gilt für die selbständig angetriebenen Schmierölpumpen, wenn Ölkühlung der Arbeitskolben vorliegt.

Bei U-Boots-Maschinen sind vor dem Tauchen die zwischen dem außenbords liegenden Schalldämpfern und den innerhalb des Druckkörpers angeordneten Auspuffsammelgefäßen liegenden Auspuffschieber und -ventile zu schließen. Die zwischen den genannten Abschlußorganen befindlichen Entwässerungsventile, Entlüftungs- und Entwässerungsventile des Außenbordschalldämpfers und die den Auspuffsammeltopf entwässernden Organe sind zu öffnen. Die Außenbordsventile der Kühlwasserleitungen sowie die Bodenventile der Kühlwasserpumpen sind zu schließen. Die Brennstoffsteuerorgane sind in die Nullstellung zu legen. Die Ölmaschine ist von der Propellerwelle abzukuppeln.

Während der Unterwasserfahrt sind die vorgenannten Entwässerungsleitungen dauernd zu beobachten. Dringt Wasser durch die Abschlußventile ein, so ist ungesäumt die Lenzpumpe in Betrieb zu setzen, um größere Wasseransammlungen und damit Gewichtsveränderungen im Boot zu verhindern.

Die Dichtheit der Außenbordsanschlüsse der Kühlwasserleitungen ist an den Druckmanometern zu kontrollieren.

Nach dem Wiederauftauchen sind alle vorgenannten Organe in umgekehrter Richtung zu öffnen oder zu schließen bis auf die Entwässerungsventile der Auspuffsammelgefäße, die auch während der ersten Umdrehungen der Ölmaschine nach dem Wiederanlassen noch geöffnet zu halten sind.

5. Das Stillsetzen der Ölmaschine.

Soll eine Ölmaschine abgesetzt werden, so sind zuerst die Brennstoffventile in den Saugeleitungen der Pumpen abzusperren. Würde zuerst die Einblaseluft abgesetzt werden, so kann durch Weiterlaufen der Ölmaschine während einiger Umdrehungen eine schwere Beschädigung des angehängten Kompressors herbeigeführt werden. Zylinder, Deckel und Kolben sind wenigstens noch 15 Minuten nachzukühlen. Werden die Arbeitskolben mit Öl gekühlt, so sind nach dem Abstellen der Maschine die selbständig angetriebenen Ölpumpen in Betrieb zu setzen, um die Kolbenkühlräume so lange nachzukühlen, bis ein Zersetzen der in den Arbeitskolben zurückbleibenden Kühlölmengen nicht mehr zu befürchten ist.

Sämtliche Einblase- und Anlaßgefäße, die Aufnehmerräume der Spülpumpen und Einblaseluftpumpen, sowie die Zwischenkühler der letzteren und alle Ölabscheider sind sorgfältig zu entwässern; die Ventile der Einblase- und Anlaßluftgefäße sind zu schließen.

Soll die Maschinenanlage für mehrere Tage außer Betrieb gesetzt werden und liegt Frostgefahr vor, so sind, falls nicht hinreichende Heizvorrichtungen in den Maschinenräumen vorhanden sind, außer den vorerwähnten Teilen auch noch die Arbeitszylinder und -deckel, die Auspuffventile, die Auspuffventilkegel, Auspuffleitungen, Grundlager sowie die Ölkühler sorgfältig zu entwässern. Da durch bloßes Öffnen der Entwässerungshähne und -schrauben eine vollständige Entleerung der Kühlwasserräume meist nicht zu erreichen ist, wird zweckmäßig ein Ausblasen der Kühlwasserräume mit niedergespannter Druckluft vorgenommen.

Nach erfolgtem Abstellen der Ölmaschine sind sämtliche Indikatorhähne an den Arbeitszylindern und Luftpumpenzylindern zu öffnen und Anlaß- und Einblaseluftleitungen zu entlüften.

Sämtliche Tropfölgefäße sind abzustellen, alle Ölfangschalen zu reinigen. Während des Betriebes zutage getretene Mängel sind, auch wenn sie noch so geringfügig erscheinen, unverzüglich zu beseitigen. Die ganze Maschinenanlage ist einer gründlichen Reinigung zu unterziehen, insbesondere sind alle die Teile einer eingehenden Überholung und Reinigung zu unterwerfen, die während des Betriebes der Hauptmaschinen unzugänglich sind. In erster Linie gehört hierzu die Reinigung der Kühlwasserräume der Zylinder, Deckel und Kolben, die Reinigung der Kühlwasserrohre, Schmierölleitungen, der Anlaß- und Einblaseluftleitungen, der Luftzwischenkühler, der Ölkühler, Filter und Rückkühlanlagen. Diese Arbeiten sollten nach jeder größeren Reise, längstens aber alle zwei bis drei Monate vorgenommen werden.

Bleibt die Ölmaschinenanlage für längere Zeit außer Betrieb, ohne daß besondere Instandhaltungsarbeiten vorgenommen werden sollen, so ist durch starke Schmierölzufuhr zur Verhütung des Rostens kurz vor dem Abstellen der Maschine für eine ausreichende Einfettung der Arbeitszylinder Sorge zu tragen.

An laufenden, während jeder längeren Liegezeit außerdem vorzunehmenden Arbeiten sind zu erwähnen:

1. Überholung sämtlicher Brennstoff-, Anlaß-, Saug-, Auspuff-, Spülluft- und Sicherheitsventile mit Bezug auf leichten Gang und Dichtheit der Sitzflächen. Kontrolle der Brennstoff- und Anlaßventile durch Ansetzen der Druckluftleitungen bei geschlossenen Ventilen und gleichzeitig geöffneten Indikatorhähnen der Arbeitszylinder.
2. Prüfung der Umsteuereinrichtung auf Dichtheit der Luftventile und sicheres Anspringen.

3. Überholung der Saug- und Druckventile der Brennstoffpumpen sowie der zugehörigen Leitungen in bezug auf Dichtheit; ist ein Einschleifen der Ventile notwendig, so darf dieses nur mit feinstem Glaspulver erfolgen. Vor dem Wiedereinsetzen der Ventile ist das Pumpengehäuse in allen Teilen auf das sorgfältigste zu säubern.
4. Reinigen der Luftpumpenventile von angetrocknetem Öl, ev. Einschleifen derselben. Mit besonderer Sorgfalt ist Obacht zu geben, daß keine Metallspäne im Inneren der Pumpenzylinder haften bleiben. Zweckmäßig ist es, um bei längerem Betriebsstillstand ein Festsetzen der Ventile zu verhindern, die Luftpumpen hin und wieder in Betrieb zu nehmen, oder, falls dies nicht angängig sein sollte, dieselben wenigstens von Hand einigemal drehen zu lassen. Die Schlitze der Lufteinsaugrohre sind gut rein zu halten, da eine Luftdrosslung eine erhebliche Leistungsverminderung der Luftpumpen zur Folge hat.
5. Aufnehmen der Arbeitskolben der Maschine und des Kompressors, Reinigen der Kolbenringe, gegebenenfalls Auswechseln der letzteren bei eingetretenem Verschleiß oder ungenügender Spannung.
6. Reinigen und Auswaschen der Spülluft-Aufnehmerräume bei Zweitaktmaschinen.
7. Reinigen der Seewasser-, Öl- und Brennstoffilter sowie der Öl- und Luftkühler.
8. Reinigen der Kühlwasserräume sowie des Inneren der Auspuffrohre, Auspufftöpfe und Schalldämpfer.
9. Reinigen der Treiböl-Tagesbedarfs- und -Meßtanks.

Grundsätzlich sollten bei allen Reinigungsarbeiten an Ölmaschinen nie Putzwolle, sondern ausschließlich Putzlappen Verwendung finden. Sind bei den üblicherweise vorzunehmenden Instandsetzungsarbeiten an den Lagern, Zylindern, Ventilen und beim Verpacken von Stopfbüchsen versehentlich Unreinigkeiten oder Fremdkörper in das Innere der Maschine gelangt sein, so sind diese unverzüglich vor Fortsetzung der Arbeiten wieder zu entfernen.

Anhang.

Vorschriften des Germanischen Lloyd für Verbrennungsmotoranlagen 1916.

Verbrennungsmotoranlagen.

§ 1.

Allgemeines.

1. Zwecks Klassifizierung eines Schiffes, das mit einer Verbrennungsmotoranlage ausgerüstet ist, sind dem Vorstande des G. L. einzureichen:

a) eine Beschreibung der Anlage, aus der die Wirkungsweise des Motors, seine Größenverhältnisse, die Umsteuerungseinrichtungen, ferner Zahl, Art und Antrieb der benötigten Hilfsmaschinen sowie alle diejenigen Daten hervorgehen, die zur Prüfung der einzureichenden Zeichnungen nötig sind.

b) Zeichnungen der Kurbel-, Leitungs- und Schraubenwellen nebst etwa damit in Zusammenhang stehenden Umsteuerungseinrichtungen in dreifacher Ausfertigung.

c) Zeichnungen der Druckluftbehälter mit Angabe der Zahl und der Herstellungsart insbesondere der geschweißten Nähte. Auch sind die nötigen Unterlagen für die Feststellung des nach § 2 erforderlichen Gesamtinhalts der Behälter zu geben.

Außerdem behält der Vorstand des G. L. sich vor, zu seiner Information weitere ihm nötig scheinende Angaben und Zeichnungen einzufordern.

2. Die Motoranlagen sind wie die Dampfmaschinenanlagen (siehe § 4 der Klassifikationsvorschriften) in den für das Schiff vorgeschriebenen Zeitabschnitten einer speziellen Besichtigung zu unterwerfen, bei der sie in allen Teilen geöffnet und gründlich untersucht werden müssen.

Dazwischen sind sie alljährlich einer einfachen Besichtigung zu unterziehen, bei der es dem Ermessen des Besichtigers überlassen ist zu bestimmen, welche Teile zu einer eingehenderen Untersuchung freigelegt oder geöffnet werden sollen.

Hinsichtlich der Wellenbesichtigung gelten die Bestimmungen des § 4a der Klassifikationsvorschriften, und über die periodischen Druckproben der Druckluftbehälter ist das Nähere in § 9 dieser Vorschriften gegeben.

3. Die nachstehenden Vorschriften haben nur Gültigkeit für Schiffsantriebsmotoren. Sie finden jedoch keine Anwendung, soweit sie die Ausführung des Motors selbst und seine Wellenleitung betreffen, auf Lustfahrzeuge (Segel- und Motorjachten usw.), die in das Register des G. L. nicht aufgenommen werden, und Binnenschiffe, bei denen die effektive Maschinenleistung unter 75 PS bleibt.

4. Bei Motoranlagen, die infolge ihrer besonderen Verhältnisse in den Rahmen der nachstehenden Bestimmungen nicht hineinpassen, sind Abweichungen davon dem Vorstande des G. L. rechtzeitig zur Begutachtung zu unterbreiten.

5. Die sonstigen Vorschriften für maschinelle Einrichtungen finden, soweit es angeht, sinngemäße Anwendung.

6. Der Vorstand des G. L. behält sich vor, nach eigenem Ermessen Abweichungen von diesen Vorschriften zu gestatten.

§ 2.

Anlaßeinrichtungen.

1. Für das Anlassen der Motoren sind Einrichtungen zu treffen, die genügend zuverlässig arbeiten und die Bedienungsmannschaft nicht gefährden. Das Ingangsetzen durch unmittelbares Eingreifen in das Schwungrad ist unzulässig.

2. Werden Motoren mit Druckluft in Gang gesetzt, so müssen für die Druckluftbehälter 2 Auffülleinrichtungen vorhanden sein, von denen die eine in einem von der Hauptmaschine unabhängigen Kompressor bestehen muß. Der unabhängige Kompressor darf bei Maschinen bis 125 PS von Hand angetrieben werden, wenn seine ausreichende Leistungsfähigkeit nachgewiesen wird. Auf Seeschiffen mit voller Segeleinrichtung und auf Binnenschiffen genügt bei Maschinenleistungen bis 75 PS an Stelle des unabhängigen Kompressors eine Reserveluftflasche von etwa 0,5 des unter 5 berechneten Anlaßvolumens.

Auf Seeschiffen außerhalb der kleinen Küstenfahrt mit Ausnahme der Schiffe mit voller Segeleinrichtung muß die eine der erforderlichen Einrichtungen derart beschaffen sein, daß sie zur Ingangsetzung keiner Druckluft bedarf. Ist indessen zu ihrer Ingangsetzung Druckluft erforderlich, so ist außerdem ein Notkompressor vorzusehen.

Bei Zweischraubenschiffen brauchen nur diejenigen Auffülleinrichtungen vorhanden zu sein, die für einen Motor erforderlich sind.

3. Mit dem unabhängigen Kompressor müssen bei Handbetrieb mindestens ein oder mehrere Behälter von zusammen $^1/_5$ des unter 5 errechneten Gesamtvolumens in angemessener Zeit (30—60 Minuten) auf den erforderlichen Anlaßdruck gebracht werden können.

4. Bei Gleichdruckmaschinen wird empfohlen, in die Anlaßluftleitung eine Absperrvorrichtung einzubauen, die beim Umschalten auf Brennstoff zwangläufig von der Manövriervorrichtung betätigt wird.

5. Der Gesamtinhalt aller Druckluftbehälter für Anlaßluft soll wenigstens betragen:

bei Gleichdruckmaschinen

$$J = \frac{0{,}525 \cdot V \cdot n}{P - 15} \text{ in Litern,}$$

bei Explosionsmaschinen

$$J = \frac{0{,}175 \cdot V \cdot n}{P - 5},$$

worin:

V = Luftfüllungsvolumen eines Zylinders in ccm entsprechend einer Öffnungsdauer des Anlaßventils über dem Kurbelwinkel ohne Sicherheitsüberdeckung gemessen bei unendlich langer Pleuelstange.

P = höchster Betriebsdruck der Anlaßluftbehälter in kg/qcm.

n = Anzahl der mit Anlaßvorrichtungen versehenen Zylinder (bezw. Zylinderseiten bei doppelwirkenden Maschinen).

Bei Zweischraubenschiffen genügt für beide Maschinen zusammen das 1,4fache und bei Maschinen, die selbst nicht umgesteuert werden, das 0,6fache des vorstehend errechneten Luftquantums.

§ 3.

Zuführung des Betriebsstoffes.

1. Die Speiseleitung vom Betriebsstoffbehälter zum Motor muß gegen mechanische Beschädigung nach Möglichkeit gesichert und am Behälter mit einer Absperrvorrichtung versehen sein. Diese Absperrvorrichtung muß auch vom Deck aus betätigt werden können, wenn der Entflammungspunkt des Betriebsstoffes unter 30° C liegt.

2. Die Verbindungsrohre sind, soweit es ihre Verlegung erlaubt, in möglichst großen Längen herzustellen. Lötungen dürfen nur mit Hartlot geschehen. Die Rohre sind, soweit es zur Erzielung einer elastischen Verbindung notwendig ist, mit Schleifen oder Krümmungen

zu versehen. Die Verbindung der Rohre unter sich geschieht in Leitungen für Petroleum, Benzin usw. mittels konisch dichtender Verschraubungen, die stets zugänglich sein müssen; bei Schwerölen sind auch Flanschenverbindungen zulässig außer bei der Druckleitung zwischen Brennstoffpumpe und Zylinder.

3. Die Zuführung des Betriebsstoffes zu den Arbeitszylindern muß unabhängig von einer etwa vorhandenen Handregulierung der Fördermenge bei Überschreitung der normalen Tourenzahl durch einen Sicherheitsregler, der nicht durch Riemen angetrieben sein darf, eingestellt werden können.

4. Die Leitungen zwischen den Druckventilen der Brennstoffpumpen und den Einspritzventilen an den Zylindern müssen mit einer besonderen Handpumpe oder sonstwie in zuverlässiger Weise aufgefüllt und zu diesem Zwecke entlüftet werden können.

5. Bei Gleichdruckmaschinen sind die Pumpen zur Förderung des Betriebsstoffes so anzubringen, daß die Zugänglichkeit zu den Ventilen, besonders zu den Druckventilen, von denen zwei an jeder Pumpe vorhanden sein sollten, auch während des Betriebes gewahrt bleibt. Für jeden Zylinder ist in der Regel eine besondere Brennstoffpumpe vorzusehen. Geschieht dies ausnahmsweise nicht, und werden zwei oder mehrere zu einer Gruppe zusammengefaßte Zylinder von einer Pumpe bedient, so muß eine betriebsfertige Reservepumpe vorhanden sein.

Bei einer gemeinsamen Pumpe für mehrere Zylinder muß die Fördermenge in der Druckleitung zu jedem Brennstoffventil von Hand regulierbar und diese Reguliereinrichtung gegen unbefugten Eingriff gesichert sein.

Die Zuleitung zur Pumpe erhält eine Reinigungseinrichtung, die derart sein muß, daß sie auch während des Betriebes nachgesehen bezw. ausgewechselt werden kann.

§ 4.

Zündungen.

1. Elektrische Zündapparate müssen so eingerichtet sein, daß der Zündzeitpunkt beim Anlassen auf Spätzündung eingestellt werden kann.

2. Werden elektrische Zündapparate in geschlossenen Räumen und bei einem Betriebsstoff mit einem Entflammungspunkt unter 30° C benutzt, so müssen sie mit allen Teilen, die zur Funkenbildung neigen, gegen den Zutritt von brennbaren Gasen gut abgeschlossen sein.

3. Glührohrzündungen sind in geschlossenen Räumen und bei Betriebsstoff mit einem Entflammungspunkt unter 30° C unzulässig.

§ 5.

Spüleinrichtungen.

1. In der kleinen Küstenfahrt sowie bei Zweischraubenschiffen genügt für jeden Motor eine Spülpumpe; bei Einschraubenschiffen außerhalb der kleinen Küstenfahrt mit Ausnahme der Schiffe mit voller Segeleinrichtung soll die Erzeugung der erforderlichen Spülluft auf wenigstens zwei Pumpen gleichmäßig verteilt werden.

2. Die zur Förderung der Spülluft dienenden Klappen, Ventile oder Schieber müssen für die Zugänglichkeit bequem liegen.

3. Zwischen der Spülpumpe und den Zylindern muß zwecks ausgiebiger Spülung ein reichlicher Aufnehmerraum vorgesehen sein. Er ist mit einer Sicherheitseinrichtung gegen Drucküberschreitung, einem Manometer und Entwässerungsvorkehrungen an geeigneten Stellen auszurüsten.

§ 6.

Schmiervorrichtungen.

1. Die Schmierung der Kolben der Arbeitszylinder, Spülpumpen und Kompressoren muß durch Apparate erfolgen, die das Öl getrennt für jeden Zylinder fördern. Die Förderung muß auf kleinste Mengen einstellbar sein.

2. Wird für die Kurbelwellenlager Preßschmierung angewandt, so ist die gemeinsame Druckleitung reichlich zu bemessen und mit einem Sicherheitsventil, einem Manometer und einer Umlaufleitung zu versehen.

Saugen die Ölpumpen aus der geschlossenen Grundplatte, die als Sammelbecken dient, so soll das Öl, bevor es wieder verwendet wird, gereinigt und evtl. gekühlt werden. Die Reinigungseinrichtung muß während des Betriebes kontrollierbar sein.

Damit vermieden wird, daß die Kurbeln durch in der Grundplatte angesammeltes Öl schlagen, ist bei Maschinen von geschlossener Bauart eine Vorkehrung zu treffen, die es erlaubt, den Ölstand stets zu erkennen und das Öl rechtzeitig zu entfernen.

§ 7.

Kühleinrichtungen.

1. Für die Wasserkühlung der Zylindermäntel und -deckel sowie der Kompressoren und Lager sind auf Schiffen außerhalb der kleinen Küstenfahrt zwei in ihrem Antrieb voneinander möglichst unabhängige Pumpen vorzusehen, von denen jede für die gesamte erforderliche

Kühlleitung ausreichen muß. Für Schiffe mit zwei Motoren genügt eine gemeinsame Reservepumpe.

Für Maschinen mit Leistungen unter 200 PS darf als zweite Kühleinrichtung eine Lenzpumpe genommen werden, wenn sie so eingerichtet wird, daß sie entweder nur lenzen oder nur kühlen kann.

Dient der Motor nur als Hilfsmaschine auf Segelschiffen, so genügt stets eine Kühlpumpe.

2. Das abfließende Kühlwasser ist an den höchsten Stellen der Kühlräume abzuführen und muß durch Thermometer oder von Hand auf seine Endtemperatur geprüft werden können; der Abfluß sollte bei größeren Anlagen für jede Kühlstelle getrennt sichtbar angelegt sein.

Kommt das Kühlwasser von außenbords und wird wieder dahin zurückgepumpt, so ist das Saugrohr am Schiffsboden mit einer Absperrvorrichtung und das Ausgußrohr an der Bordwand mit einem Rückschlagventil zu versehen. In der Saugeleitung ist ein Reinigungssieb anzubringen.

Das Kühlwasser muß aus den Kühlräumen und den Leitungen an den tiefsten Stellen abgelassen werden können; die Kühlräume sind an geeigneten Stellen mit Reinigungslöchern zu versehen.

3. Die Kühlräume der Kompressoren müssen, außer wenn sie freien direkten Ablauf mit reichlich weiten Rohren haben, mit Vorkehrungen gegen Drucküberschreitung — Sprengplatten oder Sicherheitsventilen von ausgiebigem Querschnitt usw. — versehen sein.

§ 8.

Abgaseleitungen.

1. Das Auspuffrohr ist so anzulegen, daß es keine Feuersgefahr bietet. Die wirksamste Kühlung ist die Wasserkühlung. Inwieweit sie oder gute Isolierung angewandt wird, hängt von den Umständen ab.

2. Die Abgaseleitung soll nicht zu nahe an den Behältern für den Betriebsstoff vorbeigeführt werden; ist das nicht zu vermeiden, so ist darauf zu achten, daß die Behälterwände gegen schädliche Erwärmung geschützt werden.

3. Am Auspufftopf sind Reinigungsöffnungen vorzusehen.

4. Die Gase, die aus den Sicherheitsventilen an den Arbeitszylindern entweichen, sollten möglichst in den Maschinenschacht oder ins Freie geleitet werden. Jedenfalls müssen die Ausblaseöffnungen so liegen, daß das Bedienungspersonal nicht gefährdet wird.

5. Mündet der Auspuff in der Nähe des Wasserspiegels, so muß eine Vorkehrung getroffen werden, die verhindert, daß Wasser in den Auspufftopf und von dort in die Maschine gelangt.

6. Werden die Abgase mehrerer Maschinen in einen gemeinsamen Auspuffbehälter geleitet, so muß jedes dahin führende Auspuffrohr vor dem Behälter absperrbar und mit Sicherheitsventil oder -deckel versehen sein, wenn nicht sonstwie durch die Anordnung der Auspuffleitung ein Zurücktreten der Abgase in die nicht arbeitende Maschine genügend verhindert wird.

§ 9.

Druckproben.

1. Es müssen einer Wasserdruckprobe unterworfen werden:

a) die Zylinder der Motoren und Kompressoren mit den zugehörigen Deckeln, die Druckluftentöler, die Kühlschlangen der Kompressoren, die Brennstoffpumpen, Brennstoffventile und Druckluftbehälter bei einem Betriebsdruck von

$p \geqq 10$ kg/qcm einem Probedruck von $1{,}5 \times p$ kg/qcm
$p < 10$ „ „ „ „ $p + 5$ kg/qcm,

b) die Spülzylinder, die Spülluftleitungen und -aufnehmer einem Probedruck von 2 kg/qcm,

c) alle Kühlräume einem Probedruck von 1,5 × Betriebsdruck des Kühlwassers, mindestens aber mit 4 kg/qcm,

d) freistehende Vorratsbehälter, aus denen der Betriebsstoff mittels Überdruckes zur Maschine geleitet wird, mit dem doppelten Betriebsdruck, andere Behälter mit 0,3 kg/qcm. Ausbeulungen dürfen beim Abdrücken nicht entstehen. Über die Druckproben von Öltanks, die einen Teil des Schiffskörpers bilden, siehe Abschnitt 21 der Bauvorschriften für Seeschiffe.

Die Druckproben unter a bis c sind bei Leistungen unter 150 PS je nach den Umständen nur auf besonderes Verlangen des Besichtigers auszuführen.

Die Druckproben der Arbeitszylinder brauchen sich nur über das erste Drittel des Hubes zu erstrecken.

Wird der Auspuff zwecks Leistungserhöhung gedrosselt oder liegen sonstwie besondere Verhältnisse vor, so ist der Probedruck zu b mit dem Vorstande des G. L. zu vereinbaren.

2. Die Höhe der Betriebsdrücke ist vom Werk anzugeben und wird nach Fertigstellung der Anlage gelegentlich der Maschinenprobe vom Besichtiger kontrolliert.

3. Die Druckproben der Druckluftbehälter sind alle 4 Jahre zu wiederholen. Bei Behältern, die vor 1912 aufgestellt sind und innen nicht besichtigt werden können (siehe § 11, 7), ist die Prüfung alle 2 Jahre auszuführen.

§ 10.

Wellen.

1. Als **Material** für alle Wellen ist die für Schiffsmaschinen übliche Qualität von 40—50 kg/qmm Festigkeit (§ 1 C 6 b der Materialvorschriften) angenommen. Wird ein Material von höherer Festigkeit als 55 kg/qmm (Spezialstahl, Nickel- und Chrom-Nickel-Stahl usw.) verwandt, so können $^2/_3$ der Mehrfestigkeit bei Bestimmung der Wellendurchmesser berücksichtigt werden[1]). Über die Qualität dieses Spezialmaterials siehe Materialvorschriften § 1 C 6b.

Sämtliche Wellen müssen von Beamten des G. L. geprüft werden.

2. Für im Zweitakt arbeitende einfachwirkende **Gleichdruckmaschinen**, bei denen die Kurbeln gleichmäßig und derart versetzt sind, daß nicht zwei Impulse zugleich erfolgen, sind die Durchmesser der Wellen wie folgt zu bestimmen:

a) **Kurbelwellen** nach der Formel

$$d_k = \sqrt[3]{D^2 A},$$

worin:

d_k = Wellendurchmesser in cm
D = Zylinderdurchmesser „ „
A = Koeffizient aus nachstehender Tabelle

Zylinderzahl	A
1, 2 und 3	$0{,}09\,H + 0{,}035\,L$
4	$0{,}10\,H + 0{,}035\,L$
5 und 6	$0{,}11\,H + 0{,}035\,L$
8	$0{,}13\,H + 0{,}035\,L$

worin:

H = Kolbenhub in cm
L = Grundlagerentfernung voneinander, von Mitte zu Mitte Lager gemessen, in cm, wobei nur eine größte Grundlagerlänge von 1,2 × Wellendurchmesser angenommen zu werden braucht.

Bei im Viertakt arbeitenden Maschinen wird für die Bestimmung von A die Zahl der vorhandenen Zylinder durch 2 dividiert.

Bei doppelt wirkenden Maschinen ist für die Bestimmung von A jeder Zylinder doppelt zu zählen.

Bei Maschinen mit gegenläufigen Kolben sind die Koeffizienten von H in obiger Formel zu verdoppeln. Stehen hierbei je 2 Zylinder

---

[1]) In den unter 2 und 3 folgenden Formeln für die Berechnung der Wellen wären also die Werte unter dem Wurzelzeichen mit $\frac{40}{40 + {}^2/_3\,(K - 40)}$ zu multiplizieren, worin K die untere Festigkeitsgrenze der Qualität, in der das Material bestellt ist, bedeutet.

in Tandemanordnung übereinander, so zählt für die Bestimmung von A jeder Zylinder für sich. Als Lagerentfernung gilt bei solchen Maschinen die Entfernung der äußeren Kurbeln einer Kurbelgruppe voneinander, von Mitte zu Mitte Lager gemessen.

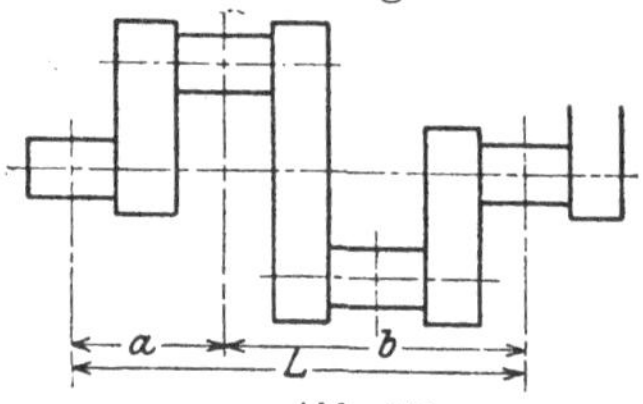

Abb. 143.

Liegen zwischen zwei Grundlagern zwei Kurbeln, so ist für den Wert 0,035 L in vorstehender Tabelle zu setzen:

$$\frac{0{,}28 \cdot a \cdot b^2}{L^2}.$$

Hierin sind a, b und L die Lagerentfernung, von Mitte zu Mitte gemessen nach nebenstehender Skizze, und zwar ist a stets die kleinere und b die größere Entfernung des einen Kurbellagers von den Grundlagern.

Handelt es sich um Hilfsmaschinen von Schiffen, die volle Segeleinrichtung haben, so dürfen bei der Bestimmung der Kurbelwellen die Werte unter dem Wurzelzeichen mit 0,8 multipliziert werden. Dasselbe gilt für Maschinen auf Schiffen der Binnenfahrt.

b) Leitungswellen nach der Formel

$$d_1 = C \cdot \sqrt[3]{D^2 \cdot H},$$

worin:

d_1 = Durchmesser der Leitungswelle in cm
D = Zylinderdurchmesser in cm
H = Kolbenhub in cm
C = Koeffizient aus nachstehender Tabelle:

Zylinderzahl	C
1, 2 und 3	0,41
4, 5 und 6	0,43
8	0,46

Bei im Viertakt arbeitenden Maschinen wird für die Bestimmung von C die Zahl der vorhandenen Zylinder durch 2 dividiert.

Bei doppeltwirkenden Maschinen ist für die Bestimmung von C jeder Zylinder doppelt zu zählen.

Bei Maschinen mit gegenläufigen Kolben ist der Wert unter dem Wurzelzeichen mit 2 zu multiplizieren. Stehen hierbei je 2 Zylinder in Tandemanordnung übereinander, so zählt für die Bestimmung von C jeder Zylinder für sich.

Bei Segelschiffen mit Hilfsmaschinen und Schiffen der Binnenfahrt ist dieselbe Reduktion im Durchmesser, wie oben für Kurbelwellen angegeben, erlaubt.

c) Schraubenwellen nach der Formel

$$d_s = 0{,}66\,d_1 + 0{,}03\,S,$$

worin:

d_s = Durchmesser der Schraubenwelle in cm
d_1 = „ „ Leitungswelle in cm
S = „ „ Schraube in cm.

Sie müssen jedoch im Durchmesser mindestens um 10% stärker sein als die Leitungswellen.

3. Die Durchmesser der Wellen für Explosionsmaschinen mit nicht mehr als zwei Impulsen pro Umdrehung werden wie folgt berechnet:

a) Kurbelwellen nach der Formel

$$d_k = \sqrt[3]{\frac{p \cdot D^2 \cdot L}{C}},$$

worin:

d = Durchmesser der Kurbelwelle in cm
p = Zündungsdruck in kg/qcm
D = Zylinderdurchmesser in cm
L = Grundlagerentfernung, von Mitte zu Mitte Lager gemessen in cm, wobei nur eine größte Grundlagerlänge von 1,2 × Wellendurchmesser angenommen zu werden braucht
C = 660 bei Hilfsmotoren von Seeschiffen, die Segeleinrichtung besitzen und bei Binnenschiffen
C = 525 in allen anderen Fällen.

Liegen zwischen zwei Grundlagern zwei um 180° gegeneinander versetzte Kurbeln (siehe § 10 Skizze Seite 220), so ist für L einzusetzen:

$$8 \cdot \frac{a \cdot b^2}{L^2},$$

worin

a, b und L dieselbe Bedeutung wie unter 2a Seite 219 haben.

b) Leitungswellen nach der Formel

$$d_1 = \sqrt[3]{\frac{p \cdot D^2 \cdot R}{C}},$$

worin

d_1 = Wellendurchmesser in cm
p = Zündungsdruck in kg/qcm
D = Zylinderdurchmesser in cm
R = Kurbelradius in cm
C = 510 bei Hilfsmotoren von Seeschiffen, die volle Segeleinrichtung haben, und bei Binnenschiffen
C = 410 in allen anderen Fällen.

c) Schraubenwellen nach der Formel

$$d_s = 0{,}66\,d_1 + 0{,}03\,S,$$

worin

d_s = Durchmesser der Schraubenwelle in cm

d_1 = „ „ Leitungswelle in cm

S = „ „ Schraube in cm.

Sie müssen jedoch im Durchmesser mindestens um 10% stärker sein als die Leitungswellen.

§ 11.

Druckluftbehälter.

1. Behälter, die Druckluft zum Einblasen des Brennstoffes, zum Anlassen und Umsteuern der Motoren und zum Betriebe von Hilfsmaschinen enthalten, sind auf das sorgfältigste aus S.-M.-Flußeisen herzustellen, das den in Abschnitt 1 § 2 C der Materialvorschriften enthaltenen Bedingungen für Kesselbleche entsprechen muß. Nahtlose Mäntel müssen diejenige Dehnung aufweisen, die in Abschnitt 1 § 3, 1 der Materialvorschriften für Dampfrohre angegeben ist.

Das Flußeisenmaterial für geschweißte Behälter sollte keine höhere Festigkeit als 41 kg/qmm haben.

2. Die Materialprüfung und die Druckproben (§ 9a) sind durch Beamte des G. L. vorzunehmen. Die Zeichnungen sind dem Vorstande einzureichen (§ 1, 1 c).

3. Werden die Behälter geschweißt, so soll, wenn es die Blechdicke zuläßt, die überlappte Schweißung der Keilschweißung vorgezogen werden. Die Stumpfschweißung sowie die elektrische oder autogene Schweißung (mit der Sauerstoff-Azetylen- oder Sauerstoff-Wasserstoff-Flamme) sind für die Verbindung der einzelnen Teile untereinander nicht zulässig.

4. Geschweißte oder nahtlos hergestellte Behälter sind in einem Glühofen auszuglühen.

5. Die Dicke des Mantels ist bei der Anwendung von Nietung nach den für die Kessel gültigen Regeln zu bestimmen, jedoch ist ein Zuschlag von 1 mm nicht erforderlich.

Für nicht genietete Behälter gilt die Formel

$$s = \frac{p \cdot D}{C},$$

worin

s = Blechdicke

p = zulässiger Arbeitsdruck (Überdruck) in kg/qcm

D = größter lichter Durchmesser des Behälters in mm

C = 1200, wenn die Längsnaht geschweißt ist

C = 1500, wenn der Mantel nahtlos hergestellt ist.

Die Wandstärke soll jedoch in keinem Falle geringer als 6 mm sein.

Bei nahtlosen Behältern aus Material von höherer Festigkeit als 45 kg/qmm sind Wandstärken und Prüfungsbedingungen mit dem G. L. besonders zu vereinbaren.

6. Die Dicke flacher Böden ist nach der Formel

$$s = \frac{D}{73} \sqrt{p}$$

zu bestimmen, worin

s, D und p dieselbe Bedeutung wie vorher haben.

7. Die Behälter sind so einzurichten, daß sie im Innern besichtigt werden können. Für Behälter bis zu 2,5 m Länge ist an einem Ende eine Öffnung, für Behälter über 2,5 m eine Öffnung an jedem Ende oder eine Teilung in der Mitte vorzusehen. Die lichte Weite der Öffnungen, die nicht im Mantel, sondern in den Böden liegen müssen, soll 50% des Behälterdurchmessers bis zur Größe eines Mannloches betragen, jedoch nicht kleiner als 120 mm im Durchmesser sein. In jedem Fall genügt aber eine Öffnung, ohne Rücksicht auf die Länge des Behälters, wenn sie die Größe eines Mannloches hat.

Die Dichtung der Flanschen kann durch Nut und Feder mit eingelegten Kernleder-, Kupfer- oder Kupferasbestringen geschehen.

8. Die Behälter sind so unterzubringen, daß die innere Besichtigung leicht ausgeführt werden kann. Bei horizontaler Anordnung sollen sie möglichst in der Längsrichtung des Schiffes mit einer Neigung von wenigstens 10° angeordnet werden. Sie sind an ihrer tiefsten Stelle mit einer Entwässerungsvorrichtung zu versehen. Bei Lagerung in der Querrichtung ist eine entsprechend größere Neigung zu wählen, oder es sind Entwässerungen an beiden Enden anzubringen.

9. Jeder für sich abschließbare Behälter, der getrennt von den übrigen mit Druckluft gefüllt werden kann, erhält ein Sicherheitsventil und ein Manometer, oder es sind an der gemeinsamen Zuleitung ein Manometer und ein Sicherheitsventil und an jedem Behälter eine Sprengplatte anzuordnen, die bei dem in § 9, 1a vorgesehenen Probedruck in Tätigkeit tritt. Mehrere zu einer Gruppe zusammengefaßte Behälter gelten hierbei als ein Behälter. Stehen mehrere Behälter miteinander in Verbindung und können nicht voneinander abgeschlossen und nur gemeinsam aufgefüllt werden, so ist für sie zusammen mindestens ein Sicherheitsventil und ein Manometer anzuordnen.

§ 12.

Aufbewahrung des Betriebsstoffes.

1. Freistehende Vorratsbehälter sollen möglichst außerhalb des Motorraumes angeordnet oder, wenn darin befindlich, so auf-

gestellt und eingerichtet sein, daß sie nicht vom Motor und seinen Rohrleitungen sowie von Hilfskesseln oder Heizöfen erwärmt werden und ein Entweichen des Betriebsstoffes oder feuergefährlicher Gase in den Raum ausgeschlossen ist. Die Behälter von solchen Betriebsstoffen, deren Entflammungspunkt unter 30° C liegt, müssen außerhalb des Maschinenraumes untergebracht sein.

Die Vorratsbehälter müssen nach allen Seiten hin so abgesteift sein, daß sie ihre Lage nicht ändern können. Sie dürfen mit keinem ihrer Teile zur Versteifung des Schiffskörpers herangezogen werden und müssen lösbar befestigt sein. Sie sollten sowohl zum Entleeren eingerichtet als auch zur Vornahme innerer Besichtigungen mit geeigneten Öffnungen versehen werden. Die Anbringung von Befestigungsringen und -haken oder anderen Dingen an den Behältern oder deren Armatur, soweit sie nicht der Befestigung des Behälters selbst dienen, ist nicht gestattet.

Kleinere Behälter sind möglichst aus Kupfer, Messing oder galvanisiertem Eisenblech herzustellen und müssen in den Nähten genietet und gelötet oder geschweißt sein. Für Benzin bestimmte Behälter sollten, wenn aus Messing oder Kupfer hergestellt, innen verzinnt und, wenn aus Eisen bestehend, verbleit werden. Die Behälter sind, wenn erforderlich, ihrer Größe und der Höhe des Betriebsdruckes entsprechend mit inneren Versteifungen und Schlagplatten zu versehen.

Das Füllen der Behälter darf nur von Deck aus oder von außenbords durch ein besonderes Füllrohr stattfinden, während ein zweites Rohr die Luft und Gase in die freie Luft entweichen läßt. Geschieht das Füllen auf kleinen Booten mittels Trichters, so darf das besondere Luftrohr fehlen, doch muß der Trichter auf den Behälter aufgeschraubt werden können.

Erhalten die Behälter gläserne Standrohre, so sind diese absperrbar einzurichten und mit Schutzvorrichtungen zu versehen. Die Absperrvorrichtungen müssen von Deck aus betätigt werden können, wenn der Entflammungspunkt des Betriebsstoffes unter 30° C liegt.

2. Über die Ausführung und Prüfung der Ölvorratsbehälter, die einen Teil des Schiffskörpers bilden, siehe Abschnitt 12 und 21 der Bauvorschriften für Seeschiffe.

3. Im Doppelboden dürfen nur etwa 80% des überhaupt mitgeführten Betriebsstoffes untergebracht werden; die restlichen 20% müssen so aufbewahrt sein, daß sie durch Außenhautbeschädigung nicht verloren gehen können, und sollen immer zuletzt gebraucht werden.

§ 13.

Feuerschutzeinrichtungen.

1. Die Bordwände, Schotte und Decken geschlossener Motor- und Vorratsräume in hölzernen Fahrzeugen sind vollständig feuer-

sicher zu bekleiden, wenn es sich um Betriebsstoffe handelt, deren Entflammungspunkt unter 30° C liegt. Dasselbe gilt von etwaigen hölzernen Decken auf eisernen Schiffen.

2. Die Beleuchtung des Motorraumes bzw. des Raumes, in dem sich der Vorratsbehälter befindet, darf bei Verwendung von Betriebsstoffen, deren Entflammungspunkt unter 30° C liegt, nur mittels Sicherheitslampen erfolgen, in anderen Fällen genügen geschlossene, zuverlässig aufgehängte Laternen.

3. Die dauernde Verwendung einer offenen Heizlampe zum Betriebe des Motors ist nur dann gestattet, wenn der Motor in einem offenen Bootsraum aufgestellt ist. Zum Inbetriebsetzen von Motoren, bei denen der Entflammungspunkt des Betriebsstoffes über 30° C liegt, kann die offene Heizlampe vorübergehend auch in geschlossenen Räumen gebraucht werden, wenn sie während ihrer Benutzung unter Aufsicht bleibt und mit dem Motor fest verbunden ist. Ein die Heizlampe umschließender Rand gilt nur dann als Befestigung, wenn er so hoch ist, daß die Lampe auch bei heftigen Bewegungen des Schiffes nicht herabfallen kann.

4. Dynamomaschinen, sofern sie nicht druckwasserdicht gekapselt sind, dürfen im Motorraum oder in dem Raume, in dem sich der Vorratsbehälter befindet, nicht aufgestellt werden, wenn der Entflammungspunkt des Betriebsstoffes unter 30° C liegt.

5. Zum Löschen von Feuer müssen außer den in Abschnitt 5 § 3 angegebenen Vorrichtungen auf Schiffen mit Motoren bis zu 200 PSe zwei chemische Feuerlöschapparate bewährten Systems vorhanden sein. Darüber hinaus bis zu Leistungen von 2000 PSe ist für jede weiteren 300 PSe und über 200 PSe für jede weiteren 600 PSe noch ein Apparat vorzusehen. Diese Apparate sind in Motor- und Vorratsräumen zweckmäßig zu verteilen.

In offenen Booten genügt ein Feuerlöschapparat.

Bei Verwendung eines Betriebsstoffes, dessen Entflammungspunkt unter 30° C liegt, ist außerdem ein Vorrat von 0,03 cbm Sand mitzuführen.

§ 14.

Allgemeine Einrichtungen.

1. Der Motorraum und der Raum, in dem der Vorratsbehälter sich befindet, müssen genügend ventiliert sein.

Die Entlüftungsrohre des Kurbelgehäuses sowie Abzugsrohre der Heizkammern an den Zylindern sind nach außenbords oder in die Ventilationsrohre des Motorraumes zu führen, sofern nicht dafür Sorge getragen ist, daß durch den Motor selbst schädliche Dämpfe abgesaugt werden.

2. Die Manometer für die Spülpumpen, die einzelnen Druckstufen der Kompressoren sowie die Druckluftbehälter sind derart anzuordnen, daß sie vom Maschinistenstand gut überblickt werden können, und, wenn zu einer gemeinsamen Gruppe vereinigt, mit Schildern, auf denen ihre Zugehörigkeit angegeben ist, zu versehen. Zwecks Kontrolle der Manometer für Einblase- und Anlaßluft sind geeignete Anschlußvorrichtungen für ein Kontrollmanometer vorzusehen.

3. Für die Lenzeinrichtungen der Seeschiffe finden die Bestimmungen des Abschnittes 5 § 1 sinngemäße Anwendung.

Schiffe der Binnenfahrt erhalten entweder eine vom Motor angetriebene Lenzpumpe oder eine Handpumpe mit Anschluß nach allen Räumen. Sind solche Schiffe gedeckt und für Gütertransport eingerichtet, so muß jeder Raum außer von einer motorisch betriebenen Pumpe noch durch eine transportable Handpumpe gelenzt werden können, für die Saugerohre nach den einzelnen Bilgen vorzusehen sind.

4. Alle Rohre sind zur Verhütung von Erschütterungen gut zu haltern und bei Abgaseleitungen, wo erforderlich, mit Ausgleichvorrichtungen für die Ausdehnung durch die Wärme zu versehen.

5. Steht der Motor in einem verdeckten Raume, und sind keine Einrichtungen vorhanden, durch die der Vorwärts- und Rückwärtsgang des Schiffes vom Steuerstande selbst aus geregelt werden kann, so ist der Steuerstand mit dem Motorraum durch eine kräftige Glocke für ein Achtungssignal zu verbinden, gleichviel, ob nur ein Sprachrohr allein oder außerdem noch ein Maschinentelegraph erforderlich ist.

Wird bei der Umsteuerung von Deck aus ein Handhebel benutzt, so ist sie so einzurichten, daß das Umlegen des Hebels in der gewünschten Fahrtrichtung erfolgt.

6. Der Fußboden geschlossener Motor- und Tankräume ist aus geriffeltem Eisenblech und möglichst undurchlässig herzustellen. Die Bilgen müssen zugänglich sein, damit sie jederzeit gründlich entleert und gereinigt werden können.

Bei hölzernen Fahrzeugen ist unterhalb der Motors bzw. des Tanks ein öldichtes Sammelbecken aus Eisen oder gleichwertigem Material mit einer Vertiefung im Boden vorzusehen, aus der die sich ansammelnden Flüssigkeiten mit einer vom Motor oder von Hand betriebenen Pumpe oder sonstwie entfernt werden können.

7. Die Art und Zahl der erforderlichen Reserveteile werden auf Grund von Vorschlägen der Baufirma von Fall zu Fall vereinbart.

Druck der Spamerschen Buchdruckerei in Leipzig.

Ölmaschinen. Ihre theoretischen Grundlagen und deren Anwendung auf den Betrieb unter besonderer Berücksichtigung von Schiffsbetrieben. Von **Max Wilhelm Gerhards,** Marine-Oberingenieur. Mit 65 Textabbildungen.
Preis gebunden M. 9.—

Der Bau des Dieselmotors. Von Ing. **Kamillo Körner,** o. ö. Professor an der deutschen Technischen Hochschule in Prag. Mit 500 Textabbildungen.
Preis gebunden M. 30.—

***Ölmaschinen.** Wissenschaftliche und praktische Grundlagen für Bau und Betrieb der Verbrennungsmaschinen. Von Dr. **St. Löffler,** Professor, Privatdozent, und Dr. **A. Riedler,** Professor, beide an der Technischen Hochschule zu Berlin. Mit 288 Textabbildungen. Preis gebunden M. 16.—

***Das Entwerfen und Berechnen der Verbrennungskraftmaschinen und Kraftgasanlagen.** Von **Hugo Güldner,** Maschinenbaudirektor, Vorstand der Güldner-Motoren-Gesellschaft in Aschaffenburg. Dritte, neubearbeitete und bedeutend erweiterte Auflage. Mit 1282 Textabbildungen, 35 Konstruktionstafeln und 200 Zahlentafeln.
Preis gebunden M. 32.—

***Die Steuerungen der Verbrennungskraftmaschinen.** Von Dr.-Ing. **Julius Magg,** Privatdozent an der Technischen Hochschule in Graz. Mit 448 Textabbildungen. Preis gebunden M. 16.—

***Bau und Berechnung der Verbrennungskraftmaschinen.** Eine Einführung von **Franz Seufert,** Ingenieur und Oberlehrer an der höheren Maschinenbauschule in Stettin. Mit 90 Textabbildungen und 4 Tafeln.
Preis gebunden M. 5.60

***Die neuere Entwicklung im Schiffsmaschinenbau.** Von Ingenieur **W. Kaemmerer,** Berlin. Mit 148 Textabbildungen. Preis M. 3.—

* Hierzu Teuerungszuschlag.

Die Ölfeuerungstechnik. Von Dr. **O. Essich.** Mit etwa 170 Textabbildungen. Preis etwa M. 5.60. Erscheint Anfang März 1919.

***Die flüssigen Brennstoffe,** ihre Gewinnung, Eigenschaften und Untersuchung. Von Chemiker Dr. **L. Schmitz.** Zweite Auflage. Unter der Presse.

***Ölfeuerung der Lokomotiven** unter besonderer Berücksichtigung der Versuche mit Teerölzusatzfeuerung bei den preußischen Staatsbahnen. Nach einem im Verein Deutscher Maschinen-Ingenieure zu Berlin gehaltenen Vortrage. Von Regierungsbaumeister **L. Sußmann.** Mit 41 Textabbildungen. Preis M. 3.—

Untersuchung der Kohlenwasserstofföle und Fette sowie der ihnen verwandten Stoffe. Von Professor Dr. **D. Holde,** Geheimer Regierungsrat, Dozent an der Technischen Hochschule Berlin-Charlottenburg. Fünfte, vermehrte und verbesserte Auflage, bearbeitet unter Mitwirkung von Dr. **G. Meyerheim,** Assistent am Materialprüfungsamt zu Berlin-Lichterfelde. Mit 136 Abbildungen. Preis gebunden M. 36.—

Benzin, Benzinersatzstoffe und Mineralschmiermittel, ihre Untersuchung, Beurteilung und Verwendung. Von Dr. **J. Formánek,** Professor an der böhmischen technischen Hochschule in Prag. Mit 18 Textabbildungen. Preis M. 12.—

Die Treibmittel der Kraftfahrzeuge. Von **Ed. Donath** und **A. Gröger,** Professoren an der Deutschen Technischen Franz Joseph-Hochschule in Brünn. Mit 7 Textabbidungen. Preis M. 6.80

***Wissenschaftliche Grundlagen der Erdölbearbeitung.** Von Dr. **L. Gurwitsch,** Laboratoriumschef bei der Verwaltung der Naphthaproduktionsgesellschaft Gebr. Nobel in St. Petersburg. Mit 12 Textabbildungen und 4 Tafeln. Preis M. 9.—, gebunden M. 10.—

***Taschenbuch für die Mineralöl-Industrie.** Von Dr. **S. Aisinmann.** Mit 50 Textabbildungen. Preis gebunden M. 7.—

* Hierzu Teuerungszuschlag

***Die Dampfturbinen.** Mit einem Anhang über die Aussichten der Wärmekraftmaschinen und über die Gasturbine. Von **A. Stodola,** Dr. phil., Dr.-Ing., Professor am Eidgenössischen Polytechnikum in Zürich. Vierte, umgearbeitete und erweiterte Auflage. Mit 856 Textabbildungen und 9 Tafeln.
Preis gebunden M. 30.—

***Entwerfen und Berechnen der Dampfturbinen** mit besonderer Berücksichtigung der Überdruckturbine einschließlich der Berechnung von Oberflächenkondensatoren und Schiffsschrauben. Von Dr.-Ing. **John Morrow.** Autorisierte deutsche Ausgabe von Dipl.-Ing. **Carl Kisker.** Mit 187 Textabbildungen und 3 Tafeln. Preis gebunden M. 14.—

***Die Gasmaschine.** Ihre Entwicklung, ihre heutige Bauart und ihr Kreisprozeß. Von **R. Schöttler,** Geh. Hofrat, ord. Professor an der Technischen Hochschule zu Braunschweig. Fünfte, umgearbeitete Auflage. Mit 622 Abbildungen im Text und auf 12 Tafeln. Preis gebunden M. 20.—

***Die Kolbenpumpen** einschließlich der **Flügel- und Rotationspumpen.** Von **H. Berg,** Professor an der Technischen Hochschule Stuttgart. Mit 488 Textabbildungen und 14 Tafeln. Preis gebunden M. 14.—

***Die Zentrifugalpumpen mit besonderer Berücksichtigung der Schaufelschnitte.** Von Dipl.-Ing. **Fritz Neumann.** Zweite, verbesserte und vermehrte Auflage. Mit 221 Textabbildungen und 7 lithographischen Tafeln. Anastat. Neudruck. Unter der Presse.

***Technische Hydrodynamik.** Von Dr. **Franz Prášil,** Professor an der Eidgenössischen Technischen Hochschule in Zürich. Mit 81 Textabbildungen. Preis gebunden M. 9.—

***Die Turbinen für Wasserkraftbetrieb.** Ihre Theorie und Konstruktion. Von **A. Pfarr,** Geh. Baurat, Professor des Maschinen-Ingenieurwesens an der Technischen Hochschule zu Darmstadt. Zweite, teilweise umgearbeitete und vermehrte Auflage. Mit 548 Textabbildungen und einem Atlas von 62 lithographierten Tafeln. In zwei Bände gebunden.
Preis gebunden M. 40.—

***Thermodynamische Grundlagen der Kolben- und Turbokompressoren.** Graphische Darstellungen für die Berechnung und Untersuchung von **Adolf Hinz,** Oberingenieur der Frankfurter Maschinenbau-Aktien-Gesellschaft vormals Pokorny & Wittekind in Frankfurt a. M. Mit 12 Zahlentafeln, 54 Abbildungen und 38 graphischen Berechnungstafeln.
Preis gebunden M. 12.—

* Hierzu Teuerungszuschlag